개정판

알기쉬운 집합론

노영순 지음

敎友社

머리말

집합 이론은 우리의 생활 주변에서 다양한 방법으로 활용되고 있으며 현대 수학의 각 영역에서 수학 이론의 전개 수단으로 광범위하게 혼재되어 있다. 그러므로 집합 이론은 수학 공부를 하는 독자들이 우선 학습해야하는 필수적인 기초 학문이다.

이 책은 독자들이 스스로 학습할 수 있도록 구성하였으며 저자의 다년 간의 강의 경험을 토대로 학부 과정에서 꼭 알아야할 기본적인 내용을 단계적으로 선별하여 수록하였다. 기존의 교재와 달리 이 책은 알기 쉽게 내용을 전개하였으며 각 정의에 대한 이해를 돕기 위하여 충분한 예를 들어 설명하였다. 또한 본문의 연습문제를 가능한 한 자세히 풀이하고 수록하여 독자의 학습 효과를 높이고자 하였다.

그리고 독자들이 이 교재를 통해 논리적인 사고 능력을 기르고 이를 바탕으로 많은 문제를 스스로 해결함으로써 다른 수학 영역 과목들의 학습을 심화하는데 조금이나마 도움이 되었으면 한다.

여러 가지 어려움 속에서도 쾌히 이 책을 출판해 주신 도서출판 교우사의 오판근 사장님께 감사드리며 이 책이 독자 여러분에게 많은 보탬이 되길 기대한다.

2009. 8.
저자 씀

차 례

제3장 집합과 연산 47

제4장 관 계 71

제5장 함 수 103

제6장 가산집합과 순서집합 145

제7장 선택공리 205

제8장 기 수 209

제9장 순서수 235

Chapter 1 칸토어의 집합론과 역리

1. 칸토어의 생애

칸토어(Georg Ferdinand Ludwig Phillip Cantor : 1845~1918)는 1845년 3월 31일 러시아의 성 페테르부르크에서 태어났다. 아버지는 신교로 개종한 유태인으로 상업에 종사했고 어머니는 예술적 기질이 있는 카토릭 신자였다. 종교는 중요한 가정 문제 중 하나였다. 칸토어는 평생을 두고 신학에 관심을 가졌으며 이것은 그가 성장해서 수학을 연구하는데 영향을 주고 있다. 칸토어의 가정은 음악을 사랑했으며 칸토어 자신도 예술가적인 자질을 가진 사람이었다. 1856년 그가 12세 때 가족이 모두 독일의 프랑크프르트로 이주하였다. 1863년 그는 스위스의 쮸리히 대학에 입학하였으나 그의 아버지가 사망하게 되어 베르린 대학으로 옮겨와 수학, 물리학, 철학을 공부하였다. 그는 이 대학에서 **바이에르스트라스**(1815~1897)의 영향을 받았으며 미적분에 관한 엄격한 접근 방법을 완전히 터득했다. 칸토어는 크로네커의 수론 강의에 감명을 받았으며, 가우스의 수론을 연구하여 부정방정식 $ax^2+by^2+cz^2=0$의 정수해에 대한 논문으로 1867년 박사학위를 취득했다. 그는 1869년 시골에 있는 할레 대학에서 강의를 시작하여 1905년까지 이 대학의 교수로 근무했다. 칸토어는 1874년 결혼하여 2남 4녀를 두었다.

칸토어는 종교적 관심이 그의 사고를 지배했다. 그는 초한수의 이론에서 종교적 의미를 발견했으며 자기 자신을 하느님의 사자로 생각하고 있었다. 칸토어는 종교적인 그의 분위기와 급진적인 초한수에 관한 이론 그리고 타인에 대한 그의 이상한 태도와 인상이 친구들조차 그를 멀리하게 만들었으며 수학자들로부터 많은 비난과 비판을 받았다. 칸토어는 베르린 대학에 취직하기를 원했지만 이 대학보다는 격이 낮은 할레 대학에서 근무하고 연구를 하였는데 이는 베르린 대학에서 근무하고 있던 독일 수학계의 거물인 **크로네커**(L.kronecker : 1823~1891)의 방해 탓으로 생각하였다.

칸토어는 그의 성격 때문이기도 하지만 끊임없는 수학 연구와 수학자들과의 논쟁 그리고 수학자들을 포함한 그를 비판하고 박대하는 주위 사람들로 인해 스스로 많은 스트레스를 받았으며 이로 인해 여러 차례 정신병을 앓아야 했다. 1884년 처음 병원에 입원하였으며 아들의 갑작스러운 사망으로 1902년 다시 입원한 뒤 1904년, 1907년 그리고 1911년에 재차 입원했다. 그는 1918년 1월 6일 할레의 정신병원에서 일생을 마쳤다.

칸토어는 그의 이론에 대하여 19세기 말엽까지 주위의 인정을 받지 못했다. 1878년에 게팅겐 과학협회의 통신 회원이 되었으며 그가 거주한 할레 밖으로부터의 최초의 평가인 것이다. 칸토어의 업적이 널리 인정받게 된 것은 1897년 쮸리히에서 개최된 제 1회 국제수학자회의에서이다. 1901년 런던 수학회의 명예회원, 1902년 2개 대학으로부터 명예 박사학위 수여, 그리고 1904년 영국 왕립협회로부터 실베스타메달을 수여 받았다.

2. 칸토어의 집합론

집합론은 칸토어에 의하여 창시되었다. 집합론에 관한 칸토어의 연구에서 최고의 업적은 초한수의 체계와 그에 대한 산술적 전개이다. 집합론은 수학의 모든 분야에 영향을 끼쳤으며 극한, 함수, 연속, 미분, 적분과 같은 해석학의 기본 개념들이 대부분 집합의 개념으로 적절히 표현되고 있다. 집합론은 수학의 기초를 연구하는데 필수적인 학문으로 특히 위상과 실함수론의 기초에서 중요한 역할을 한다. 집합론은 수학의 많은 영역에서 미진한 부분을 보강하고 명백하게 하였을 뿐만 아니라 수학의 각 영역에서 이론을 확장시키고 일반화시켰다. 집합론이 창시되고 나서 공간의 개념과 공간기하학은 집합론에 의해 완전히 개혁되었다. 더 나아가 집합론은 오늘날 수학 이외의 철학이나 논리학과 같이 인문과학 영역에서도 다양하게 활용되고 있다.

18세기말에 해석학을 연구하는 수학자들은 당시에 충분히 정립되지 못한 실수이론 때문에 여러 가지 많은 해석적 추론에 어려움을 겪었다. 그래서 그들은 복잡하게 분포되어 있는 실수 $\mathbb{R}$ 에 대한 연구에 더 깊이 매달려야만 했다. 그 뒤 실수에 대한 이론은 여러 수학자들 가운데 **바이에르스트라스**(Weierstrass : 1815~1897), **데드킨트**(Dedekind : 1831~1916)를 거쳐 칸토어에 의해 정립되었다. 이때 이 연구를 하는 과정에서 많은 수학자들은 점집합에 관한 이론이 필요했으며 따라서 점집합 이론이 크게 발전하게 되었다.

특히 칸토어는 삼각급수

$$[\text{삼각함수열} : \frac{1}{2} a_0 + \sum_{n=1}^{\infty} (a_n \cos nx + b_n \sin nx)]$$

에 대한 연구를 하게 되었는데 이 과정에서 집합 이론이 필요에 의해 별도로 연구되었다. 집합론에 대한 어느 정도의 연구 결과가 19세기 중기에 이르러 칸토어와 데드킨트에 의해 나오게 되었다.

기원전 유클리트(Euclid)는 “전체는 부분보다 크다”고 주장하였다. 그러나 **갈릴레이**(Galileo Galilei : 1564~1642)는 “긴 선분은 짧은 선분보다 더 많은 점을 포함하지 않는다”는 것을 발견하고 유클리트의 주장이 잘못된 것임을 밝혔다. 그 뒤

200여 년 뒤에 **코오시**(Cauchy : 1789~1857)가 갈릴레이의 주장을 다시 거론했으나 모든 수학자들로부터 호응을 얻지 못했으며 이에 대한 연구도 적극적으로 이루어지지 않았다. 당시에는 수학자들이 무한집합에 대해 인식은 하고 있었으나 무한집합을 불신하고 두려워하며 연구를 하지 않았다. 그러나 데드킨트는 무한집합을 분명히 정의하였으며 칸토어는 여러 가지 종류의 무한집합이 존재하는 것을 밝혔고 하나의 무한집합에 대하여 그 보다 더 큰 무한집합을 찾아낼 수 있음을 멱집합을 이용하여 증명하였다. 이것이 유명한 칸토어의 정리이다. 칸토어는 당시의 많은 수학자들의 몰이해와 함께 정신병으로 고통을 겪어야 했으며 정신병을 앓기 전까지 그가 수학에 끼친 영향과 업적은 눈부신 것이었으며 그의 수학적 창조 능력은 엄청난 것이었다. 칸토어의 수학적 연구는 처음에 다른 수학자들로부터 이해를 받지 못했으나 그의 스승 바이어스트라스와 수학으로 인해 우연히 알게된 데드킨트는 칸토어를 이해하고 서로 많은 서신 교환을 통하여 연구 결과를 토의하고 격려해 주었다. 칸토어가 많은 수학자들로부터 비판을 받을 때 칸토어는 “수학의 본질은 자유에 있다”라고 주장하였는데 이는 수학자들이 겸허하게 받아들여야할 격언에 가까운 말이다. 칸토어를 가장 심하게 비판한 수학자 **포안카레**(H.poincare : 1854~1912)는 그 동안 칸토어를 비판한 경위에 대한 한마디 해명도 없이 집합 이론을 바탕으로 정립된 해석학 이론을 아무 일 없었던 것처럼 사용하였다. 집합 이론이 수학자들로부터 이해를 얻게 되고 수학에서 중요한 위치를 갖게 되었으나 19세기말부터 20세기 초까지 사이에 발견된 집합론에 대한 **역리**(paradox)는 칸토어의 집합 이론에 큰 타격을 가져왔다.

칸토어가 만든 집합론에서 바로 칸토어의 정리는 아주 간단한 논리적 모순을 가져왔다.

우리가 생각할 수 있는 모든 집합들을 모두 모은 집합이 있다고 하자. 그러면 이 집합은 상상할 수 없을 만큼 큰 집합으로 이 보다 더 큰 집합은 없는 것이다. 이때 이 집합을 X라고 하고 칸토어의 정리를 적용하면 $X \langle P(X)$이므로 멱집합 $P(X)$가 X보다 매우 크다는 것을 의미한다. 이것은 X보다 더 큰 집합이 존재할 수 없는데도 더 큰 집합 $P(X)$가 존재한다는 것이므로 모순이다. 이와 같은 논리적 모순을 극복하기 위하여 수학자들은 유클리트가 그의 기하학을 공리화 했던 것처럼 집합론도 공리화 하였다. 집합론을 공리화 하는 일은 쉬운 일이 아니다. 그러나 새로이 만들어진 "공리적 집합론"은 집합이 될 수 있는 것과 집합이 될 수 없는 것을 분명하게 정의하였다. 이로부터 "모든 집합의 집합"은 존재하지 않으며 집합이 아니다. 이와 같이 칸토어가 만든 집합론의 모든 좋은 점은 그대로 수용하고 문제가 되는 점은 공리화 함으로써 모순을 피하게 되었다.

3. 칸토어의 정리와 연속공리

(1) 칸토어 정리

두 집합의 크기를 비교하는데 두 집합의 원소의 개수를 직접 세기도 하지만 이 방법보다는 1 대 1 대응을 시켜보아서 두 집합이 같은 크기인지 판단하는 것이 더 기초적이라 할 수 있다. 예를 들면 체육관에 있는 의자의 수와 관중의 수를 비교할 때 따로 따로 세어보아 어느 쪽이 많은지 판단하기도 하지만 이 방법보다는 관중을 의자에 앉혀보면 어느 쪽이 더 많은지 알 수 있다.

칸토어는 자연수 집합 N과 대등한 집합을 가부번집합(denumerable)이라고 정의하고, 초한기수(transfinite cardinals)라는 것을 정의하였으며 가부번집합과 크기가 같은 기수를 나타내는 기호 $\aleph_0$를 도입하여 최초의 초한수라고 하였다. 또한 단위 구간 (0, 1)과 대등한 집합을 비가부번집합(nondenumerable)이라고 정의하고 이 단위 구간 (0, 1)의 기수를 ς로 정의하여 $\aleph_0$보다 더 큰 기수를 찾아낸 것이다. 나아가 그는 평면 위의 점과 수직선 위의 점을 1대 1로 대응시킬 수 있음을 밝혀 $\varsigma^2 = \varsigma$의 증명에 성공하였다. 그 뒤 그는 "연속체보다 더 큰 기수를 갖는 집합은 없을까?"하고 연구를 계속하였다. 그 결과 1891년에 칸토어는 연속체보다 더 큰 기수가 엄청나게 많음을 증명하였다. 이것을 현재 칸토어의 정리라고 하는데 무한히 많은 초한기수를 만드는 방법을 제시한 것이다. 이와 같이 무한집합에 대한 칸토어의 연구는 새로운 종류의 수를 만들어내기에 이르렀다. 칸토어가 증명한 수많은 중요한 정리 중에서 이 정리에만 그의 이름이 붙어 있다. 이것은 수학에서 이 정리의 중요성이 어느 정도인지를 잘 나타내고 있는 것이다.

(2) 칸토어의 연속공리

칸토어가 그의 대부분의 생애를 걸고 노력했지만 해결하지 못한 문제가 칸토어의 "연속공리"이다. 즉 그의 연속공리란 " $\aleph_0$와 c사이에 들어가는 초한수가 존재하지 않는다"는 것이다. 이 문제는 칸토어의 생애에 최대의 부담이었으며 그를 괴롭혔지만 결국 증명해내지 못했다. 그 뒤 이에 대한 증명은 많은 수학자들에 의해 시도되었는데 1940년 **괴델**(K. Godel : 1906~1978)은 공리적 집합론을 이용하여 연속공리는 논리적으로 수학의 다른 공리들과 동치임을 증명하였다. 이것은 집합론의 공리를 가지고는 연속공리가 성립하지 않는다고 증명할 수 없다는 것이다. 그런데 "증명할 수 없다는 것이 사실인가?" 하는 의문인 이 미해결의 문제를 1963년 29세였던 스탠포드 대학교(Stanford University)의 수학자 **코헨**(Paul Cohen : 1934~)이 증명하였다. 그는 "집합론의 공리를 가지고 연속공리가 성립함을 증명할 수 없음"을 밝힌 것이다. 이것으로 괴델의 연구 결과와 함께 오래된 문제를 해결한 셈이다. 다시 말해서 집합론의 공리로는 연속공리가 성립한다고도 또 성립하지 않는다고도 할 수 없는 것임을 알게 되었다. 따라서 이 연속공리는 집합론의 다른 공리로부터 독립인 것이다. 유클리드 기하학자가 평행공준을 받아들이고 비유클리드 기하학자가 평행공준을 받아들이지 않는 것과 같이 이 연속공리를 받아들이고 안 받아들이고 하는 문제는 각자가 결정할 문제이다.

오랫동안 풀리지 않던 문제의 해결은 수학적 대 사건이다. 그러나 이것은 어떤 수학 분야의 종말이나 새로운 수학 영역 탐구의 시작을 가져오기도 한다. 칸토어의 연속체 문제(Cantor's continuum problem)에 대한 풀이의 발견은 그와 같은 경우이다. 그 풀이 자체의 내용이 새롭고 독특하며 코헨이 개발한 풀이 방법도 전혀 새로운 것이다. 그 후 20여년 동안 코헨의 발견을 근거로 수많은 연구가 이루어졌으며 지금까지 풀지 못한 수 많은 수학적 문제에 대한 결정 불가능성의 증명이 이루어졌다. 모든 수학 문제는 충분한 시간이 주어지면 결국 해결될 수 있다는 지금까지의 생각은 없어지게 되었다. 수학자는 보통 주어진 명제가 참인지 거짓인지를 증명하려고 한다. 그러나 코헨은 참도 아니고 거짓도 아닌 '결정할 수 없는 수학적 명제'가 존재함을 밝힌 것이다.(실제로 결정 불가능한 명제의 존재는 1930년 괴델(Kurt Godel)에 의해 증명되었다.) 즉, 참인 명제와 거짓인 명제 이외에 참도 아니고 거짓도 아닌 '결정 불가능한 명제가 존재한다는 것이다. 코헨은 그 업적을 인정받아 1966년에 필즈 상(Field Medal)을 수상했다. 이 상은 노벨상과 같은 권위를 갖고 있으며 수학자에게 수여되는 최고의 상이다.

4. 러셀과 역리

1950년 노벨 문학상을 수상한 영국의 수학자이며 철학자인 **러셀**(Bertrand A. W. Russell : 1872~1970)은 그의 저서 '신비주의와 논리(Mysticism and Logic, 1918)'에서 다음과 같이 말했다.

– 수학은 진실을 갖고 있을 뿐만 아니라 최상의 아름다움을 갖고 있다. 그것은 조각품이 갖고 있는 것과 같은 냉철하고 엄격한 아름다움이다.–

이 말은 경지에 이른 위대한 수학자들만이 느낄 수 있는 아름다움이고, 이 아름다움은 대다수의 보통 사람들은 평생을 두고 전혀 알지 못하며 생각조차 하지 못한다. 다만, 이 아름다움을 알기 위해서는 길고 긴 피나는 연구 기간을 거쳐야 한다. 이것은 논리적인 사고와 수학적 구조 그리고 명쾌한 증명의 아름다움이다.

러셀은 영국 웨일즈의 귀족 집안에서 1872년 태어났다. 케임브리지 대학에서 장학금을 받은 그는 수학과 철학에서 명성을 떨쳤다. 그는 주로 미국의 대학교에서 강의를 했으며 수학, 논리학, 철학, 사회학, 교육학 등에 관한 40여권 이상의 저서를 저술하였다. 그는 실베스터, 드 모르간과 공동 수상한 영국학술원상(1934), 메릿 훈장(1940), 노벨문학상(1950) 등을 수상했다. 그는 종종 논쟁에 휘말리기도 하고 제 1차 세계대전 중에는 징병제도를 반대하다가 케임브리지 대학교에서 쫓겨나고 4개월간 옥살이를 하였다. 1960년대 초 핵무기 반대 운동을 이끌다가 다시 잠깐 투옥되었다. 뛰어난 지성과 능력의 소유자인 러셀은 1970년 98세의 고령에도 정신의 흐트러짐이 없이 세상을 떠났다.

여러 학자들의 역리가 있으나 그 중에서 1905년에 공표 된 러셀의 역리를 소개한다. 러셀의 역리는 수학자 뿐 아니라 많은 사상가들에게도 큰 충격을 주었으며 다른 수학자들이 제시한 역설과는 달리 그 내용이 매우 간단 명료했기 때문에 더욱 심각하게 수학의 위기로 받아들여졌다. 다음 정리는 모든 집합을 모아 놓으면 집합이 되지 않음을 말하고 있다.

정리 4.1 **러셀의 역리**(Paradox)]. 모든 집합의 집합(절대적인 뜻에서 전체집합)은 존재하지 않는다.

【증명】 결론을 부정하면 "모든 집합을 모은 집합 즉 모든 집합의 집합 U가 존재한다"이다. 그러면 이때

$$R = \{A \in U \mid A \notin A\}$$

는 하나의 집합이 된다. 만일 $R \in R$이라고 가정하면 집합 R의 정의에 의하여 $R \notin R$이 된다. 이것은 $R \in R$이라는 가정에 모순이므로 $R \notin R$이다. 또, $R \notin R$이라 가정하면 집합 R의 정의에 의하여 $R \in R$이 되다. 이것은 역시 $R \notin R$이라는 가정에 모순이므로 $R \in R$이다.

결국 모든 집합의 집합 U가 존재하면 $R \in R$과 $R \notin R$이 동시에 성립된다. 이는 모순이며 따라서 모든 집합의 집합 U는 존재하지 않는다.

해석학의 연구를 위해 창조된 집합 이론은 처음에 무한 개념에 익숙하지 못했든 수학자들로부터 외면을 당했으나 점차 집합 이론이 인식되면서 수학의 각 영역에서 중요한 위치를 차지했을 때 여러 가지 역리들이 나타났다. 그러나 역리의 발견으로 많은 수학자들은 역리에 나타나는 모순의 원인과 내용을 연구하였으며 이 모순을 극복하기 위하여 어떤 적당한 형식주의를 도입하므로 해서 역리를 벗어날 수 있음을 알게 되었다.

러셀의 역리는 "모든 집합의 집합" 즉 절대적인 의미의 전체집합이 문제가 된 것으로 실제로 우리가 취급하는 집합 이론이나 일반 수학에서 이와 같은 전체집합이 꼭 필요한 것은 아니며 이를 집합 이론에서 배제하여도 문제가 없다. 다만 우리가 관념적으로 보통 생각하고 있는 범위를 전체집합으로 보면 역리가 발생되지 않는다. 그것은 실수의 집합이나 자연수의 집합과 같은 수학의 기본 대상과 몇 가

지 허용되는 수학적 조작에 의해 새로이 만들어지는 집합(집합 X, Y에 대하여 $X\times Y$라든가 함수의 집합 Y^X, ΠX_i 등등)을 전체집합으로 볼 경우이다.

역리를 탈피하기 위하여 유클리트 기하학에서의 공리들처럼 여러 수학자들이 공리계를 만들었는데 그 대표적인 공리계가 **쩨르멜로-프렌겔의 공리계**(axiomatic system)이다. 이 공리계는 1908년 Zermelo가 제안한 공리계로 1922년 Skolem과 Fraenkel이 보완하였다.

공리계는 몇 개의 **무정의 용어**(undefined term)와 기본규칙이 되는 몇 개의 **공리**(axiom)로 이루어진 수학적 체계를 말한다.

쩨르멜로-프렌겔의 공리계는 "집합", "속한다", "원소가 같다"의 세 가지 개념을 무정의 용어로 하고 몇 개의 공리를 가지고 집합론을 구성한다. 실제 논리적으로 주어진 쩨르멜로-프렌겔의 공리계를 알기 쉽게 나타내면 다음과 같다.

1. **확장의 공리**(axiom of extension) : 두 집합의 원소가 모두 같으면 두 집합은 같다.
2. **공집합의 공리**(axiom of the empty set) : 원소를 하나도 갖지 않는 집합이 존재한다.
3. **쌍의 공리**(axiom of pairing) : A와 B가 집합이면 $\{A, B\}$도 집합이다.
4. **합집합의 공리**(axiom of union) : $\mathscr{F}$가 집합족이면 $\cup\mathscr{F}$도 집합이다.
5. **멱의 공리**(axiom of power) : A가 집합이면 멱집합 $P(A)$도 집합이다.
6. **분류공리**(axiom of specification) : A가 집합이고 $p(x)$가 명제함수이면 $p(x)$가 참이 되는 A의 원소 x를 모두 모은 집합 $\{x\in A \mid p(x)\}$가 존재한다.
7. **무한공리**(axiom of infinity) : 무한집합이 존재한다.
8. **정칙성의 공리**(axiom of regularity) : 공집합이 아닌 집합 X는 X와 서로소인 원소를 포함한다.
9. **선택공리**(axiom of choice) : 공집합이 아닌 모든 집합은 선택함수를 갖는다.

그러나 이와 같은 여러 가지 공리계가 만들어 졌지만 기본적으로는 칸토어의 집합 이론과 내용이 바뀌지 않고 그대로 이용되는 것이다.

Chapter

2

명제와 논리

수학 문제를 증명하고 사고를 논리적으로 명확하게 하기 위하여 논리에 대한 이해가 필요하다. 그러므로 집합의 기본개념을 소개하기 전에 우선 수학 교과 학습의 기본인 명제에 대하여 알아보자.

1. 명제와 진리표

논리는 "**명제**"로부터 시작된다. **명제**(statement)는 참, 거짓이 분명히 판단되는 문장을 말한다. 예를 들어 "동물은 죽는다."라는 문장은 참이므로 하나의 명제이다. 그리고 변수 x를 포함하는 문장으로 "x는 동물이다."와 같은 문장은 x가 토끼이면 참이 되고 x가 소나무이면 거짓이 된다. 이와 같이 변수 x에 대하여 대상을 대입하여야만 참·거짓이 판단되는 문장을 특별히 **명제 함수**라고 하며 하나의 명제로 본다.

[예 1] 다음은 각각 명제이다.

(1) 백두산은 우리 나라에서 가장 높은 산이다.

(2) 소나무는 동물이다.

(3) $3+2=5$
(4) 물은 아래에서 위로 흐른다.
(5) 경주는 신라의 서울이고 공주는 백제의 서울이었다.
(6) 화성에는 생명체가 존재한다.
(7) 공주 지방에 비가 오고 있다.
(8) $x+7=12$

[예 2] 다음은 명제가 아니다.

(1) 내일 또 만나자!
(2) 안녕히 계십시오.
(3) 지금 눈이 오고 있느냐?
(4) 문을 열어라!

명제의 참, 거짓을 그 명제의 **진리값**(truth value)이라고 하며 참인 경우 " T ", 거짓인 경우 " F "로 나타낸다. 또한 각 경우에 대한 명제의 진리값을 표로 나타낸 것을 **진리표**(truth table)라 한다.

위 [예 1]에서 명제 (1), (3), (5)는 참인 명제이고 명제 (2), (4)는 거짓 명제이다. 그러나 명제 (6), (7), (8)은 결국 사실이 확인된다면 참, 거짓을 판단할 수 있는 문장으로 명제이다.

명제는 **단순명제**(simple statement)와 몇 개의 단순명제들이 **연결사**(connective)에 의하여 결합된 **합성명제**(compound statement)로 구분한다. 단순명제는 영어 소문자인

$$p, \ q, \ r, \ \cdots$$

등으로 표시하며 합성명제는 영어 대문자인

$$P, \ Q, \ R, \ \cdots$$

등으로 구분하여 표시하기도 한다.

위 [예 1]에서 명제 (5)는 합성명제이며 나머지는 단순명제이다.

합성명제를 구성하기 위하여 명제 p, q, r, … 등을 연결하는데 보통 다음의 다섯 가지 연결사를 이용한다.

기 호	용 어	의 미
$\sim$	부 정	not (아니다)
$\wedge$	논리곱	and (그리고)
$\vee$	논리합	or (또는)
$\rightarrow$	조 건	If~, then … (~이면…이다.)
$\leftrightarrow$	쌍조건	if and only if (~이면, 그리고 그때에만 …이다.)

정의 1.1

하나의 명제 p를 부정한 새로운 명제 "p가 아니다"를 p의 **부정**(negation)이라고 하며 기호로는 "$\sim p$"로 표시한다.

명제 p에 대한 부정의 진리값은 다음의 진리표와 같다. 여기에서 T는 "참", F는 "거짓"을 나타내는 진리값을 의미한다.

P	$\sim P$
T	F
F	T

그림 1.1

[예 3] 명제 p를 "이것은 집합론 책이다."라고 하면 $\sim p$는 "이것은 집합론 책이 아니다."이다. 이때, 명제 p가 참이면 $\sim p$는 거짓이다. 또, p가 거짓이면 $\sim p$는 참이 된다.

정의 1.2

임의의 두 명제 p와 q가 "그리고"에 의하여 결합한 새로운 명제 "p 그리고 q"를 p와 q의 **논리곱**(conjunction)이라고 하며 기호로는 "$p \wedge q$"로 표시한다.

합성명제 $p \wedge q$의 진리값은 다음의 진리표와 같다.

p	q	$p \wedge q$
T	T	T
T	F	F
F	T	F
F	F	F

그림 1.2

$p \wedge q$와 같은 합성명제에 대하여 각각의 명제 p와 q를 그 **성분**(component)이라고 하며 합성명제에서 검토해야할 모든 **논리적 가능**(logical possibility)은 성분의 수에 따라 결정된다. 그 가능성은 많아야 2^n개이다.

예를 들면, (그림 1.2)에서와 같이 합성명제 $p \wedge q$의 논리적 가능성은 성분의 수가 2이므로 $2^2 = 4$가 된다.

[예 4] 명제 p를 "민근이는 중학생이다"라고 하고 명제 q를 "승우는 초등학생이다."라고 하면 논리곱 $p \wedge q$는 "민근이는 중학생이고 승우는 초등학생이다."이다. 이때, 명제 p와 q가 모두 참이면 $p \wedge q$는 참이 된다.

정의 1.3

임의의 두 명제 p, q가 연결사 "또는"에 의하여 결합한 새로운 명제 "p 또는 q"를 p와 q의 **논리합**(disjunction)이라고 하며 기호로는 "$p \vee q$"로 표시한다.

합성명제 $p \vee q$의 진리값은 다음의 진리표와 같다.

p	q	$p \vee q$
T	T	T
T	F	T
F	T	T
F	F	F

그림 1.3

[예 5] 명제 p가 "2+3=5"이고 명제 q가 "$-3 \geq 0$"일 때 논리합 $p \vee q$는 "2+3=5 이거나 $-3 \geq 0$이다."이다. 이 경우 명제 p가 참이고 명제 q가 거짓이지만 합성명제 $p \vee q$는 참이 된다.

정의 1.4

임의의 두 명제 p, q가 연결사 "~이면 …이다"에 의하여 결합한 새로운 명제 "p이면 q이다."를 **조건문**(conditional statement)이라고 하며 기호로는 "$p \rightarrow q$"로 표시한다.

조건문 $p \rightarrow q$를 다음과 같이 읽기도 한다.(If~, then… ; imply)

(1) p이면 q이다.

(2) p인 것은 q일 뿐이다.

(3) p는 q에 대하여 충분조건이다.

(4) q는 p에 대하여 필요조건이다.

조건문의 진리값은 다음의 진리표와 같다.

p	q	$p \to q$
T	T	T
T	F	F
F	T	T
F	F	T

그림 1.4

[예 6] 명제 p가 " $x^3=2$ "이고 명제 q가 " $x=2$ "일 때 조건문 $p \to q$는 " $x^3=2$이면 $x=2$이다."이다. 이 경우 명제 p는 거짓이지만 명제 q가 참이면 $p \to q$는 참이 된다.

"날씨가 좋다."와 "나는 수영을 한다."를 명제 p와 q라고 하면 조건문 $p \to q$는 "날씨가 좋으면 나는 수영을 한다"이다.

이 경우 원인과 결과의 관계가 있어 우리의 언어적 관점에서 전혀 거부감이 없다. 그런데, 실제로 지금 날씨도 좋고 수영도 하고 있다면 명제 p와 q는 모두 참이 된다. 하지만, 조건문 $q \to p$는 "내가 수영을 하면 날씨가 좋다."가 되어 우리의 언어적 관점에서 볼 때 어색하고 옳지 않은 문장이다. 그러나 (그림 1.4)에서처럼 p, q가 모두 참이므로 형식적인 의미에서 참인 명제가 되는 것이다.

이와 같이 **일상언어**(ordinary language)적으로는 어색하고 무의미하지만 **형식적 언어**(formal language ≡ logic)에서는 (그림 1.4)와 같이 모든 논리적 가능성에 대하여 각 경우마다 진리값을 둔다.

이와 같은 약속이 없다면, 여러 가지 어려움을 갖게 될 것이고 우선 당장 다음의 쌍조건문의 진리값부터 정할 수 없을 것이다.

정의 1.5

임의의 두 명제 p, q에 대하여 조건문 $p \to q$와 $q \to p$가 연결사 "그리고"에 의하여 결합된 새로운 명제

$$(p \to q) \wedge (q \to p)$$

를 **쌍조건문**(biconditional statement)이라고 하며 기호로는

$$\text{"}\, p \leftrightarrow q \,\text{"}$$

로 표시한다.

쌍조건문 $p \leftrightarrow q$의 진리값은 아래 진리표에서 보는 바와 같이 명제 $(p \to q) \wedge (q \to p)$의 진리값을 찾으면 된다.

p	q	$p \to q$	$q \to p$	$(p \to q) \wedge (q \to p) \equiv p \leftrightarrow q$
T	T	T	T	T
T	F	F	T	F
F	T	T	F	F
F	F	T	T	T

그림 1.5

쌍조건문 $p \leftrightarrow q$는 다음과 같이 읽는다. (if and only if $\equiv$ iff)

(1) p이면 q이고 q이면 p이다.

(2) p인 것은 q일 때이며 또 그때에 한한다.

(3) p일 필요충분 조건은 q이다.

[예 7] 명제 p가 "삼각형은 꼭지점이 셋이 있다." 이고 명제 q는 "원은 둥글다." 라고 할 때, 이때 쌍조건문 $p \leftrightarrow q$는 "삼각형이 꼭지점이 셋이 있기 위

한 필요충분조건은 원이 둥근 것이다."이다. 이 경우 명제 p, q가 모두 참이므로 $p \leftrightarrow q$는 참이 된다.

정의 1.6

명제 p, q에 대하여 모든 논리적 가능성에 대한 각각의 경우 진리값이 같으면 p와 q는 서로 **논리적 동치**(logically eqivalent) 또는, 간단히 **동치**(equivalent)라고 하고 기호로는 $p \equiv q$로 표시한다.

[예 8] 두 명제에 대하여 논리적 동치라고 하는 것은 간단히 두 명제의 진리표가 같은 것이다. 예를 들면 명제 $p \rightarrow q$와 $\sim p \vee q$는 논리적 동치이다. 왜냐하면 아래의 진리표가 같기 때문이다. 즉 $(p \rightarrow q) \equiv (\sim p \vee q)$이다.

p	q	$p \rightarrow q$
T	T	T
T	F	F
F	T	T
F	F	T

p	q	$\sim p$	$\sim p \vee q$
T	T	F	T
T	F	F	F
F	T	T	T
F	F	T	T

그림 1.6

한편 $p \rightarrow q$는 $\sim(p \wedge \sim q)$와 역시 동치임을 알 수 있다. 명제가 복잡하게 결합된 합성명제의 경우, 예를 들면

$$\sim[(\sim p) \wedge (\sim q)]$$

와 같은 경우 소괄호와 대괄호를 사용함으로써 연결사를 적용한 순서가 정해지게 된다. 그러나 연결사를 적용하는데 우선 순위를 정해두면 명제를 간단히 나타낼 수 있다. 우선 순위는

$$\text{“}\sim\text{”},\quad \text{“}\wedge, \vee\text{”},\quad \text{“}\rightarrow, \leftarrow\text{”}$$

의 순으로 약속한다. 그러면 합성명제 $(\sim p)\wedge(\sim q)$를 $\sim p\wedge\sim q$같이 간단히 표시할 수 있다. 같은 방법으로 $p\rightarrow(p\vee q)$를 $p\rightarrow p\vee q$와 같이 간단히 표시할 수 있다.

앞으로 자주 사용하게 되는 수 집합과 구간을 기호로 정리하면 다음과 같다.

(1) $\mathbb{R}=\{x \mid x$는 실수$\}$
(2) $\mathbb{Q}=\{x \mid x=p/q,\ p\in\mathbb{Z},\ q\in\mathbb{N}\}$
(3) $\mathbb{N}=\{1, 2, 3, \cdots\}$
(4) $I=\{x\in\mathbb{R} \mid 0\leq x\leq 1\}$
(5) $\mathbb{Z}=\{\cdots, -3, -2, -1, 0, 1, 2, 3, \cdots\}$
(6) $(0, 1)=\{x \mid 0<x<1\}$
(7) $[0, 1]=\{x \mid 0\leq x\leq 1\}$
(8) $[a, b]=\{x\in R \mid a\leq x\leq b\}$
(9) $(a, b]=\{x\in R \mid a \langle x\leq b\}$

연습문제 2.1

1. 다음의 각 문장이 명제인지 아닌지를 구별하여라.
   (1) 나무를 꺾지 마시오!
   (2) 지구는 달보다 크다.
   (3) 여름이 되면 눈이 온다.
   (4) $\sqrt{2}$의 소수점 아래 100자리 수는 77이다.
   (5) $3+2=4$

2. (문제 1)의 각 명제에 대한 진리값을 결정하여라.

3. 명제 p를 "그는 부자이다." q를 "그는 행복하다."라 하자. 다음의 합성명제를 간단한 문장으로 만들어라.
   (1) $p \vee q$
   (2) $p \wedge q$
   (3) $p \rightarrow q$
   (4) $q \leftrightarrow \sim p$
   (5) $\sim\sim p$
   (6) $p \vee \sim q$
   (7) $\sim p \rightarrow q$
   (8) $(\sim p \wedge q) \rightarrow p$

4. 명제 p를 "그는 건강하다." q를 "그는 공부를 잘한다."라 하자. p와 q를 사용해서 다음 명제를 기호화 하여라.
   (1) 그는 건강하지도 않고 공부를 잘 하지도 못한다.
   (2) 그는 건강하지 않지만 공부를 잘 한다.
   (3) 그가 건강하지 않다면 공부를 잘한다.

(4) 공부를 잘하기 위해서 건강하다는 것은 필요하다.

(5) 건강하기 위해서 공부를 잘 못하는 것은 필요하다.

5. 다음 각 명제의 진리표를 작성하여라.

(1) $\sim p \wedge \sim q$

(2) $p \rightarrow (\sim p \vee q)$

(3) $p \vee \sim q$

(4) $\sim (p \wedge \sim q)$

(5) $\sim (\sim p)$

(6) $p \vee \sim p$

6. 다음 각 명제의 진리표를 작성하여라.

(1) $p \wedge (q \wedge r)$

(2) $(p \vee q) \rightarrow \sim r$

(3) $(p \vee \sim q) \wedge r$

(4) $(p \wedge q) \rightarrow (p \vee q)$

(5) $\sim (p \wedge q) \vee \sim (q \leftrightarrow p)$

(6) $[p \wedge (\sim q \rightarrow p)] \wedge \sim [(p \leftrightarrow \sim q) \rightarrow (q \vee \sim p)]$

7. 다음을 진리표를 사용하여 동치임을 증명하라.

(1) $(p \rightarrow \sim q) \equiv (q \rightarrow \sim p)$

(2) $p \wedge (q \vee r) \equiv (p \wedge q) \vee (p \wedge r)$

(3) $(p \rightarrow q) \equiv p \wedge \sim q$

(4) $\sim (\sim p) \equiv p$

2. 항진명제와 모순명제

이 절에서는 항진명제와 모순명제에 대하여 설명하고, 함의, 쌍조건문의 동치 등 명제에 대한 여러 가지 법칙을 소개한다.

정의 2.1

모든 논리적 가능성의 각 경우마다 진리값이 참인 명제를 **항진명제**(tautology)라고 하며 t로 표시한다.

정의 2.2

모든 논리적 가능성의 각 경우마다 진리값이 거짓인 명제를 항위 또는 **모순명제**(contradiction)라고 하며 c로 표시한다.

[예 1] 명제 $p \vee \sim p$는 항진명제이고 $\sim p \wedge p$는 모순명제이다. 왜냐하면 아래의 진리표에서 알 수 있는 것처럼 모든 논리적 가능성에 대하여 각각 진리값이 참이고 거짓이기 때문이다.

p	$\sim p$	$p \vee \sim p$	$\sim p \wedge p$
T	F	T	F
F	T	T	F

그림 2.1

[예 2] 항진명제와 모순명제는 성분명제의 진리값과 상관이 없고 명제 자체가 갖고 있는 구조에 의해 결정된다. 예를 들어 항진명제 $p \vee \sim p$의 성분 p 대신에 $a \rightarrow b$를 대입하여 얻는 명제 $(a \rightarrow b) \vee \sim (a \rightarrow b)$도 항진명제가 된다. 나아가 p 대신 어떠한 명제를 대입하여도 항진명제가 됨을 알 수 있다.

[예 3] 명제 $[(p \to q) \to r] \vee \sim[(p \to q) \to r]$는 항진명제이다. 왜냐하면 항진명제 $p \vee \sim p$에서 p대신에 $(p \to q) \to r$로 대체한 명제이므로 항진명제가 된다.

명제 p, q에 대한 조건문 $p \to q$가 항진명제일 때 이 조건문을 **논리적 함의**(logically implication)라 하고 특별히 $p \Rightarrow q$ ("p는 q를 함의한다"라고 읽음)로 나타낸다. 이 경우 p는 q의 **충분조건**(sufficient condition)이라 하고 q를 p의 **필요조건**(necessary condition)이라고 한다.

예를 들면, 함의 "$x=2 \Rightarrow x^2=4$"에서 $x=2$는 $x^2=4$의 충분조건이고 $x^2=4$는 $x=2$의 필요조건이다.

[예 4] 다음의 조건문들은 모두 함의이다.

(1) $p \to p$

(2) $p \wedge q \to p$

(3) $p \to p \vee p$

(4) $p \wedge q \to q \wedge p$

[예 5] 명제 p, q에 대하여 다음은 상호 동치이다.

(1) $p \Rightarrow q$

(2) $p \to q$는 항진명제이다.

(3) $\sim p \vee q$가 항진명제이다.

수학이나 논리에서의 **정리**(theorem)는 참인 명제이다. 이러한 참인 명제인 정리의 정당성을 밝히는 일을 **증명**(proof)이라고 한다.

정리 2.3 임의의 두 명제 p, q에 대하여 다음이 성립한다.

(1) $p \wedge q \Rightarrow p$, $p \wedge q \Rightarrow q$: 단순화 법칙

(2) $p \Rightarrow p \vee q$, $q \Rightarrow p \vee q$: 합의 법칙

(3) $(p \vee q) \wedge \sim p \Rightarrow q$

【증명】 (1), (2)의 증명을 연습문제로 두고 (3)만 증명하자.

조건문 $(p \vee q) \wedge \sim p \rightarrow q$가 항진명제 임을 보이면 되는데 아래의 진리표에 의하여 명백하다.

p	q	$p \vee q$	$\sim p$	$(p \vee q) \wedge \sim p$	$(p \vee q) \wedge \sim p \rightarrow q$
T	T	T	F	F	T
T	F	T	F	F	T
F	T	T	T	T	T
F	F	F	T	F	T

그림 2.2

항진인 쌍조건문 $p \leftrightarrow q$를 **동치**(equivalence)라 하고 이것을 $p \Leftrightarrow q$ (“p와 q는 동치이다”라고 읽음)로 나타낸다. 이때 p는 q의 **필요충분조건**(necessary and sufficient condition)이고 q는 p의 필요충분조건이라고 한다.

(그림 1.6)에 의하면 두 명제 p와 q의 모든 논리적 가능성에 대하여 이 두 명제의 진리값이 같을 때(즉 $p \equiv q$) 쌍조건문 $p \leftrightarrow q$는 항진명제가 되므로 $p \Leftrightarrow q$이다. 또한 역으로 $p \Leftrightarrow q$이면 p와 q의 모든 논리적 가능성에 대하여 이 두 명제의 진리값은 같다(즉, $p \equiv q$).

따라서 $p \Leftrightarrow q$와 $p \equiv q$는 같은 의미를 가지며 상호 교환하여 사용할 수 있다.

정리 2.4 임의의 명제 p에 대하여 항진명제를 t, 모순 명제를 c라 할 때 다음이 성립한다.

(1) $p \wedge t \Leftrightarrow p$ $p \vee t \Leftrightarrow t$

(2) $p \vee c \Leftrightarrow p \qquad p \wedge c \Leftrightarrow c$

(3) $c \Rightarrow p \qquad p \Rightarrow t$

【증명】 (1) 다음 진리표에 의하여 쌍조건문 $p \wedge t \leftrightarrow p$는 항진명제이므로 $p \wedge t \Leftrightarrow p$이다.

	p	$\wedge$	t	$\leftrightarrow$	p
	T	T	T	T	T
	F	F	T	T	F
단계	1	2	1	3	1

그림 2.3

같은 방법으로 $p \vee t \Leftrightarrow t$ 이다. 또한 (2)도 같은 방법으로 증명된다.

(3) 조건문 $c \rightarrow p$와 $p \rightarrow t$도 다음 진리표에 의하여 항진명제이다.

c	$\rightarrow$	p
F	T	T
F	T	F

p	$\rightarrow$	t
T	T	T
F	T	T

그림 2.4

정리 2.5 다음의 명제들은 논리적으로 동치이다.

(1) $p \vee p \equiv p \qquad p \wedge p \equiv p$: 멱등법칙

(2) $p \vee q \equiv q \vee p \qquad p \wedge q \equiv q \wedge p$: 가환법칙

(3) $(p \vee q) \vee r \equiv p \vee (q \vee r)$

$(p \wedge q) \wedge r \equiv p \wedge (q \wedge r)$: 결합법칙

(4) $p \vee (q \wedge r) \equiv (p \vee q) \wedge (p \vee r)$

$p \wedge (q \vee r) \equiv (p \wedge q) \vee (p \wedge r)$: 분배법칙

(5) $p \vee \sim p \equiv t \qquad p \wedge \sim p \equiv c$

(6) $\sim(\sim p) \equiv p$: 이중부정

(7) $\sim t \equiv c \qquad \sim c \equiv t$

【증명】 증명은 연습문제로 한다. (좌측과 우측은 서로 **쌍대**(dual)이며 $\wedge$, $\vee$, t, c를 $\vee$, $\wedge$, c, t로 바꾸어 쓴 것이다. 서로 쌍대인 두 명제는 한 쪽이 참이면 다른 쪽도 당연히 참이 된다.)

정리 2.6 임의의 두 명제 p, q에 대하여 다음의 **드 모르간의 법칙**(DeMorgan's law)이 성립한다.

(1) $\sim(p \wedge q) \equiv \sim p \vee \sim q$ (2) $\sim(p \vee q) \equiv \sim p \wedge \sim q$

【증명】 (1) 명제 $\sim(p \wedge q)$와 $\sim p \vee \sim q$의 진리값이 각각의 모든 논리적 가능성에 대하여 같음을 보이든지 아니면 쌍조건문 $\sim(p \wedge q) \leftrightarrow \sim p \vee \sim q$이 항진명제 임을 보이면 된다. 다음 진리표에 의하여 동치임이 증명된다.

$\sim$	$(p$	$\wedge$	$q)$	$\leftrightarrow$	$(\sim p$	$\vee$	$\sim q)$
F	T	T	T	T	F	F	F
T	T	F	F	T	F	T	T
T	F	F	T	T	T	T	F
T	F	F	F	T	T	T	T
3	1	2	1	4	2	3	2

그림 2.5

(2) 연습문제로 한다.

정리 2.7 임의의 두 명제 p, q에 대하여 다음의 **대우법칙**(contrapositive law)이 성립한다.

$$(p \to q) \equiv (\sim q \to \sim p)$$

【증명】 명제 $(p \to q)$와 $(\sim q \to \sim p)$의 진리값이 같음을 보이자. 다음의 진리표에서 진리값이 같음을 알 수 있다.

p	q	$\sim p$	$\sim q$	$(p \to q)$	$(\sim q \to \sim p)$
T	T	F	F	T	T
T	F	F	T	F	F
F	T	T	F	T	T
F	F	T	T	T	T

그림 2.6

정리 2.8 임의의 두 명제 p, q에 대하여 다음이 성립한다.

(1) $(p \wedge \sim q \to c) \Leftrightarrow (p \to q)$

(2) $p \wedge (p \to q) \wedge (p \to \sim q) \Leftrightarrow c$

【증명】 (1) 진리표를 만들어 쌍조건문 $(p \wedge \sim q \to c) \leftrightarrow (p \to q)$이 항진명제임을 보이자.

p	$\wedge$	$\sim q$	$\to$	c	$\leftrightarrow$	p	$\to$	q
T	F	F	T	F	T	T	T	T
T	T	T	F	F	T	T	F	F
F	F	F	T	F	T	F	T	T
F	F	T	T	F	T	F	T	F
1	3	2	4	1	5	1	2	1

그림 2.7

(2) 연습문제로 한다.

진리표는 (그림 2.2)와 같이 하나하나 열거하여 결과를 얻는 방법이 있고 (그림 2.5와 2.7)과 같이 단계별로 직접 조사하는 방법이 있으나 문제에 따라서 편리한 방법을 택하여 사용한다.

n 가지의 명제로 이루어진 합성명제에 대하여 진리표를 만드는데 논리적 가능성의 수는 2^n개다. 그러나 다음 (정리 2.9)와 같이 3개 이상의 명제로 이루어진 합성명제의 진리표를 구하는 것은 매우 복잡해진다.

정리 2.9 임의의 세 명제 p, q, r에 대하여 다음의 **추이법칙**(transitive law)이 성립한다.

$$(p \to q) \wedge (q \to r) \Rightarrow (p \to r)$$

【증명】 조건문 $(p \to q) \wedge (q \to r) \Rightarrow (p \to r)$이 항진명제임을 보이면 된다. 주어진 명제가 3가지이므로 $2^3 = 8$가지의 논리적 가능성에 대하여 조사해야 한다. 다음 (그림 2.8)의 진리표에 의하여 추이법칙이 성립되는 것은 명백하다.

	$(p$	$\to$	$q)$	$\wedge$	$(q$	$\to$	$r)$	$\to$	$(p$	$\to$	$r)$
	T	T	T	T	T	T	T	T	T	T	T
	T	T	T	F	T	F	F	T	T	F	F
	T	F	F	F	F	T	T	T	T	T	T
	T	F	F	F	F	T	F	T	T	F	F
	F	T	T	T	T	T	T	T	F	T	T
	F	T	T	F	T	F	F	T	F	T	F
	F	T	F	T	F	T	T	T	F	T	T
	F	T	F	T	F	T	F	T	F	T	F
단계	1	2	1	3	1	2	1	4	1	2	1

그림 2.8

정리 2.10 임의의 두 명제 p, q에 대하여 다음이 성립한다.

(1) $(p \to q) \land p \Rightarrow q$

(2) $(p \to q) \land \sim q \Rightarrow \sim p$

(3) $(p \to q) \Leftrightarrow (p \land \sim q \to q \land \sim q)$

【증명】 연습문제로 둔다.

정리 2.11 임의의 두 명제 p, q에 대하여 다음이 성립한다.

(1) $(p \to q) \land (r \to s) \Rightarrow (p \lor r \to q \lor s)$

(2) $(p \to q) \land (r \to s) \Rightarrow (p \land r \to q \land s)$

(3) $(p \to q) \land (r \to s) \Rightarrow (\sim q \lor \sim s \to \sim p \lor \sim r)$

(4) $(p \to q) \land (r \to s) \Rightarrow (\sim q \land \sim s \to \sim p \land \sim r)$

【증명】 연습문제로 둔다.

연습문제 2.2

1. 다음 명제를 진리표를 사용하여 증명하라.

(1) $\sim (p \to q) \equiv p \land \sim q$

(2) $\sim (p \leftrightarrow q) \equiv p \leftrightarrow \sim q \equiv \sim p \leftrightarrow q$

(3) $p \lor q \Leftrightarrow \sim (\sim p \land \sim q)$

(4) $p \to (q \land r) \Leftrightarrow (p \to q) \land (p \to r)$

(5) $(p \to q) \Rightarrow (p \land r \to q \land r)$

(6) $(p \to q) \Rightarrow (p \lor r \to q \lor r)$

(7) $(p \leftrightarrow q) \equiv (p \land q) \lor (\sim p \land \sim q)$

(8) $\sim (p \land q \land r) \equiv \sim p \lor \sim q \lor \sim r$

(9) $\sim (p \lor q \lor r) \equiv \sim p \land \sim q \land \sim r$

2. 다음 명제를 간단히 하여라.

(1) $\sim(p \vee \sim q)$ (2) $\sim(p \wedge \sim q)$

(3) $\sim(\sim p \leftrightarrow q)$ (4) $\sim(\sim p \wedge \sim q)$

(5) $\sim(\sim p \rightarrow \sim q)$

3. $p \wedge q$는 $p \leftrightarrow q$를 논리적으로 함의한다.

4. 다음의 흡수법칙(absorption law)을 증명하라.

(1) $p \wedge (p \vee r) \equiv p$ (2) $p \vee (p \wedge q) \equiv p$

5. 다음 각 명제의 진리값을 결정하여라.

(1) 2+2=4이면 2+1=3과 5+5=10이라는 것은 참이 아니다.

(2) 2+2≠4이면 3+3=7일 필요충분조건이 1+1=2이라는 것은 참이 아니다.

(3) 3<5이면 −3<−5이다.

(4) 2+2≠4와 3+3=6은 참이다.

6. 다음 각 명제의 부정을 말하여라.

(1) 그는 부자도 아니고 행복하지도 않다.

(2) 비가 오면 우산이 잘 팔린다.

(3) 민근이도 평근이도 공부를 열심히 한다.

(4) 그는 눈이 크거나 입이 크다.

(5) 아버지가 건강하면 아들과 딸은 모두 건강하다.

7. 정리 2.3의 (1), (2)를 증명하여라.

8. 정리 2.4의 (2)를 증명하여라.

9. 정리 2.5를 증명하여라.

10. 정리 2.6의 (2)를 증명하여라.

11. 정리 2.7의 (2)를 증명하여라.

12. 정리 2.10을 증명하여라.

13. 정리 2.11을 증명하여라.

3. 연역적 추론

지금까지 앞 절에서 여러 가지 명제의 법칙(추론규칙)들을 설명하였다. 그리고 각 명제의 논리적 동치와 함의가 성립하는 것을 진리표를 만들어 증명하였다. 그러나 이 방법은 명제의 수가 많아지면 조사하여야 할 논리적 가능성의 경우가 더욱 많아진다. 즉 명제가 p, q, r로 3가지이면 8가지의 경우를 조사해야 한다. 그 이상은 말할 것 없이 n개의 명제에 대하여 2^n개의 경우를 조사해야하므로 이는 너무 복잡하다.

추론에는 **귀납적**(induction), **유추적**(analogy), 그리고 **연역적**(deduction)인 3가지 방법이 있는데 여기서는 앞 절에서 언급한 법칙들을 이용하여 연역적 방법으로 간편하게 논리적 동치와 함의에 대한 증명을 하여 보자.

이와 같이 하나의 명제에 관한 법칙을 진리표를 사용하지 않고 추론규칙(rules of inference)과 앞 절의 정의, 정리 등을 이용하여 증명하는 것을 **연역적 추론**(deductive reasoning) 또는 **연역적 방법**(deductive method)이라고 한다.

예제 1 다른 추론규칙과 그에 관련된 정의를 이용하여 다음을 증명하여라.

(1) $p \wedge (p \rightarrow q) \Rightarrow q$

(2) $p \wedge \sim q \rightarrow c \equiv p \rightarrow q$

풀이 (1) $p \wedge (p \rightarrow q) \equiv p \wedge (\sim p \vee q) \equiv (p \wedge \sim p) \vee (p \wedge q)$

$\equiv c \vee (p \wedge q) \equiv p \wedge q \Rightarrow q$

(2) $p \wedge \sim q \rightarrow c \equiv \sim (p \wedge \sim q) \vee c \equiv \sim (p \wedge \sim q)$

$\equiv \sim p \vee q \equiv p \rightarrow q$

조건명제 $p \rightarrow q$에서 p를 **가정**(hypotheses)이라 하고 q를 **결론**(conclusion)이라 한다. 이때 가정과 결론을 바꾼 조건문 $q \rightarrow p$를 $p \rightarrow q$의 **역**(inverse)이라 하고, 가정과 결론을 부정한 조건문 $\sim p \rightarrow \sim q$를 $p \rightarrow q$의 **이**(reverse)라고 하며 가정과 결론을 부정하고 역을 취한 조건문 $\sim q \rightarrow \sim p$를 $p \rightarrow q$의 **대우**(contraposition)

라고 한다.

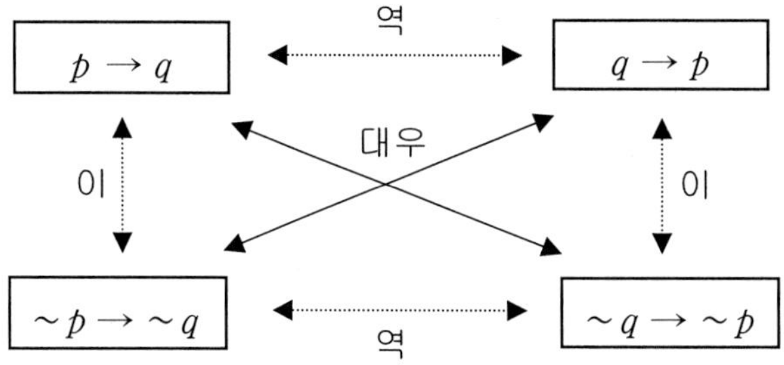

그림 3.1

[예 2] 조건명제 "$x=0 \to x \times y=0$"의 역은 "$x \times y=0 \to x=0$"이고, 이는 "$x \neq 0 \to x \times y \neq 0$"이며 대우는 "$x \times y \neq 0 \to x \neq 0$"이다.

일반적으로 어떤 명제 p가 참임을 추론하는 대신에 $\sim p \to c$를 추론한다. 왜냐하면

$$\sim p \to c \equiv \sim(\sim p) \vee c \equiv p \vee c \equiv p$$

이므로 p와 $\sim p \to c$는 상호 동치이기 때문이다.

이와 같은 추론법을 **배리법**(背理法)이라 한다. 다시 말해서 증명해야할 어떤 정리가 있으면 그 정리를 부정해서 모순을 유도하는 방법으로 정리를 증명하는 것인데 이것을 배리법에 의한 증명이라 한다.

예제 3 대우법칙 $(p \to q) \equiv (\sim q \to \sim p)$을 연역적 방법으로 증명하여라.

풀이 $p \to q \equiv \sim p \vee q \equiv q \vee \sim p \equiv \sim(\sim q) \vee \sim p \equiv \sim q \to \sim p$

예제 4 다음을 연역적 방법으로 증명하여라.

(1) $(p \to q) \equiv p \to (p \wedge q)$

(2) $(p \to q) \equiv (p \vee q) \to q$

풀이 (1) $p \to (p \wedge q) \equiv \sim p \vee (p \wedge q) \equiv (\sim p \vee p) \wedge (\sim p \vee q)$

$$\equiv t \wedge (\sim p \vee q) \equiv (\sim p \vee q) \equiv p \to q$$

(2) $(p \vee q) \to q \equiv \sim (p \vee q) \vee q \equiv (\sim p \wedge \sim q) \vee q$

$$\equiv (\sim p \vee q) \wedge (\sim q \vee q) \equiv (\sim p \vee q) \wedge t$$

$$\equiv \sim p \vee q \equiv p \to q$$

예제 5 $(p \wedge q \to r) \equiv [p \to (q \to r)]$을 연역적 방법으로 증명하여라.

풀이 $[p \to (q \to r)] \equiv p \to (\sim q \vee r) \equiv \sim p \vee (\sim q \vee r)$

$$\equiv (\sim p \vee \sim q) \vee r \equiv \sim (p \wedge q) \vee r$$

$$\equiv p \wedge q \to r$$

예제 6 $(p \to r) \vee (q \to r) \Leftrightarrow (p \wedge q \to r)$을 연역적 방법으로 증명하여라.

풀이 $(p \to r) \vee (q \to r) \Leftrightarrow (\sim p \vee r) \vee (\sim q \vee r)$

$$\Leftrightarrow (\sim p \vee \sim q) \vee r$$

$$\Leftrightarrow \sim (p \wedge q) \vee r \Leftrightarrow p \wedge q \to r$$

예제 7 $(p \vee q) \wedge \sim p \Rightarrow q$를 연역적 방법으로 증명하여라.

풀이 $(p \vee q) \wedge \sim p \equiv \sim p \wedge (p \vee q) \equiv (\sim p \wedge p) \vee (\sim p \wedge q)$

$$\equiv c \vee (\sim p \wedge q) \equiv \sim p \wedge q \Rightarrow q$$

연습문제 2.3

1. 다음을 연역적 방법으로 증명하여라.

   (1) $(p \to q) \wedge \sim p \Rightarrow \sim p$

   (2) $(p \to r) \wedge (q \to r) \equiv (p \vee q \to r)$

   (3) $(p \to q) \wedge (q \to r) \equiv (p \to q \wedge r)$

   (4) $(p \to q) \vee (q \to r) \equiv (p \to q \vee r)$

   (5) $(p \to r) \wedge (q \to s) \equiv (p \wedge q \to r \vee s)$

   (6) $(p \to q) \equiv (p \wedge \sim q \to q \wedge \sim q)$: 배리법

   (7) $(p \to q) \wedge \sim q \Rightarrow \sim p$

2. 다음 각 명제의 역, 이 대우를 말하여라.

   (1) 부자이면 행복하다.

   (2) 삼각형의 변의 길이가 같으면 합동이다.

   (3) $x=4$이면 $x^2=16$이다.

4. 한정기호

어떤 사실을 논리적으로 사고하고 판단하는 것은 매우 중요한 일이다. 이 절에서는 수학을 학습하기 위해서 내용을 정의하고 정리를 증명하는데 특히 필요하며 가장 기본이 되는 한정기호에 대해서 알아보자.

앞 절에서 참, 거짓이 명확히 구분되는 문장을 명제라고 했다. 그런데 어떤 문장은 변수를 포함하고 있어 그 자체로는 참, 거짓을 판단할 수 없는 경우가 있다. 예를 들면

"x는 짝수이다."

라는 문장은 변수 x대신에 무엇인가를 대입하여 x를 정해주면 참, 거짓이 판단되는 명제이다. 이와 같은 문장을 **명제함수**(propositional function)라 하고 "$P(x)$"로 나타낸다.

[예 1] 명제함수 "x는 짝수이다"에서 변수 x를 2와 3이라 하면

(1) 2는 짝수이다.

(2) 3은 짝수이다.

가 되어 (1)은 참이고 (2)는 거짓인 명제가 된다.

흔히 우리가 하고자 하는 말이나 문장에는 그 대상이 있고 대상의 범위가 있다. 그러나 [예 1]에서 명제함수 "x는 짝수이다"는 변수 x의 대상 범위를 정하지 않으므로 x는 자연수, 정수, 유리수 그리고 실수 등이 될 수도 있고, 다른 사물로서 개, 토끼, 꽃, 책상 등이 될 수도 있다.

이와 같이 논하려는 x의 범위를 염두에 두고 한정하지 않으면 그 말이나 문장은 막연하고 의미가 없게 된다. 따라서 미리 정하는 x의 범위를 **대상영역**(domain of discourse) 또는 **모집단**(universe of discourse)이라 하며 "U"로 나타낸다.

다음 장에서 집합의 개념을 소개하지만 대부분의 독자가 이미 집합의 정의를 알고 있으므로 여기서 내용 전개를 위하여 집합을 도입한다. 혹 집합의 정의에 대하

여 의문이 있으면 다음 장을 참고하자.

대상영역 U를 우리학교 1학년 전체 학생들의 집합이라 하자. 그러면 명제 "우리 학교 1학년 전체 학생들은 수학을 잘한다."를 대상영역을 염두에 두고 바꾸어 말하면 "모든 학생은 수학을 잘 한다"로 고쳐 쓸 수 있다. 여기서 학생 개개인을 x라고 하면 이것은 또 다음과 같이 바꾸어 말할 수 있다.

"대상영역 U에 속하는 모든 x에 대하여 x는 수학을 잘 한다"
"모든 x는 수학을 잘 한다"
"모든 x에 대하여 x는 수학을 잘 한다"

이때 "모든 x에 대하여"를 기호 " $(\forall x)$ " 또는 " $\forall x$"로 나타낸다. " x는 수학을 잘한다"를 $P(x)$라 하면 위 명제를 기호화하여 간단히

$$(\forall x)\,P(x) \quad \text{또는} \quad \forall x\,P(x)$$

로 나타낸다. 기호 " $\forall$ "를 **전칭기호**(universal quantifier)라 하며 "전부에 대하여 (for all)", "모든 것에 대하여 (for every)" 또는 "임의의 (for each)" 등으로 읽는다. 전칭기호를 포함하는 명제를 **전칭명제**(proposition with universal quantifier)라 한다.

[예 2] 대상영역 U를 곰들의 집합이라 하자. 그러면

"모든 곰은 북극 지방에만 산다."

를 다음과 같이 기호화 할 수 있다.

" $(\forall x \in U)$ (x는 북극 지방에만 산다)"
" $\forall x\,P(x)$ "

한편, 다음 명제를 생각해 보자.

"어떤 국가는 바다가 없다."

이것을 다음과 같이 바꾸어 쓸 수 있다.

"바다가 없는 국가가 적어도 하나 존재한다."
"적어도 하나의 x가 존재해서 x는 바다가 없다."
"적어도 하나의 x가 존재해서 $P(x)$"
(" $P(x)$를 만족하는 x가 적어도 하나 존재한다.")

여기서 "적어도 하나의 x가 존재해서"를 기호 " $(\exists x)$" 또는 " $\exists x$"로 나타낸다. 따라서 위 명제는

$$(\exists x)\, P(x) \quad \text{또는} \quad \exists x\, P(x)$$

로 기호화 할 수 있다. 기호 " $\exists$ "를 **존재기호**(existential quantifier)라 하고 "존재한다" 또는 "어떤 것에 대해서 (for some)" 또는 "적어도 하나의 …에 대해서" 등으로 읽는다.

존재기호를 포함하는 명제를 **존재명제**라 한다. 그리고 지금까지 설명한 전칭기호와 존재기호를 **한정기호**(quantifier)라고 한다.

[예 3] "어떤 나무는 꽃이 피지 않는다."라는 명제는 다음과 같이 바꾸어 쓸 수 있다.

"꽃이 피지 않는 나무가 적어도 하나 존재한다."

이때 대상영역은 나무들의 집합이다. 이것을 존재기호로 바꾸어 보자. 대상영역의 한 원소인 나무를 x라 하고 " x는 꽃이 피지 않는다."를 명제함수 $P(x)$ 라 하면

$$(\exists x)\ (x\text{는 꽃이 피지 않는다.})$$

가 되어

$$\exists x\, P(x)$$

와 같이 기호화 할 수 있다.

[예 4] 명제 "방정식 $x^2+2x-3=0$은 해를 갖는다"는 우리가 흔히 접하는 식으로 특별한 언급이 없으면 대상영역을 실수 전체의 집합으로 본다. 그러므로 위 명제는

"어떤 실수 x는 방정식 $x^2+2x-3=0$을 만족한다."

"방정식 $x^2+2x-3=0$을 만족하는 $x \in R$가 적어도 하나 존재한다."

"어떤 실수 x가 적어도 하나 존재해서 $x^2+2x-3=0$을 만족한다."

등으로 변형 할 수 있고 한정기호를 이용하여 간단히

$$\exists x \in R \quad x^2+2x-3=0$$

로 나타낸다.

[주의] 1. "p이기 위한 필요 충분조건은 q이다."라는 정리를 증명하기 위해서는 필요성 ($\Rightarrow$, only if)과 충분성 ($\Leftarrow$, if) 으로 나누어 증명한다.

2. "모든 x에 대하여 $f(x)=0$"라고 하는 명제를 일상적인 영어 문장으로는 "$f(x)=0$ for all x"이라 표시하고, 한정기호를 사용해서 논리적으로 표현하면 "$(\forall x)(f(x)=0)$"로 한다.

3. $\forall x \in A,\ P(x) \equiv \forall x \in U,\ (x \in A \rightarrow P(x)) \equiv x \in A \rightarrow p(x)$

$\exists x \in A,\ P(x) \equiv \exists x \in U,\ (x \in A \wedge P(x)) \equiv \exists x, (x \in A \wedge p(x))$

정의 4.1

대상영역에 속하는 변수 x에 관한 명제함수 $P(x)$에 대하여 다음이 성립한다.

$$\sim[(\forall x)\ P(x)] \equiv (\exists x)(\sim P(x))$$

$$\sim[(\exists x)\ P(x)] \equiv (\forall x)(\sim P(x))$$

위 (정의 4.1)은 명제 논리에서의 드 모르간 법칙의 일반화이다.

[예 5] 명제 "모든 생명체는 죽는다."에서 대상영역은 살아 있는 생명체이다. 이것을 전칭명제로 나타내면 "생명체는 죽는다."를 $P(x)$로 할 때 $\forall x\, P(x)$이다. 이것을 부정하면

$$\sim[\forall x\, P(x)] \equiv (\exists x)(\sim P(x))$$

이다. 따라서 명제 "모든 생명체는 죽는다."의 부정은

"어떤 생명체는 죽지 않는다."
"적어도 하나의 생명체는 죽지 않는다."
"죽지 않는 생명체가 존재한다."

등으로 말할 수 있다.

[예 6] 명제 "모든 짐승은 네발을 가지고 있다."의 부정은 "어떤 짐승은 네발을 가지고 있지 않다."이다. 그리고 명제 "어떤 강은 동해 바다로 흐른다."의 부정은 "모든 강은 동해 바다로 흐르지 않는다."이다.

[예 7] 명제 "모든 실수 x에 대하여 $x^2-2x+1 \geq 0$이다."를 부정하면 "어떤 실수 x에 대하여 $x^2-2x+1 < 0$이다."이다.

예제 8 명제 "모든 실수 x에 대하여 $x^2=1$이면 $x=3$이다."를 부정하고 진리값을 구하여라.

풀이
$$\begin{aligned}\sim[\forall x,\ x^2=1 \rightarrow x=3] &\equiv \exists x,\ \sim[x^2=1 \rightarrow x=3]\\ &\equiv \exists x,\ \sim[\sim(x^2=1)\vee(x=3)]\\ &\equiv \exists x,\ (x^2=1)\wedge\sim(x=3)\\ &\equiv \exists x,\ (x^2=1)\wedge(x\neq 3)\end{aligned}$$

이다. 따라서 부정명제는 참이다.

정의 4.2

$P(x)$가 대상영역 U상의 명제함수라 하면 $P(a)$가 참이 되는 $a \in U$들의 집합을 $P(x)$의 **진리집합**(truth set)이라 하며 T로 표시한다. 즉,

$$T = \{x \mid x \in U,\ P(x)\text{는 참}\}$$

[예 9] $P(x)$를 " $x+2>7$ "이라 하자. 그러면 자연수 집합 $\mathbb{N}$상의 $P(x)$의 진리집합 T는

$$T = \{x \mid x+2>7,\ x \in \mathbb{N}\} = \{6, 7, 8, \cdots\}$$

이다.

[예 10] $P(x)$를 " $x+5>1$ "이라 하자. 그러면 자연수 집합 $\mathbb{N}$상의 $P(x)$의 진리집합은 $\mathbb{N}$자신이다.

[예 11] 대상영역을 자연수 집합 $\mathbb{N}$이라 할 때 명제

$$(\forall n \in \mathbb{N})\,(n+4>3)$$

은 참이다. 왜냐하면 진리집합이 $\mathbb{N}$과 같기 때문이다. 그러나 명제 $(\forall n)(n+2>8)$은 거짓이다. 왜냐하면 진리집합이 $\mathbb{N}$과 같지 않기 때문이다.

위 (정의 4.1)에서 언급한 내용을 (정의 4.2)의 진리집합을 이용해 생각해 보자. $p(x)$의 진리집합을 P라 하고 x의 변역을 Q라 하면

$$\forall x\ p(x) \equiv (P = Q)$$
$$\exists x\ p(x) \equiv (P \neq Q)$$

이다. 그러므로 전칭명제와 그의 부정에 대해

$$\sim \forall x\ p(x) \equiv (P \neq Q) \equiv (P^c \neq \varnothing) \equiv \exists x\,(\sim p(x))$$

라고 나타낼 수 있다. 그리고 전칭기호 $\forall$와 존재기호 $\exists$가 2개 이상 붙은 명제의 경우 그 부정은 다음과 같다.

예를 들면 여기서 $p(x,\ y)$를 P라고 할 때

$$\begin{aligned}\sim(\exists y \forall x\ P) &\equiv \sim(\exists y(\forall x\ P))\\ &\equiv \forall y(\sim(\forall x P))\\ &\equiv \forall y \exists x(\sim P)\end{aligned}$$

와 같이 나타내어진다.

또한 조건문 $p(x) \to q(x)$가 참이라 하면 이는 $\forall x, (\,p(x) \to q(x)\,)$가 참이라는 것을 의미한다. 이는 $p(x)$와 $q(x)$의 진리집합이 P와 Q인 경우

$$\forall x,\ (\,p(x) \to q(x)\,) \equiv P \subseteq Q$$

이다. 왜냐하면 $(\,p(x) \to q(x)\,)$는 $\sim p(x) \vee q(x)$와 동치이기 때문에 이의 진리집합은 $P^c \cup Q$이다. 따라서

$$\begin{aligned}\forall x, (\,p(x) \to q(x)\,) &\equiv \forall x,\ \sim p(x) \vee q(x)\\ &\equiv \forall x \in U,\ \ x \in P^c \vee x \in Q\\ &\equiv \forall x \in U,\ \ x \in P^c U Q\\ &\equiv x \in U \to x \in P^c U Q\\ &\equiv U \subset P^c U Q\\ &\equiv (\,P^c \cup Q = U\,)\\ &\equiv (P \cap Q^c = \varnothing) \equiv (P \subseteq Q)\end{aligned}$$

이다. 같은 방법으로 쌍조건문과 진리집합과의 경우를 살펴보면

$$p(x) \leftrightarrow q(x) \equiv (p(x) \to q(x)) \wedge (q(x) \to p(x))$$

이므로

$$\begin{aligned}\forall x\ (p(x) \leftrightarrow q(x)) &\equiv \forall x\ ((p(x) \rightarrow q(x)) \wedge (q(x) \rightarrow p(x)) \\ &\equiv \forall x\ (p(x) \rightarrow q(x)) \wedge \forall x\ (q(x) \rightarrow p(x)) \\ &\equiv (P \subseteq Q) \wedge (Q \subseteq P) \\ &\equiv P = Q\end{aligned}$$

가 됨을 알 수 있다.

연습문제 2.4

1. 다음 명제의 대상영역을 말하고 명제함수를 정하여 한정기호를 이용해서 간단히 하여라.
   (1) 장미나무는 가시가 있다.
   (2) 사람은 죽는다.
   (3) 모든 실수 x에 대하여 $x^2>0$이다.
   (4) 어떤 사과는 파랗다.
   (5) $x^2=0$을 만족하는 x가 적어도 하나 존재한다.

2. 위 (문제 1)의 각각을 부정하여라.

3. 다음 각 명제의 진리값을 정하여라.
   (1) $\forall x,\ |x|=x$ (2) $\forall x,\ x+1>x$
   (3) $\exists x,\ x+2=x$ (4) $\forall x,\ x^2=x$
   (5) $\exists x,\ x^2+3x-2=0$ (6) $\forall x,\ 2x+3x=5x$

4. 위 (문제 3)의 각각을 부정하여라.

5. $A=\{1,2,3,4,5\}$일 때, 다음 각 명제의 진리값을 말하고 진리집합을 구하여라.

(1) $\exists x \in A,\ x+3=10$ (2) $\forall x \in A,\ x+3<10$

(3) $\exists x \in A,\ x+3<5$ (4) $\forall x \in A,\ x+3 \leq 8$

6. 다음 명제의 역, 이, 대우를 구하여라.
   (1) 가난하면 불행하다.
   (2) 학생이 공부를 잘하면 성공한다.
   (3) 운동선수가 되기 위해서는 건강한 것이 필요하다.
   (4) 그가 아프지 않으면 산에 갈 수 있다.
   (5) $p \rightarrow \sim q$

7. "그는 부자이다"를 명제 p 라 하고 "그는 행복하다"를 명제 q 라 하자. p 와 q 를 이용하여 다음의 각 명제를 기호화 하여라.
   (1) 부자이면 행복하다.
   (2) 가난한 것은 불행하다.
   (3) 그는 가난하지만 행복하다.
   (4) 그는 부자도 아니고 행복하지도 않다.
   (5) 그는 가난하지도 불행하지도 않으며 그는 부자이다.

8. $\{1, 2, 3\}$이 대상영역 일 때, 다음 각 명제의 진리값을 말하여라.
   (1) $\exists x,\ \forall y,\ x^2 < y+1$
   (2) $\forall x,\ \exists y,\ x^2+y^2 < 12$
   (3) $\forall x,\ \forall y,\ x^2+y^2 < 12$
   (4) $\exists x,\ \exists y,\ \forall z,\ x^2+y^2 < 2z^2$

9. 다음 각 명제를 부정하여라.

(1) $\forall x,\ \forall y,\ P(x, y)$ (2) $\forall x,\ \exists y,\ P(x, y)$

(3) $\forall x,\ \exists y,\ \forall z,\ P(x, y, z)$ (4) $\exists x,\ \forall y,\ (p(x) \vee q(y))$

(5) $\forall x,\ p(x) \wedge \exists y,\ q(y)$

5. 수학적 귀납법

추론에 대한 타당성을 검증하는 것을 증명이라 하는데 증명의 형식에는 **직접증명방법**(method of direct proof)과 **간접증명방법**(method of indirect proof)이 있다. 수학적 증명에는 직접증명 또는 간접증명이 활용되는데 이 중 편리한 방법을 택한다. 직접증명은 주어진 가정을 이용하여 추론의 반복으로 직접증명하는 방법이고, 간접증명은 주어진 명제와 동치인 명제를 증명함으로써 주어진 명제의 참, 거짓을 확인하는 것이다. 간접증명 방법은 귀류법 또는 배리법과 대우법 등이 있다. 배리법은 간접증명 방법 중 하나인데 결론의 부정을 새로운 가정으로 하여 주어진 가정과 비교하여 모순을 이끌어내는 방법이다.

자연수 n을 포함하는 수학적 명제 $p(n)$의 타당성을 증명하는데 다음의 **수학적 귀납법에 관한 원리**(principle of mathematical induction)는 매우 유용한 증명방법이다.

정의 5.1

자연수 n을 포함하는 명제 $p(n)$가 다음을 만족하면 모든 자연수 n에 대하여 명제 $p(n)$는 참이다.

(1) $p(1)$가 참이다

(2) 임의의 자연수 k에 대하여 $p(k) \Rightarrow p(k+1)$

위의 원리는 자연수에 관한 피아노의 공리들(peano's axioms)중의 하나의 결과이다.

수학적 귀납법의 원리를 이용하여 정리를 증명하려면 그 정리는 자연수에 관해 몇 개의 경우로 나누어 질 수 있는 것이어야 한다. 그러므로 위의 두 조건을 모두 확인하여야 하며 $n=1$인 경우 참임을 확인하고 $n=k$일 때 $p(k)$가 참임을 가정하여 이것으로부터 $n=k+1$일 때 $p(k+1)$)이 참임을 확인해야 한다. 여기서 가정 "$p(k)$는 참이다"를 **귀납적 가정**(induction hypothesis)이라 한다.

예제 5 모든 자연수 n에 대하여 다음 등식이 성립함을 수학적 귀납법으로 증명하여라.

$$1^2+2^2+\cdots+n^2=\frac{1}{6}n(n+1)(2n+1)$$

【증명】 모든 자연수 n에 관한 위의 등식을 나타내는 명제 술어를 $p(n)$로 놓는다.

(1) $n=1$일 때 위 등식의 좌변은 1이고 우변은 $\frac{1\cdot 2\cdot 3}{6}=1$이다. 따라서 $p(1)$은 참이다.

(2) $n=k$일 때 $1^2+2^2+\cdots+k^2=\frac{1}{6}k(k+1)(2k+1)$이 참이라고 가정한다. 이 등식의 양변에 $(k+1)^2$을 각각 더하면

$$\begin{aligned}1^2+2^2+\cdots+k^2+(k+1)^2&=\frac{1}{6}k(k+1)(2k+1)+(k+1)^2\\&=\frac{1}{6}(k+1)(k+2)(2k+3)\end{aligned}$$

따라서 모든 자연수 n에 대하여 성립한다.

연습문제 2.5

1. 수학적 귀납법에 의하여 다음을 증명하라.

(1) $1+2+3+\cdots+n=\dfrac{n(n+1)}{2}$

(2) $1 \cdot 2+2 \cdot 3+\cdots+r(r+1)+\cdots+n(n+1)=\dfrac{1}{3}n(n+1)(n+2)$

(3) $1+3+5+\cdots+(2n-1)=n^2$

(4) $1^3+2^3+3^3+\cdots+n^3=\dfrac{1}{4}n^2(n+1)^2$

2. 자연수 n과 정수 r에 대하여 기호 $C(n, r)$을 다음과 같이 정의하자. 모든 $r \neq 0$에 대하여 $C(0, 0)=1$, $C(0, r)=0$ 그리고

$$C(n+1, r)=C(n, r)+C(n, r-1)$$

이때 n과 r이 $0 \leq r \leq n$인 정수들이라면 $C(n, r)=\dfrac{n!}{r!(n-r)!}$이 성립함을 보여라.(증명은 귀납법으로 다음의 경우를 조사하면 된다.)

① $n=0$, $r=0$인 경우

② $n=1$인 경우 $r=0$인 때와 $r=1$인 때

③ $n=k$인 경우 성립을 가정하고

④ $n=k+1$인 경우 $r=0$인 때와 $r=k+1$인 때 그리고 $0<r<k+1$인 때 성립함을 보인다.)

3. 두 변수 x, y와 자연수 n에 대하여 이항정리

$$(x+y)^n = C(n, 0)x^n + C(n, 1)x^{n-1}y + \cdots + C(n, r)x^{n-r}y^r + \cdots + C(n, n)y^n$$

이 성립함을 위 (연습문제 2)를 이용하여 설명하라.

단, 여기서 $C(n, r)$을 이항계수(binomial coefficient)라 한다.

Chapter

3 집합과 연산

이 장에서는 집합의 기본 개념을 소개하고 그 연산에 대하여 알아본다.

1. 집 합

집합(set)이란 구성요소의 내용규정이 명확하며 구별되는 사물들의 모임이다. 즉, 별들의 모임, 감자들의 무더기 등은 집합이 아니며, 2000년 3월에 문화대학교에 등록한 학생들의 모임, 평면 위의 주어진 점 p에서 거리가 2cm 떨어진 점들의 집단은 집합이다. 이와 같이 구체적인 대상들의 모임을 집합이라 한다. 여기서 우리는 집합의 공리론적 방법에 의한 사고는 피한다.

집합을 나타내는 기호는 보통 영어 알파벳의 대문자 A, B, C, … 등으로 표시하고 집합에 포함되는 **원소**(element)는 보통 소문자 a, b, c, … 등으로 표시한다. a가 집합 A의 원소인 것을 기호 " $\in$ "를 사용하여

$$a \in A \text{ 또는 } A \ni a$$

로 표시하고 " a는 A에 속한다." 또는 "집합 A는 a를 포함한다."라고 말한다. 한편, b가 집합 A의 원소가 아닌 경우

$$b \notin A \text{ 또는 } A \not\ni b$$

로 표시하고 “ b는 A에 속하지 않는다.” 또는 “ A는 b를 포함하지 않는다.”라고 말한다. 집합 A와 B가 서로 다르면 $A \neq B$로 나타낸다.

집합 A가 집합 B의 **부분집합**(subset)이라는 것은 $A \subseteq B$로 표시하고

“임의의 원소 $x \in A$에 대하여 $x \in B$”

인 것을 의미한다. 즉

$$A \subseteq B \Leftrightarrow \text{임의의 } x \in A,\ x \in B$$

이다. 그리고 $A \subseteq B$이고 $A \neq B$이면 집합 A를 집합 B의 **진부분집합**(proper subset)이라 하며 $A \subset B$로 표시한다. 이때 특히 집합 B를 집합 A의 **초집합**(super set)이라고도 한다.

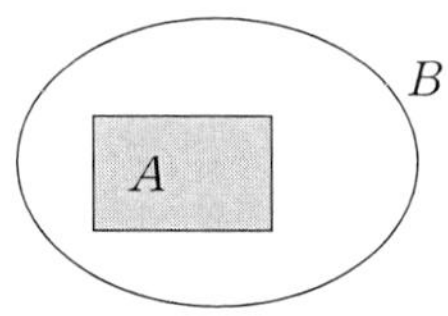

그림 2.1

[예 1] 집합 $A = \{a, b\}$의 부분집합은 A, $\{a\}$, $\{b\}$, ϕ이다.

집합의 표시방법은 원소나열법과 조건제시법이 있다. 만일 A가 짝수인 자연수 모두의 집합이라 할 때 **원소나열법**(tabular form)으로 집합 A를 표시하면

$$A = \{2, 4, 6, \cdots\}$$

이고 **조건제시법**(set-builder form)으로 집합 A를 표시하면

$$A = \{x \mid p(x)\} = \{x \mid x\text{는 짝수인 자연수}\}$$

이다. 여기서 명제 $p(x)$는 “ x는 짝수인 자연수”를 말하며 항시 참이 되는 x들을 모아둔 것이 집합 A이다.

집합이 유한개의 원소만을 포함할 때 이 집합을 **유한집합**(finite set)이라 하고 그렇지 못할 때 이 집합을 **무한집합**(infinite set)이라 한다.

두 집합 A와 B가 $A \subset B$이거나 $B \subset A$이면 이들 두 집합을 **비교가능**(comparable)하다고 하며 $A \not\subset B$이고 $B \not\subset A$이면 집합 A와 B는 비교가능하지 않다고 한다.

집합내의 원소들은 서로 구별되어야하지만 순서에는 관계가 없다. 예를 들면 집합 $A=\{1,2,3\}$과 집합 $B=\{2,1,3\}$은 같은 집합으로 $A=B$이며 또 집합 $C=\{1,1,2\}$와 집합 $D=\{1,2,2\}$는 집합 $\{1,2\}$와 같다. 즉 $C=D=\{1,2\}$이다.

특히 하나의 원소만으로 이루어진 집합을 **단집합**(singleton set) 또는 **단원집합**이라 한다. 편의상 원소를 하나도 갖고 있지 않은 집합을 생각할 수 있는데 이 집합을 **공집합**(empty set, 또는 null set)이라 하며 $\varnothing$로 나타낸다. 여기서 $\varnothing$는 원소를 갖고 있지 않으나 $\{\varnothing\}$는 $\varnothing$를 원소로 하는 단집합이므로 $\varnothing$와 $\{\varnothing\}$는 확실히 구별된다.

두 집합 A, B가 서로 공통인 원소가 없을 때 A와 B는 **서로소**(disjoint)라 하고 $A \cap B=\varnothing$로 나타낸다.

이상의 사실에서 몇 가지 내용을 정리하여 보자.

정의 1.1

두 집합 A, B가 완전히 같은 원소(같은 종류와 같은 수)를 가지면 A와 B는 같다(equal)고 하고 $A=B$로 나타낸다. 즉

$$(A=B) \Leftrightarrow (A \subseteq B \text{이고 } B \subseteq A) \Leftrightarrow (\forall x,\ x \in A \Leftrightarrow x \in B)$$

정리 1.2 공집합 $\varnothing$는 모든 집합의 부분집합이다.

【증명】 A를 임의의 집합이라 할 때 $\varnothing \subset A$임을 보이면 된다. 이것은 모든 원소 x에 대하여 “$x \in \varnothing \Rightarrow x \in A$”가 되는 것과 동치이다. 그런

데 가정 $x \in \varnothing$는 거짓이므로 $x \in A$가 참이건 거짓이건 관계없이 조건문 "$x \in \varnothing \rightarrow x \in A$"는 항시 참이 된다. 따라서 $\varnothing \subset A$가 성립한다.

집합 X에 대하여 $P(X)$를 X의 모든 부분집합들의 집합, 즉

$$P(X) = \{A \mid A \subseteq X\}$$

라 하면 $P(X)$의 원소는 그 자신이 또 하나의 집합이 된다. 이와 같이 집합을 원소로 갖는 집합을 **집합족**(family, class, collection)이라 부르며 특히, $P(X)$를 **멱집합**(power set)이라 하며 2^X로 표시하기도 한다.

[예 2] $P(\varnothing) = \{\varnothing\}$, $P(\{x\}) = \{\varnothing, \{x\}\}$,

$$P(\{x, y\}) = \{\varnothing, \{x\}, \{y\}, \{x, y\}\}$$

[예 3] $A = \{1, \{2, 3\}, 4\}$는 집합족이 아니다.

[예 4] 집합족 $\beta = \{\{a\}, \{b\}, \{a, b\}, \{a, b, c\}, \{b, c, d\}\}$에 대하여 $\{a\} = A_1$, $\{b\} = A_2$, $\{a, b\} = A_3$, $\{a, b, c\} = A_4$, $\{b, c, d\} = A_5$, 라고 하면 집합족 β는

$$\beta = \{A_1, A_2, A_3, A_4, A_5\}$$

로 바꾸어 쓸 수 있으며, 다시

$$\beta = \{A_i \mid i = 1, 2, 3, 4, 5\}$$

와 같이 바꾸어 쓸 수 있고, 만일 $I = \{1, 2, 3, 4, 5\}$라 하면 집합족 β는

$$\beta = \{A_i \mid i \in I\}$$

로 간단히 나타낼 수 있다.

정리 1.3 A, B, C가 집합들일 때 $A \subseteq B$이고 $B \subseteq C$이면 $A \subseteq C$이다.

【증명】 $A \subseteq B$이므로 임의의 x에 대하여 $x \in A \Rightarrow x \in B$이고 또 $B \subseteq C$이므로 임의의 x에 대하여 $x \in B \Rightarrow x \in C$가 되어

$$\forall x,\ x \in A \Rightarrow x \in C$$

이다. 따라서 $A \subseteq C$이다.

[예 5] 집합 A, B, C가 $A = \{1, 3\}$, $B = \{1, 3, 5\}$ 그리고 $C = \{1, 2, 3, 4, 5\}$일 때 A는 B의 부분집합이고, B는 C의 부분집합이므로 A는 C의 부분집합임을 알 수 있다.

정리 1.4 집합 A가 n개의 원소로 구성되었다면 그 멱집합 $P(A)$는 정확히 2^n개의 원소를 포함한다.

【증명】 만일 $A = \varnothing$이면 $n = 0$이므로 당연히 성립한다.

$A \neq \varnothing$인 경우 $A = \{a_1,\ a_2,\ a_3,\ \cdots,\ a_n\}$이라 하자. 집합 B를 A의 임의의 부분집합이라 할 때 A의 한 원소 a_k에 대하여 부분집합 B는 a_k를 포함하는 경우와 포함하지 않는 경우 두 가지를 생각 할 수 있다. 따라서 A의 부분집합의 개수는 각 $a_i \in A$에 대하여 각각 2가지의 경우가 있으므로 2^n개다.

【설명】 다른 방법으로 위 정리를 설명하여 보자.

n개의 빈칸 □ □ □ … □에서 A의 한 부분집합 B에 대하여 $a_1 \in B$이면 첫 번째 빈칸에 a_1을 넣고, $a_1 \notin B$이면 첫 번째 칸을 비운다. 또 $a_2 \in B$이면 두 번째 칸에 a_2를 넣고 $a_2 \notin B$이면 두 번째 칸을 비운다. 이와 같은 방법을 계속하면 k번째 빈칸도 $a_k \in B$인 경우와 $a_k \notin B$인 경우를 생각할 수 있다. 따라서 2^n개의 부분집합이 나온다.

또한, 조합을 이용하여 (정리 1.4)를 증명할 수도 있다. $P(A)$의 원소의 개수는

$${}_nC_0 + {}_nC_1 + \cdots + {}_nC_n = (1+1)^n = 2^n$$

이다.

[예 6] 집합 $A=\{1,2,3\}$에 대하여 집합 A의 원소의 개수는 3개이므로 멱집합 $P(A)$는 $2^3=8$ 개의 원소를 포함하며

$$P(A)=\{A, \varnothing, \{1\}, \{2\}, \{3\}, \{1,2\}, \{2,3\}, \{1,3\}\}$$

이다.

연습문제 3.1

1. 집합 $A=\{a, b, c\}$의 부분집합을 모두 말하라.

2. 다음 집합을 원소나열 방법으로 바꾸어라.

   (1) $A=\{x \in \mathbb{Z} \mid x^2 \leq 25\}$ (2) $B=\{x \in R \mid x^3+1=0\}$

3. 다음 집합을 조건 제시 방법으로 바꾸어라.

   (1) $A=\left\{-1,\ -\frac{2}{3},\ -\frac{1}{3},\ 0\right\}$ (2) $B=\{1, 3, 5, 7, \cdots\}$

4. $(A \subseteq B) \wedge (B \subseteq A) \Leftrightarrow A=B$임을 보여라.

5. $(A \subseteq \varnothing) \Rightarrow A=\varnothing$임을 보여라.

6. $(A \subseteq B) \wedge (B \subset C) \Rightarrow (A \subset C)$임을 보여라.

7. $B \subseteq A$이고 $P(A:B)=\{X \in P(A) \mid X \supseteq B\}$이라 하자.

   (1) $A=\{a, b, c, d\}$, $B=\{a, b\}$일 때 $P(A:B)$의 값을 구하라.

   (2) $P(A:\varnothing)=P(A)$임을 보여라.

8. 집합 $\{a, \{b, d\}\}$의 멱집합은 몇 개의 원소를 갖는가?

9. $A=\{1, 2, 3, 4, 5\}$, $B=\{4, 5, 6, 7, 8, 9\}$, $C=\{2, 4, 8, 9\}$일 때, 집합 X에 대하여 다음과 같이 정하면 집합 X는 무엇입니까?

   (1) $X \subset A \wedge X \subset B$ (2) $X \not\subset B \wedge X \subset C$

10. $A \subseteq B \wedge x \notin B \Rightarrow x \notin A$

2. 집합의 연산

수를 계산하는데 더하기, 빼기, 곱하기 등의 연산을 하는 것과 같이 집합들 사이에서도 이와 유사한 연산을 하여 새로운 집합을 대응시킬 수 있다.

정의 2.1

집합 A와 B의 **합집합**(union)은 A 또는 B에 속하는 모든 원소들의 집합이다. 기호로는

$$A \cup B = \{x \mid x \in A \vee x \in B\}$$

로 나타낸다.

정의 2.2

집합 A와 B의 **교집합**(intersection)은 A와 B에 공통으로 속해 있는 원소들의 집합이다. 기호로는

$$A \cap B = \{x \mid x \in A \wedge x \in B\}$$

로 나타낸다.

[예 1] $A=\{1, 2, 3\}$, $B=\{3, 4, 5\}$일 때 $A \cup B=\{1, 2, 3, 4, 5\}$이고 $A \cap B=\{3\}$이다.

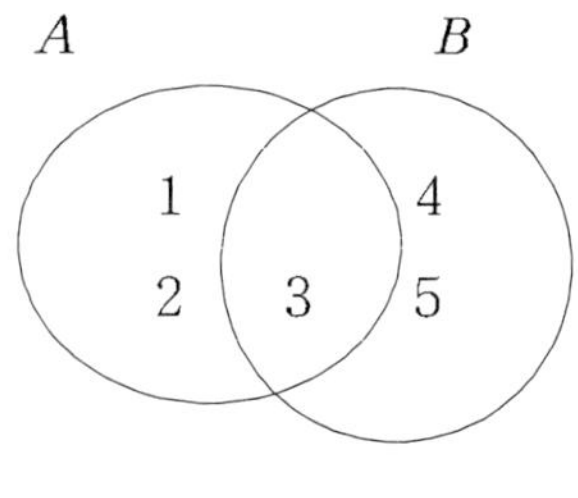

두 집합 A와 B사이에 서로 공통인 원소가 없을 경우 즉, $A \cap B = \emptyset$일 때 집합 A와 B는 **서로소**(disjoint)라고 한다. 예를 들면 자연수의 집합

$\mathbb{N}$에서 홀수의 집합 $\mathbb{N}_o$와 짝수의 집합 $\mathbb{N}_e$는 $\mathbb{N}_o \cap \mathbb{N}_e = \varnothing$이므로 서로소이다.

정의 2.3

집합 A에서의 B의 **차집합**(difference of A and B)은 A에는 속하나 B에는 속하지 않는 원소들의 집합이다. 기호로는

$$A - B = \{x \mid x \in A \wedge x \notin B\}$$
$$= \{x \in A \mid x \notin B\}$$

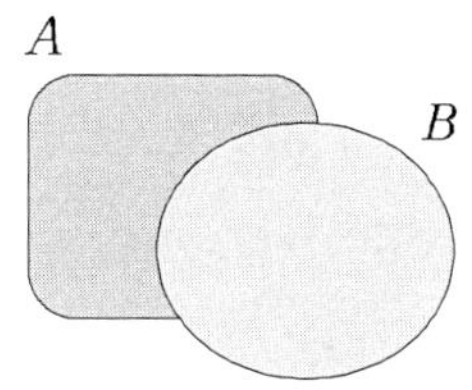

로 나타낸다.

[예 2] 실수 집합 $\mathbb{R}$과 유리수 집합 $\mathbb{Q}$에 대하여 $\mathbb{R} - \mathbb{Q}$는 무리수의 집합이다.

[예 3] 수직선 $\mathbb{R}$에서 $A = [1, 3]$, $B = (2, 5)$일 때

$$A \cap B = (2, 3] \qquad A \cup B = [1, 5)$$
$$A - B = [1, 2] \qquad B - A = (3, 5)$$

이다.

정의 2.4

U를 전체집합이라 할 때 집합 A의 **여집합**(complement)은 A에 속하지 않는 원소들의 집합이다. 기호로는

$$A^c = U - A = \{x \in U \mid x \notin A\}$$

이다.

[예 4] 전체집합 $U=\{1, 2, 3, 4, 5, 6, 7, 8, 9, 10\}$에 대하여 $A=\{1, 2, 3, 4, 5\}$이고 $B=\{1, 3, 5\}$일 때 차집합은 $A-B=\{2, 4\}$이며 집합 A의 여집합은 $A^c=\{6, 7, 8, 9, 10\}$이다.

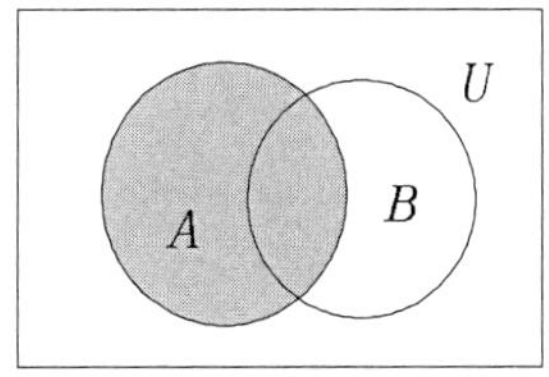

위 정의에서 A에서의 B의 차집합을 A에서의 B의 **상대여집합**(relative complement)이라고도 한다. (집합 A의 여집합을 기호 A'로 표시하기도 한다.)

러셀의 역리에 의하면 엄밀한 의미에서 "모든 집합들의 집합"인 전체집합(universal set)은 존재하지 않는다. 그러나 이 책에서 언급한 집합 모두는 제한된 의미이지만 전체집합으로 간주할 수 있는 고정된 집합 U의 부분집합이라고 가정해도 별 무리는 없다. 따라서 특별한 언급이 없으면 여집합에 관한 규칙들을 논하기 위해 모든 여집합이 바로 이 집합 U에 의한 것임을 전제한다.

집합의 연산은 다음과 같은 여러 가지 중요한 법칙을 만족한다.

정리 2.5 집합 A, B, C에 대하여 다음이 성립한다.

(1) 멱등법칙 : $A\cup A=A$, $A\cap A=A$

(2) 교환법칙 : $A\cup B=B\cup A$, $A\cap B=B\cap A$

(3) 결합법칙 : $(A\cup B)\cup C=A\cup(B\cup C)$

$(A\cap B)\cap C=A\cap(B\cap C)$

(4) 배분법칙 : $A\cup(B\cap C)=(A\cup B)\cap(A\cup C)$

$A\cap(B\cup C)=(A\cap B)\cup(A\cap C)$

(5) 항등법칙 : $A\cup\varnothing=A$, $A\cap\varnothing=\varnothing$

$A\cup U=U$, $A\cap U=A$

(6) 여 법 칙 : $A\cup A^c=U$, $A\cap A^c=\varnothing$, $(A^c)^c=A$

$U^c=\varnothing$, $\varnothing^c=U$

(7) 드 모르간(De Morgan)의 법칙 :

$$(A\cup B)^c = A^c \cap B^c \qquad (A\cap B)^c = A^c \cup B^c$$

【증명】 (1) $x\in(A\cup A) \Leftrightarrow x\in A \vee x\in A \Leftrightarrow x\in A$ (명제 $P\vee P\equiv P$)

(2) $x\in(A\cup B) \Leftrightarrow x\in A \vee x\in B \Leftrightarrow x\in B \vee x\in A \Leftrightarrow x\in B\cup A$

(3) $x\in(A\cup B)\cup C \Leftrightarrow x\in(A\cup B) \vee x\in C$

$\Leftrightarrow (x\in A \vee x\in B) \vee x\in C$

$\Leftrightarrow x\in A \vee (x\in B \vee x\in C)$

$\Leftrightarrow x\in A \vee (x\in B\cup C)$

$\Leftrightarrow x\in A\cup(B\cup C)$

(4) $x\in A\cup(B\cap C) \Leftrightarrow x\in A \vee (x\in B\cap C)$

$\Leftrightarrow x\in A \vee (x\in B \wedge x\in C)$

$\Leftrightarrow (x\in A \vee x\in B) \wedge (x\in A \vee x\in C)$

$\Leftrightarrow (x\in A\cup B) \wedge (x\in A\cup C)$

$\Leftrightarrow x\in(A\cup B)\cap(A\cup C)$

(5) $A\cup\varnothing = ((A\cup\varnothing)^c)^c = (A^c\cap\varnothing^c)^c = (A^c\cap U)^c$

$= (A^c)^c = A$

[별해] : $x\in A\cup\varnothing \Leftrightarrow x\in A \vee x\in\varnothing \Leftrightarrow x\in A \vee c \Leftrightarrow x\in A$

(6) $x\in A\cup A^c \Leftrightarrow x\in A \vee x\in A^c \Leftrightarrow x\in A \vee x\in U-A$

$\Leftrightarrow x\in A \vee (x\in U \wedge x\notin A)$

$\Leftrightarrow (x\in A \vee x\in U) \wedge (x\in A \vee x\notin A)$

$\Leftrightarrow (x\in A\cup U) \wedge t \Leftrightarrow x\in U$

(7) $x\in(A\cup B)^c \Leftrightarrow \sim(x\in A\cup B) \Leftrightarrow \sim(x\in A \vee x\in B)$

$\Leftrightarrow \sim(x\in A) \wedge \sim(x\in B) \Leftrightarrow (x\in A^c) \wedge (x\in B^c)$

$\Leftrightarrow x\in(A^c\cap B^c)$

위 (정리 2.5)와 같이 집합에 관한 명제에서 합집합과 교집합 그리고 전체집합과 공집합을 서로 바꾸어 쓴 명제를 원래 명제의 **쌍대**(dual)라고 한다. 하나의 정리와 그 증명이 주어졌을 경우 그 쌍대 정리는 원래의 증명 과정에서 각 단계마다 쌍대를 사용해 꼭 같은 방법으로 증명을 할 수 있다. 쌍대 명제는 상호 동치이다. 즉 주어진 명제가 참(거짓)이면 쌍대인 명제도 참(거짓)이다.

[예 5] $A\cup\varnothing=A$, $A\cup A^c=U$의 쌍대는 각각 $A\cap U=A$, $A\cap A^c=\varnothing$이다.

정리 2.6 집합 A, B에 대하여 $(A\cup B)\cap(A\cup B^c)=A$이다.

【증명】 $(A\cup B)\cap(A\cup B^c)=A\cup(B\cap B^c)=A\cup\varnothing=A$

[예 6] $(A\cap B)\cup(A\cap B^c)=A$는 (정리 2.6)의 등식과 쌍대이므로 쌍대의 원리에 의하여 다시 증명할 필요 없이 성립됨을 알 수 있다. 즉, 쌍대인 등식은 동시에 참이거나 거짓이다.

정리 2.7 집합 A, B에 대하여 다음이 성립한다.

(1) $A-B=A\cap B^c$

(2) $A\subseteq A\cup B \quad B\subseteq A\cup B$

(3) $A\cap B\subseteq A \quad A\cap B\subseteq B$

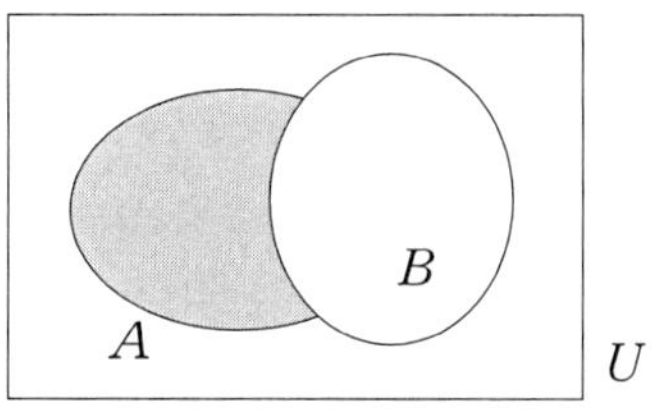

【증명】 (1)
$$\begin{aligned} x\in(A\cap B^c) &\Leftrightarrow (x\in A)\wedge(x\in U-B)\\ &\Leftrightarrow (x\in A)\wedge[(x\in U)\wedge(x\notin B)]\\ &\Leftrightarrow [(x\in A)\wedge(x\in U)]\wedge(x\notin B)\\ &\Leftrightarrow (x\in A\cap U)\wedge(x\notin B)\\ &\Leftrightarrow (x\in A)\wedge(x\notin B)\\ &\Leftrightarrow x\in(A-B)\end{aligned}$$

(2) $x\in A \Rightarrow x\in A \vee x\in B \Rightarrow x\in A\cup B$

(3) $x\in A\cap B \Rightarrow x\in A \wedge x\in B \Rightarrow x\in A$

정리 2.8 집합 A, B에 대하여 다음이 성립한다.

(1) $A \subseteq B \Leftrightarrow A \cup B = B$

(2) $A \subseteq B \Leftrightarrow A \cap B = A$

【증명】 (1) $A \subseteq B$임을 가정하고 $A \cup B = B$가 성립됨을 보이자.

$$x \in A \cup B \Rightarrow x \in A \vee x \in B \Rightarrow x \in B \vee x \in B \Rightarrow x \in B$$

그러므로 $A \cup B \subseteq B$이다. 그리고 위 (정리 2.7)의 (2)에 의하여 $B \subseteq A \cup B$이므로 $A \cup B = B$이다. 역으로 $A \cup B = B$이면 위 (정리 2.7)의 (2)에서 $A \subseteq A \cup B$ 이므로 $A \subseteq B$이다.

(2) 같은 방법으로 푼다.

정리 2.9 집합 A, B에 대하여 다음이 성립 한다.

(1) $A \cup (A \cap B) = A$

(2) $A \cap (A \cup B) = A$

【증명】 (1) (정리 2.7)의 (3)에 의해 $A \cap B \subseteq A$ 이므로 (정리 2.8)의 (1)에 의해 $A \cup (A \cap B) = A$ 이다.

(2) (정리 2.7)의 (2)에 의해 $A \subseteq A \cup B$ 이므로 (정리 2.8)의 (2)에 의해 $A \cap (A \cup B) = A$ 이다.

정리 2.10 집합 A, B에 대하여 $A - B = B^c - A^c$ 이다.

【증명】 $A - B = A \cap B^c = B^c \cap A = B^c \cap (A^c)^c = B^c - A^c$

정리 2.11 집합 A, B에 대하여 $(A \subseteq B) \Leftrightarrow (B^c \subseteq A^c)$ 이다.

【증명】 $A \subseteq B \equiv (x \in A \Rightarrow x \in B)$

$\equiv (x \notin B \Rightarrow x \notin A)$

$\equiv (x \in B^c \Rightarrow x \in A^c)$

$\equiv B^c \subseteq A^c$

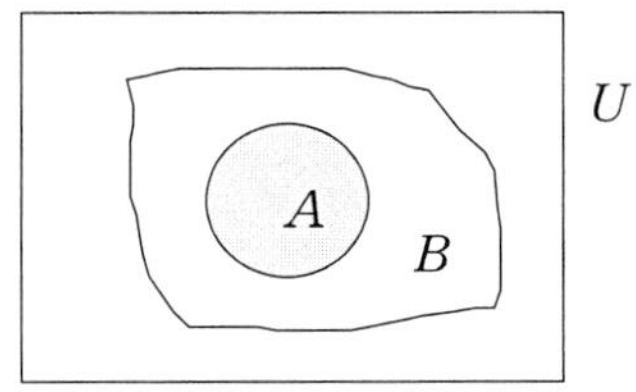

정리 2.12 집합 A, B에 대하여 $A-B=A-(B\cap A)$이다.

【증명】 $A-(B\cap A) = A\cap(B\cap A)^c$

$= A\cap(B^c \cup A^c)$

$= (A\cap B^c)\cup(A\cap A^c)$

$= (A\cap B^c)\cup\varnothing$

$= A\cap B^c = A-B$

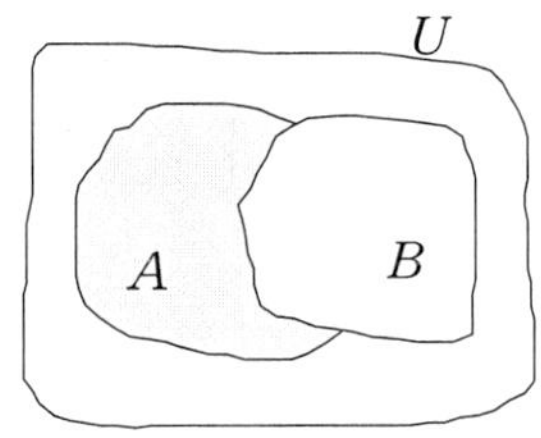

정리 2.13 집합 A, B에 대하여

$(A-B)\cup(B-A)=(A\cup B)-(A\cap B)$

이다.

【증명】 $(A-B)\cup(B-A) = (A\cap B^c)\cup(B\cap A^c)$

$= [(A\cap B^c)\cup B] \cap [(A\cap B^c)\cup A^c]$

$= [(A\cup B)\cap(B^c\cup B)]\cap[(A\cup A^c)\cap(B^c\cup A^c)]$

$= (A\cup B)\cap(B^c\cup A^c) = (A\cup B)\cap(B\cap A)^c$

$= (A\cup B)-(B\cap A) = (A\cup B)-(A\cap B)$

집합의 간단한 연산을 시각적으로 보여주기 위하여 **벤 다이어그램**(Venn diagram)이나 **선도**(line diagram)를 이용하기도 한다. 집합의 연산과 이 결과를 한 눈에 이해할 수 있도록 맨 처음 도형으로 나타낸 사람이 스위스 출신의 수학자 **오일러**(L. Euler : 1707~1783)이며 19세기 들어 영국의 수학자 **드 모르간**(De Morgan : 1806~1871)과 **벤**(J. Venn : 1834~1923)이 더욱 개량하여 보급되게 하였다.

그러나 수학에서 직관적 확인(논증)을 증명으로 인정할 수는 없다.

[예 7] 집합 $A=\{1, 2, 3\}$의 모든 부분집합을 포함관계에 의해 선도로 나타내면 다음 그림과 같다.

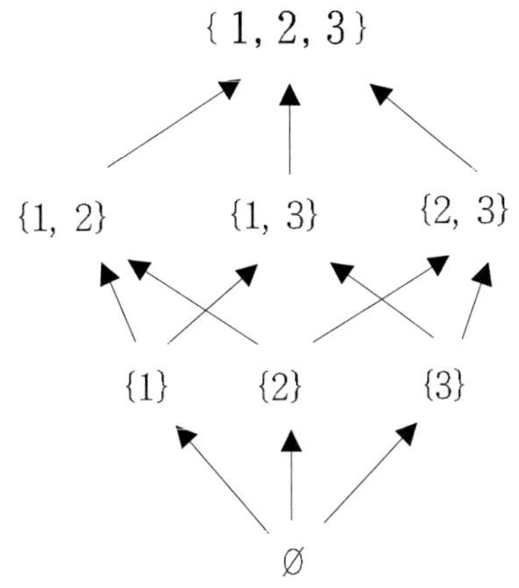

연습문제 3.2

1. 다음을 증명하여라.

   (1) $A \subseteq C$이고 $B \subseteq C$이면 $(A \cup B) \subseteq C$이다.

   (2) $A \subseteq B$이고 $A \subseteq C$이면 $A \subseteq (B \cap C)$이다.

   (3) $A \subseteq C$이고 $B \subseteq D$이면 $(A \cup B) \subseteq (C \cup D)$이다.

   (4) $(A \cap B) \cup C = A \cap (B \cup C) \Leftrightarrow C \subseteq A$

   (5) $A \subseteq B \Rightarrow P(A) \subseteq P(B)$

   (6) $A = B \Leftrightarrow A \cup B = A \cap B$

   (7) $A \cap (B - C) = (A \cap B) - (A \cap C)$

   (8) $(A \cup B) - C = (A - C) \cup (B - C)$

   (9) $A - (B \cup C) = (A - B) \cap (A - C)$

   (10) $A - (B \cap C) = (A - B) \cup (A - C)$

   (11) $A \cap B = \emptyset \Leftrightarrow A \subset B^c \Leftrightarrow B \subset A^c$

   (12) $B \subseteq A \Leftrightarrow (A - B) \cup B = A$ (13) $A \cap (B - A) = \emptyset$

   (14) $A \cup B = A \cup (B - A)$ (15) $(A - B)^c = A^c \cup B$

   (16) $(A \cap B \cap C)^c = A^c \cup B^c \cup C^c$, $(A \cup B \cup C)^c = A^c \cap B^c \cap C^c$

   (17) $A \subseteq C$, $B \subseteq C$, $A \cup B = C$이고 $A \cap B = \emptyset$이면 $A = C - B$

   (18) $(A \cap B) \cup (A - B) = A$

   (19) $A - (A - B) = A \cap B$

   (20) $(A - B) - C = (A - C) - (B - C)$

2. 집합 A, B의 멱집합에 대하여 다음을 증명하거나 반증하여라.

   (1) $P(A) \cap P(B) = P(A \cap B)$ (2) $P(A) \cup P(B) \subseteq P(A \cup B)$

3. 정리 2.5를 증명하라.

3. 집합 연산의 확장

앞 절에서 집합의 연산에 대하여 알아보았다. 그런데 이 연산은 집합 A, B 또는 C사이에서만 성립하는 것이 아니고 그 이상의 집합들 사이에서도 연산이 가능하다. 이 절에서는 임의의 개의 집합들 사이에 집합연산이 성립하는 것을 알아보자.

집합의 정의에서 집합의 구성원인 원소들은 모두가 구별되는 것이다. 그러나 족(family)은 구성원들이 모두 구별되는 것은 아니다. 예를 들면 $\{1, 2, 3, 3\}$은 구성원이 넷으로 된 족이다. 하지만 즉 $\{1, 2, 3, 3\}$을 집합으로 생각하면, 이는 $\{1, 2, 3\}$과 같다.

정의 3.1

I를 집합이라 하자. 각 원소 $\alpha \in I$에 집합 A_α가 하나씩 대응할 때 이들 A_α들의 **족**(family)을 I에 의하여 첨수가 부여된 집합들의 첨수족 또는 간단히 **첨수집합족**(indexed family of sets)이라 하고 $\{A_\alpha \mid \alpha \in I\}$로 나타낸다. 여기서 I를 특히 **첨수집합**(indexed set)이라 한다.

[예 1] 집합족 $\mathcal{F} = \{\varnothing, \{1\}, \{2\}, \{1, 2\}, \{2, 3\}, \{1, 3\}, \{1, 2, 3\}\}$에 대하여 첨수집합

$$I = \{1, 2, 3, 4, 5, 6, 7\}$$

을 취하여 다음과 같이 I에서 $\mathcal{F}$로의 대응을 생각하자.(즉 $A : I \to \mathcal{F}$)
그러면 예를 들어 1이 $\varnothing$에 대응하므로 대응 A에 대하여 $A(1) = \varnothing$ 이다. 이때 $A(1)$을 A_1이라 하면 $\varnothing = A_1$이다.
마찬가지로 2가 $\{1\}$에 대응하므로 $A(2) = \{1\}$이며, 이때 $A(2)$를 A_2라 하면 $\{1\} = A_2$이다. 같은 방법으로 $\{2\} = A_3$, $\{1.2\} = A_4$, $\{2.3\} = A_5$,

$\{1. 3\} = A_6$, $\{1. 2, 3\} = A_7$이다.

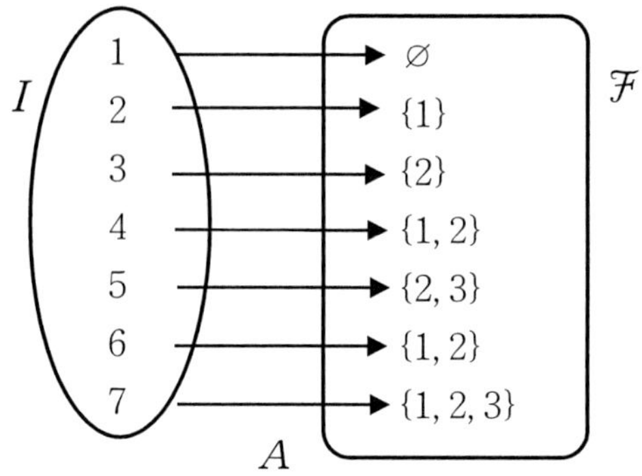

따라서 첨수집합족은

$$\mathcal{F} = \{A_1, A_2, A_3, A_4, A_5, A_6, A_7\} = \{A_\alpha \mid \alpha \in I\}$$

이다.

집합에서 사용된 기호와 표시방법은 집합족에서도 그대로 사용된다. 위 예에서 $\{1\} \in \mathcal{F}$이고 $\{3\} \notin \mathcal{F}$이다. 즉 $\{1\}$은 족 $\mathcal{F}$의 원소이고 $\{3\}$은 $\mathcal{F}$의 원소가 아니다.

이제 합집합과 교집합의 개념을 임의의 집합족에 확장해 보자.

정의 3.2

$\mathcal{F}$를 임의의 집합족이라 하자. $\mathcal{F}$에 속하는 집합들의 합집합은 어떤 $A \in \mathcal{F}$에 대하여 A에 속하는 모든 원소들의 집합이다. 기호로는

$$\cup A = \{x \in U \mid \exists A \in \mathcal{F},\ x \in A\}$$

$$= \{x \in U \mid \text{어떤 } A \in \mathcal{F}\text{에 대하여 } x \in A\}$$

이다. 또한 $\bigcup_{A \in \mathcal{F}} A$는 $\cup \mathcal{F}$로 나타내기도 한다.

만일 집합족 $\mathscr{F}$가 첨수 집합 I에 의하여 첨수가 부여되었다면

$$\bigcup \mathscr{F} = \bigcup_{\alpha \in I} A_\alpha = \{x \in U \mid \exists \alpha \in I,\ x \in A_\alpha\}$$

$$= \{x \in U \mid \text{어떤 } \alpha \in I\text{에 대하여 } x \in A_\alpha\}$$

로 나타낼 수 있다. 이 때 첨수는 α, β 또는 γ이든 관계없이

$$\bigcup_{\alpha \in I} A_\alpha = \bigcup_{\beta \in I} A_\beta = \bigcup_{\gamma \in I} A_\gamma$$

이다.

[예 2] $\mathscr{F} = \{A,\ B,\ C,\ D,\ E\}$라 하면 다음이 성립한다.

$$\bigcup \mathscr{F} = \bigcup_{A \in \mathscr{F}} A = A \cup B \cup C \cup D \cup E$$

$$= \{x \in U \mid \text{어떤 } A \in \mathscr{F}\text{에 대하여 } x \in A\}$$

[예 3] 유한첨수집합 $I = \{1,\ 2,\ 3,\ \cdots,\ n\}$에 대하여 $\mathscr{F} = \{A_1, A_2, A_3, \cdots, A_n\}$라 하자. 그러면

$$\bigcup \mathscr{F} = \bigcup_{\alpha \in I} A_\alpha = A_1 \cup A_2 \cup, \cdots, \cup A_n$$

$$= \{x \in U \mid \text{어떤 } \alpha \in I\text{에 대하여 } x \in A_\alpha\}$$

이다. 이와 같이 I가 유한인 경우 특히 $\bigcup_{\alpha \in I} A_\alpha$를 $\bigcup_{i=1}^{n} A_i$로 나타내기도 한다.

정의 3.3

$\mathcal{F}$를 임의의 집합족이라 하자. $\mathcal{F}$에 속하는 집합들의 교집합은 모든 $A \in \mathcal{F}$에 대하여 A에 속하는 모든 원소들의 집합이다. 기호로는

$$\bigcap_{A \in \mathcal{F}} A = \{x \in U \mid \forall A \in \mathcal{F},\ x \in A\}$$

$$= \{x \in U \mid \text{모든 } A \in \mathcal{F}\text{에 대하여 } x \in A\}$$

이다.

마찬가지로 $\bigcap_{A \in \mathcal{F}} A$는 $\bigcap \mathcal{F}$로 나타내기도 한다. 만일 집합족 $\mathcal{F}$가 첨수집합 I에 의하여 첨수가 부여되었다면

$$\bigcap \mathcal{F} = \bigcap_{\alpha \in I} A_\alpha = \{x \in U \mid \forall \alpha \in I,\ x \in A_\alpha\}$$

$$= \{x \in U \mid \text{모든 } A \in \mathcal{F}\text{에 대하여 } x \in A\}$$

$$= \{x \in U \mid \text{모든 } \alpha \in I\text{에 대하여 } x \in A_\alpha\}$$

로 나타낼 수 있다. 이때도 첨수가 α, β 또는 γ이든 관계없이

$$\bigcap_{\alpha \in I} A_\alpha = \bigcap_{\beta \in I} A_\beta = \bigcap_{\gamma \in I} A_\gamma$$

이다.

[예 4] $\mathcal{F} = \{A,\ B,\ C,\ D,\ E\}$라 하면 다음이 성립한다.

$$\bigcap \mathcal{F} = \bigcap_{A \in \mathcal{F}} A = A \cap B \cap C \cap D \cap E$$

$$= \{x \in U \mid \text{모든 } A \in \mathcal{F}\text{에 대하여 } x \in A\}$$

[예 5] 유한첨수집합 $I = \{1, 2, 3, \cdots, n\}$에 대하여 $\mathcal{F} = \{A_1,\ A_2,\ \cdots,\ A_n\}$라 하면

$$\cap \mathscr{F} = \bigcap_{\alpha \in I} A_\alpha = A_1 \cap A_2 \cap, \cdots, \cap A_n$$
$$= \{x \in U \mid \text{모든 } \alpha \in I\text{에 대하여 } x \in A_\alpha\}$$

이다. 이와 같이 I가 유한인 경우 특히 $\bigcap_{\alpha \in I} A_\alpha$를 $\bigcap_{i=1}^{n} A_i$로 나타내기도 한다.

예제 6 개구간 $(0, 1), \left(0, \frac{1}{2}\right), \left(0, \frac{1}{3}\right), \cdots$ 들의 교집합을 구하여라.

풀이 $A_n = \left(0, \frac{1}{n}\right)$이라 하고 $\bigcap_{n=1}^{\infty} A_n$의 값을 구하면 된다.

$\bigcap_{n=1}^{\infty} A_n \neq \varnothing$ 이라 가정하자. 그러면

$$\exists x \in \bigcap_{n=1}^{\infty} A_n = \bigcap_{n=1}^{\infty} \left(0, \frac{1}{n}\right) \Rightarrow \forall n \in \mathbb{N},\ x \in \left(0, \frac{1}{n}\right)$$
$$\Rightarrow \forall n \in \mathbb{N},\ 0 < x < \frac{1}{n}$$

이다. 그러나 이는 모순이므로 $\bigcap_{n=1}^{\infty} A_n = \varnothing$ 이다.

정리 3.4 $\{A_\alpha \mid \alpha \in I\}$를 집합의 공집합족이라 하자. 즉 $I = \varnothing$, 그러면 다음이 성립한다.

(1) $\bigcup_{\alpha \in I} A_\alpha = \varnothing$　　　　(2) $\bigcap_{\alpha \in I} A_\alpha = U$

【증명】 (1) ($\supset$)은 당연하다. ($\subseteq$)임을 보이기 위하여 $x \in U$에 대하여

$$x \in \bigcup_{\alpha \in I} A_\alpha \Rightarrow x \in \varnothing$$

임을 보이자. 이를 위하여 대우를 사용하면

$$x \notin \varnothing \Rightarrow x \notin \bigcup_{\alpha \in I} A_\alpha$$

이므로 모든 $x \in U$에 대하여 $x \notin \bigcup_{\alpha \in I} A_\alpha$ 임을 보이면 된다. 즉,

$$x \notin \bigcup_{\alpha \in I} A_\alpha \equiv \sim(x \in \bigcup_{\alpha \in I} A_\alpha) \equiv \sim(\exists \alpha \in \varnothing,\ x \in A_\alpha),$$

$$\equiv \forall \alpha \in \varnothing,\ x \notin A_\alpha \equiv \alpha \in \varnothing \Rightarrow x \notin A_\alpha$$

이므로 여기서 명제 "$\alpha \in \varnothing \Rightarrow x \notin A_\alpha$"는 "$\alpha \in \varnothing$"가 거짓이기 때문에 참이다. 그러므로 모든 $x \in U$에 대하여 $x \notin \bigcup_{\alpha \in I} A_\alpha$는 참이다. 따라서 $\bigcup_{\alpha \in I} A_\alpha = \varnothing$이다.

(2) $\bigcap_{\alpha \in I} A_\alpha \subseteq U$임은 당연하고, $U \subset \bigcap_{\alpha \in I} A_\alpha$임을 보이면 되는데 모든 $x \in U$에 대하여 $x \in \bigcap_{\alpha \in I} A_\alpha$인 것을 보이면 된다.

$$x \in \bigcap_{\alpha \in I} A_\alpha \equiv \forall \alpha \in \varnothing,\ x \in A_\alpha \equiv \alpha \in \varnothing \Rightarrow x \in A_\alpha$$

이므로 (1)의 증명에서와 같이 명제 "$\alpha \in \varnothing \Rightarrow x \in A_\alpha$"가 참이기 때문에 모든 $x \in U$에 대하여 $x \in \bigcap_{\alpha \in I} A_\alpha$이다. 그러므로 $U \subset \bigcap_{\alpha \in I} A_\alpha$이다. 따라서 $\bigcap_{\alpha \in I} A_\alpha = U$이다.

나아가 유한개의 집합에 대한 집합연산은 임의의 집합족에 대한 집합연산으로 일반화 할 수 있다.

[예 7] $\{A_\alpha \mid \alpha \in I\}$를 임의의 집합족이라 하자. 그러면

(1) $\forall \alpha \in I,\ A_\alpha \subseteq B \Rightarrow \bigcup_{\alpha} A_\alpha \subseteq B$ (2) $\forall \alpha \in I,\ B \subseteq A_\alpha \Rightarrow B \subseteq \bigcap_{\alpha} A_\alpha$

정리 3.5 $\{A_\alpha \mid \alpha \in I\}$를 임의의 집합족이라 하자. 그러면

(1) $(\bigcup_{\alpha \in I} A_\alpha)^c = \bigcap_{\alpha \in I} A_\alpha^c$ (2) $(\bigcap_{\alpha \in I} A_\alpha)^c = \bigcup_{\alpha \in I} A_\alpha^c$

【증명】 (1) $x \in (\bigcup_{\alpha \in I} A_\alpha)^c \equiv \sim(x \in \bigcup_{\alpha \in I} A_\alpha)$

$$\equiv \sim(\exists \alpha \in I,\ x \in A_\alpha)$$

$$\equiv \forall \alpha \in I,\ x \notin A_\alpha \equiv \forall \alpha \in I,\ x \in A_\alpha^c$$

$$\equiv x \in \bigcap_{\alpha \in I} A_\alpha^c$$

그러므로 $\left(\bigcup_{\alpha \in I} A_\alpha\right)^c = \bigcap_{\alpha \in I} A_\alpha^c$ 이다.

(2) 연습문제로 둔다.

위 (정리 3.5)는 "De Morgan 정리"를 일반화한 것이다.

정리 3.6 A가 집합이고 $\mathscr{F} = \{B_\alpha \mid \alpha \in I\}$를 임의의 집합족이라 하면 다음이 성립한다.

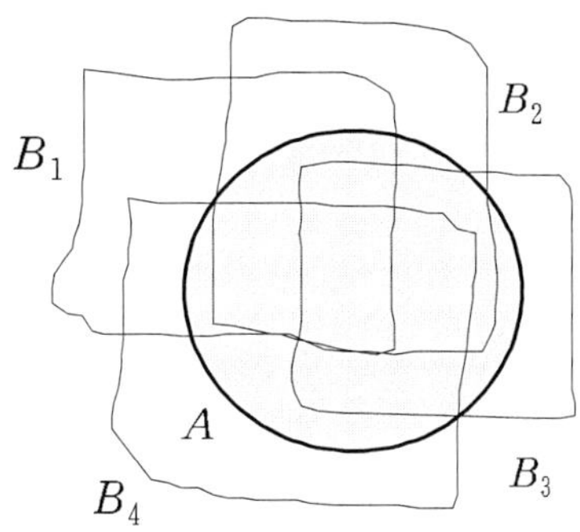

(1) $A \cap \left(\bigcup_{\alpha \in I} B_\alpha\right) = \bigcup_{\alpha \in I} (A \cap B_\alpha)$

(2) $A \cup \left(\bigcap_{\alpha \in I} B_\alpha\right) = \bigcap_{\alpha \in I} (A \cup B_\alpha)$

【증명】 (1) $x \in A \cap \left(\bigcup_{\alpha \in I} B_\alpha\right)$

$$\Leftrightarrow x \in A \wedge x \in \bigcup_{\alpha \in I} B_\alpha$$

$$\Leftrightarrow x \in A \wedge \exists \alpha \in I,\ x \in B_\alpha$$

$$\Leftrightarrow \exists \alpha \in I,\ x \in A \wedge x \in B_\alpha$$

$$\Leftrightarrow \exists \alpha \in I,\ x \in A \cap B_\alpha$$

$$\Leftrightarrow x \in \bigcup_{\alpha \in I} (A \cap B_\alpha)$$

그러므로 $A \cap \left(\bigcup_{\alpha \in I} B_\alpha\right) = \bigcup_{\alpha \in I} (A \cap B_\alpha)$ 이다.

(2) 연습문제로 둔다.

위 (정리 3.6)은 분배법칙을 일반화한 것이다.

연습문제 3.3

1. $I=\{1, 2, 3, 4\}$이고 $A_1=\{a, b, c, d, e\}$, $A_2=\{c, d, e\}$, $A_3=\{b, c, d\}$, $A_4=\{a, b, c\}$이라 할 때 다음을 구하라.

   (1) $\bigcup_{i\in I} A_i$ (2) $\bigcap_{i\in I} A_i$

2. 다음 개구간들의 교집합을 구하여라.

   $(0, 1)\cap\left(0, \frac{1}{2}\right)\cap\left(0, \frac{1}{3}\right)\cap, \cdots$

3. 자연수 n에 대하여 다음을 구하여라.

   (1) $\bigcup_{n=1}^{\infty}\left[0, \frac{1}{n}\right]$ (2) $\bigcap_{n\in \mathrm{N}}\left[0, \frac{1}{n}\right]$

4, 다음을 전개하여라.

   (1) $(A_1\cup A_2)\cap(B_1\cup B_2\cup B_3)$

   (2) $(A_1\cap A_2)\cup(B_1\cap B_2\cap B_3)$

   (3) $(\bigcup_{i\in I} A_i)\cap(\bigcup_{j\in J} B_j)$

   (4) $(\bigcap_{i\in I} A_i)\cup(\bigcap_{j\in J} B_j)$

5. 정리 3.5를 완성하여라.

6. 정리 3.6을 완성하여라.

Chapter

4 관 계

이 장에서는 두 집합에 대한 카테시안 곱을 정의하고, 순서쌍을 이용하여 관계를 정의한다. 두 집합상의 관계들 중에서 특별한 것을 함수라 하는데 이 관계와 함수에 대하여 중요한 성질을 알아본다.

1. 순서쌍과 카테시안 곱

임의의 두 대상 a, b에 대하여 $(a,\ b)$를 a, b의 **순서쌍**(ordered pairs)이라 한다. 순서쌍 $(a,\ b)$는 원소 a와 b의 순서가 정해져서 a를 **첫번째 좌표**(the first coordinate), b를 **두번째 좌표**(the second coordinate)라 한다. 따라서 $(a,\ b) \neq (b,\ a)$이다. 그리고 집합 $\{a,\ b\}$는 a와 b의 순서가 정해진 것이 아니므로 순서쌍이 아니다.

정의 1.1

임의의 두 대상 a, b에 대하여 순서쌍 $(a,\ b)$를 다음과 같이 정의한다.

$$(a,\ b) \equiv \{\{a\},\ \{a,\ b\}\}$$

정리 2.2 $\{x, y\}=\{x, z\}$이면 $y=z$이다.

【증명】 $y\in\{x, y\}=\{x, z\}$이므로 $y\in\{x, z\}$이다. 그러면 $y=x$이거나 $y=z$ 이다. 이때 $y=z$라 하면 증명이 되고 만일 $y=x$라 하면
$z\in\{x, z\}=\ \{x, y\}=\{y\}$이다. 그러므로 $z=y$이다.

위 (정의 1.1)로부터 순서쌍에 관한 다음의 기본성질이 성립한다.

예제 1 $(a, b)=(c, d) \Leftrightarrow a=c\wedge b=d$

풀이 $(\Leftarrow)$ 만일 $a=c$이고 $b=d$라 하면

$$(a, b)\equiv\{\{a\}, \{a, b\}\}=\{\{c\}, \{c, d\}\}\equiv(c, d)$$

가 성립한다.

$(\Rightarrow)$ 역으로 $(a, b)=(c, d)$라 하면

$$\{\{a\}, \{a, b\}\}=\{\{c\}, \{c, d\}\}$$

이다. 이때 $a\neq b$인 경우 $\{a\}=\{c\}$이고 $\{a, b\}=\{c, d\}$이다. 그러면 $a=c$이고 $\{a, b\}=\{a, d\}$이므로 $b=d$가 된다.

또, $a=b$인 경우 $\{\{a\}, \{a, b\}\}=\{\{a\}, \{a, a\}\}=\{\{a\}\}$이므로 $\{\{a\}\}=\{\{c\}, \{c, d\}\}$이다.

그러면 $\{a\}=\{c\}\wedge\{a\}=\{c, d\}$이다. 그러면 $\{a\}=\{c, d\}$이므로 $\{a\}$가 단집합이므로 $\{c, d\}$도 단집합이어야 하므로 $c=d$이다. 그러므로 $a=c=d$이고 가정에서 $a=b$이므로 $a=b=c=d$ 이다.

위 순서쌍 $(a,\ b)$는 단지 a와 b의 순서를 구분하여 나타낸 것으로 $(a,\ b,\ c)=((a,\ b),\ c)$, $(a,\ b,\ c,\ d)=((a,\ b,\ c),\ d)$와 같이 정의한다. 또 순서쌍$(a,\ b)$를 $(a,\ b)\equiv\{\{a,\ \varnothing\},\ \{b,\ \varnothing\}\}$와 같이 정의하기도 한다.

순서쌍 $(x,\ y)$에 관한 최초의 정의는 **위너**(Wiener : 1914)에 의해서 $\{\{\{x\},\ \{\varnothing\},\ \{y\}\}\}$로 정의되었었다. 또한 **하우스드로프**(Hausdorff : 1914)도 만족스럽지는 못했지만 정의를 했었다. 그러나 위 (정의 1.1)에 기술된 정의는 **크루아토스키**(Kuratowski)에 의해 정의된 것이며 오늘날 널리 사용되고 있다.

순서쌍 $(a,\ b)$에서 a를 **첫 번째 성분**(the first component), b를 **두 번째 성분**(the second component)이라고도 한다.

카테시안평면은 실수의 모든 순서쌍들의 집합으로 생각할 수 있으므로 이 개념으로부터 다음을 정의할 수 있다.

정의 1.3

임의의 두 집합 A, B에 대하여 $x\in A$, $y\in B$인 모든 순서쌍 $(x,\ y)$로 구성되는 집합을 A와 B의 **카테시안 곱**(Cartesian product)이라 하며 $A\times B$로 나타낸다. 즉,

$$A\times B=\{(x,\ y)\mid x\in A\ \wedge\ y\in B\}$$

이다.

카테시안곱이라는 용어 대신에 **직적**(product set) 또는 **데카르트적**이라고도 하며 특히 실수 R의 카테시안곱 $R\times R$을 **카테시안 평면**(Cartesian plane)이라고 한다.

[예 1] 집합 $A=\{a,\ b,\ c\}$, $B=\{x,\ y\}$일 때 $A\times B\neq B\times A$이다.

왜냐하면

$$A \times B = \{(a, x), (a, y), (b, x), (b, y), (c, x), (c, y)\}$$
$$B \times A = \{(x, a), (x, b), (x, c), (y, a), (y, b), (y, c)\}$$

이기 때문이다.

[예 2] $A = \{a, b\}$, $B = \{x, y, z\}$일 때 $A \times B$를 카테시안 평면상의 점으로 나타내면 다음과 같다.

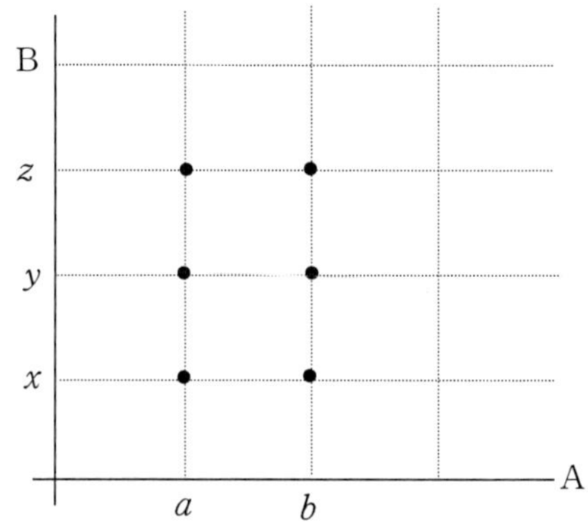

그림 3.1

[예 3] $A = \{1, 2, 3\}$이라고 하면 $A \times A = \{(1, 1), (1, 2), (1, 3), (2, 1)$ $(2, 2), (2, 3), (3, 1), (3, 2), (3, 3)\}$이다.

카테시안곱의 개념은 셋 이상의 집합에 대해서도 자연스럽게 확장시킬 수 있다. 예를 들어 집합 A, B, C의 카테시안곱은

$$A \times B \times C = \{(a, b, c) \mid a \in A, b \in B, c \in C\}$$

이다. 마찬가지로 n개의 집합 A_1, A_2, $\cdots$, A_n의 카테시안곱은

$$\begin{aligned} & A_1 \times A_2 \times \cdots \times A_n \\ & \quad = \{(a_1, a_2, a_3, \cdots, a_n) \mid a_1 \in A_1, a_2 \in A_2, \cdots a_n \in A_n\} \\ & \quad = \{(a_1, a_2, a_3, \cdots, a_n) \mid a_i \in A_i, i \in \{1, 2, \cdots, n\}\} \end{aligned}$$

이다. 여기서 $(a_1, a_2, a_3, \cdots, a_n)$은 n개의 원소를 가지며 이 원소들은

서로 다를 필요는 없다.

[예 4] $A=\{1, 2\}$, $B=\{2, 4\}$, $C=\{x, y, z\}$인 경우 $A\times B\times C$는
$A\times B\times C=\{(1, 2, x), (1, 2, y), (1, 2, z), (1, 4, x), (1, 4, y), (1, 4, z),$
$(2, 2, x), (2, 2, y), (2, 2, z), (2, 4, x), (2, 4, y), (2, 4, z)\}$이다.

예제 2 임의의 집합 A에 대하여 $A\times\varnothing$, $\varnothing\times A$를 각각 구하여라.

풀이 $A\times\varnothing=\{(x, y)\mid x\in A\wedge y\in\varnothing\}$이다. 이때 $\varnothing\subset A\times\varnothing$는 당연히 성립한다. 그리고 $A\times\varnothing\subset\varnothing$ 임을 보이자. 즉

$$(x, y)\in A\times\varnothing \rightarrow (x, y)\in\varnothing \qquad (*)$$

가 참임을 보이면 된다. $(x, y)\in A\times\varnothing \Leftrightarrow x\in A\wedge y\in\varnothing$가 성립 한다. 그러나 $y\in\varnothing$인 것은 거짓이므로 $(x, y)\in A\times\varnothing$도 거짓이다. 그러므로 $(*)$는 가정이 거짓이므로 참인 명제가 되어 $A\times\varnothing\subset\varnothing$이다. 따라서 $A\times\varnothing=\varnothing$이다. 또 마찬가지로 $\varnothing\times A=\varnothing$이다.

정리 1.4 임의의 세 집합 A, B, C에 대하여 다음이 성립한다.

(1) $A\times(B\cap C)=(A\times B)\cap(A\times C)$

(2) $A\times(B\cup C)=(A\times B)\cup(A\times C)$

【증명】 (1) $(x, y)\in A\times(B\cap C)$

$\Leftrightarrow (x\in A)\wedge(y\in B\cap C)$

$\Leftrightarrow (x\in A)\wedge(y\in B\wedge y\in C)$

$\Leftrightarrow (x\in A)\wedge(x\in A)\wedge(y\in B)\wedge(y\in C)$

$\Leftrightarrow [(x\in A)\wedge(y\in B)]\wedge[(x\in A)\wedge(y\in C)]$

$\Leftrightarrow [(x, y)\in A\times B]\wedge[(x, y)\in A\times C]$

$\Leftrightarrow (x, y)\in(A\times B)\cap(A\times C)$

(2) 연습문제로 둔다.

위 정리로부터 카테시안곱은 교집합과 합집합에 관하여 분배법칙이 성립되는 것을 알 수 있다.

정리 1.5 임의의 세 집합 A, B, C에 대하여

$$A \times (B - C) = (A \times B) - (A \times C)$$

이다.

【증명】

$$\begin{aligned}
(x,\ y) \in A \times (B - C) &\Leftrightarrow (x \in A) \wedge (y \in B - C) \\
&\Leftrightarrow (x \in A) \wedge [(y \in B) \wedge (y \notin C)] \\
&\Leftrightarrow (x \in A) \wedge (x \in A) \wedge (y \in B) \wedge (y \notin C) \\
&\Leftrightarrow [(x \in A) \wedge (y \in B)] \wedge [(x \in A) \wedge (y \notin C)] \\
&\leftrightarrows [(x,\ y) \in A \times B] \wedge [(x,\ y) \notin A \times C] \\
&\Leftrightarrow (x,\ y) \in (A \times B) - (A \times C)
\end{aligned}$$

위 정리의 증명에서 “$\Leftrightarrow$” 대신 “$\leftrightarrows$”을 사용한 것은 “$\Rightarrow$”은 당연하지만 “$\Leftarrow$”은 설명이 좀 필요해서 이다. 즉,

$$\begin{aligned}
&[(x,\ y) \in A \times B] \wedge [(x,\ y) \notin A \times C] \\
&\qquad \Rightarrow [(x \in A) \wedge (y \in B)] \wedge [(x \in A) \wedge (y \notin C)]
\end{aligned}$$

에서 $(x,\ y) \notin A \times C$이면 $x \notin A \wedge y \notin C$이든지, $x \notin A \wedge y \in C$이든지, 아니면 $x \in A \wedge y \notin C$가 되는 3가지 경우를 생각할 수 있으므로 $(x \in A) \wedge (y \notin C)$가 언제나 성립한다고 할 수는 없다. 그러나 $(x,\ y) \in A \times B$이면 $(x \in A) \wedge (y \in B)$이므로 $x \in A$이기 때문에 $(x \in A) \wedge (y \notin C)$도 성립되어야 한다.

또한, 위 정리로부터 카테시안곱은 차집합에 관하여 분배법칙이 성립하는 것을 알 수 있다. 한편, 앞에서 집합 A, B, C에 대하여 카테시안곱 $A \times B$와 $A \times B \times C$를 정의하였다.

이 정의를 확장하여 집합 A_1, A_2, A_3, $\cdots$, A_n의 카테시안곱 $A_1 \times A_2 \times \cdots \times A_n$도 정의하였다.

이제 이를 더욱 확장하여 자연수 개수의 집합들의 카테시안곱에 대하여 알아보자.

집합의 임의의 족 $\{A_i\}$에 대하여 위에서 이용한 카테시안곱의 정의를 그대로 확장할 수는 없다. 그 이유는 자연수 개수 만큼의 첨자 집합 I가 무한집합이고 순서가 정해져있지 않을 수도 있으므로 순서쌍 $(a_1, a_2, a_3, \cdots)$를 분명히 할 수 없다. 따라서 카테시안곱을 언제나 정의할 수 있는 새로운 방법이 필요하다.

정의 1.6

임의의 집합족 $\{A_i\}$의 카테시안곱 ΠA_i를

$$\Pi A_i = \{ (a_i)_{i \in I} \mid \forall i \in I,\ a_i \in A_i \}$$

와 같이 나타낸다.

위 정의는 앞에서 정의한 유한개의 집합들의 카테시안곱과 같은 방법으로 나타낸 것이다. 기호 "Π"은 $I = \{1, 2, 3\}$일 때, $A_1 \times A_2 \times A_3$을 ΠA_i와 같이 나타내는데 사용하지만 일반적으로 임의의 집합의 카테시안곱을 나타낼 때 사용한다.

예를 들어, 첨자집합 $I = \{1, 2\}$와 집합 $A_1 = \{x, y\}$, $A_2 = \{k, l\}$가 주어졌을 때 임의의 $i \in I$에 대하여 $f(i) \in A_i$인 함수 $f : I \to A_1 \cup A_2$는 다음 그림과 같은 방법으로 4가지의 경우가 있다.

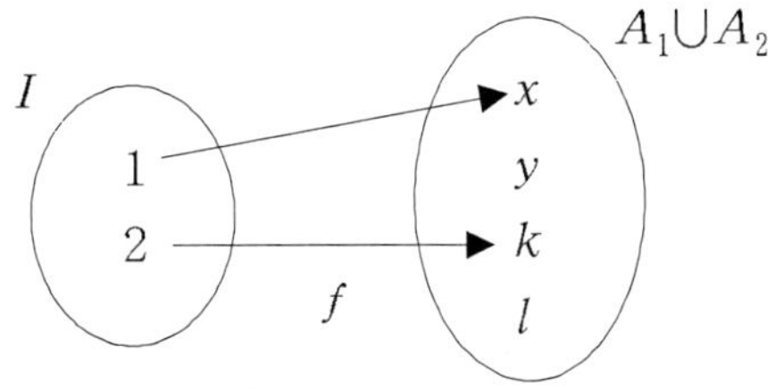

그림 3.2

이때 각 함수 f_i의 상을 순서쌍으로 만들면 (x, k), (x, l), (y, k), (y, l)이다. 이는 집합 A_1, A_2의 카테시안곱

$$A_1 \times A_2 = \{(x, k), (x, l), (y, k), (y, l)\}$$

의 원소와 같다. 따라서

$$\{f: I \to A_1 \cup A_2 \mid \forall i \in I, f(i) \in A_i\} = A_1 \times A_2$$

임을 알 수 있다.

이상으로부터, 임의의 집합족 $\{A_i\}$의 카테시안곱 ΠA_i를 다음과 같이 정의할 수 있다.

정의 1.7

임의의 집합족 $\{A_i\}$의 카테시안곱 ΠA_i를

$$\Pi A_i = \{f \mid f: I \to \cup A_i,\ \ \forall i \in I,\ f(i) \in A_i\}$$

와 같이 정의한다.

정의 1.8

집합 A, B에 대하여 기호 B^A를 함수 $f: A \to B$들의 집합이라고 한다. 즉

$$B^A = \{f \mid f: A \to B\}$$

특히, 집합 B가 2개의 원소를 갖는 집합인 경우 그 집합을 "2"라고하면 2^A는 A에서 2로의 함수 전체의 집합이 된다. 즉,

$$2^A = \{f \mid f: A \to 2\}$$

연습문제 4.1

1. $A=\{a, b\}$일 때 $A\times A$를 구하라.

2. 두 집합 A, B에 대하여 $A\times B = B\times A$가 성립하기 위한 조건은 무엇인가?

3. $A\times B = \varnothing \Leftrightarrow A=\varnothing \vee B=\varnothing$임을 보여라.
4. 집합 A, B, C에 대하여 $A\subseteq B$이면 $A\times C \subseteq B\times C$이다.

5. 집합 A, B의 원소가 각각 m, n개 이면 $A\times B$의 원소는 몇 개인가?

6. 원소가 모두 9개인 카테시안 곱 $A\times A$에는 $(1, 2)$, $(2, 3)$이 속한다고 한다. 이 때 집합 A와 $A\times A$를 구하여라.

7. $A=\{a, b\}$, $B=\{x, y, z\}$, $C=\{1, 2\}$일 때 $A\times B\times C$를 구하여라.

8. A, B, C, D가 공집합이 아닌 집합일 때
   ($A\subseteq C$ 이고 $B\subseteq D$) $\Leftrightarrow$ $(A\times B \subseteq C\times D)$임을 보여라.

9. 다음이 성립하는지 알아보아라.
   (1) $(A\times B)\cup(C\times D)=(A\cup C)\times(B\cup D)$
   (2) $(A\times B)\cap(C\times D)=(A\cap C)\times(B\cap D)$
   (3) $(A\times B)-(C\times C)=[(A-C)\times B]\cup[A\times(B-C)]$
   (4) 멱집합 $P(A\times B) = P(A)\times P(B)$

10. $A \cap B = \emptyset \Leftrightarrow \forall C(\neq \emptyset),\ (A \times C) \cap (B \times C) = \emptyset$

11. 정리 1.4의 (2)를 증명하여라.

12. 집합 A에 대하여 2^A와 A의 멱집합 $P(A)$사이에는 1대1 대응이 존재한다.

13. 순서쌍 $(a,\ b)$에 대하여 $(a,\ b) \equiv \{\{a\},\ \{a,\ b\}\}$일 때
$((a,\ b),\ c) \neq (a,\ (b,\ c))$임을 보여라.

14. $A = \{1,\ 2,\ 3\}$, $B = \{a,\ b\}$일 때 A^B, B^A, 2^A, $P(A)$를 각각 구하여라.

2. 관 계

앞 절에서 카테시안 곱에 대하여 알아보았다. 여기서는 카테시안 곱의 순서쌍들에 의한 관계의 정의와 그 성질에 대하여 알아보자.

정의 2.1

집합 A에서 집합 B로의 **관계**(relation) $\mathcal{R}$은 카테시안 곱 $A\times B$의 부분집합이다. $a\in A$와 $b\in B$에 대하여 "a는 $\mathcal{R}$에 의하여 b와 관계가 있다."를 기호로 $a\mathcal{R}b$로 나타내고 이것은 $(a,\ b)\in\mathcal{R}$를 의미한다.

[예 1] $A=\{1,\ 2,\ 3\}$, $B=\{a,\ b\}$라 하자.

그러면 $\mathcal{R}=\{(1,\ a),\ (1,\ b),\ (2,\ a)\}$는 A에서 B로의 관계이며 $\mathcal{R}\subseteq A\times B$이다.

집합 A에서 집합 B로의 관계 $\mathcal{R}$은 카테시안 곱 $A\times B$로 정의되는 명제 함수 $P(x,\ y)$의 변수 $x,\ y$대신 임의의 순서쌍 $(a,\ b)\in A\times B$를 대입한 $P(x,\ y)$가 "참"이거나 "거짓"이 되는 **개문장**(opensentence) $P(x,\ y)$에 의하여 다음과 같이 관계를 정의하기도 한다.

$$\mathcal{R}=(A,\ B,\ P(x,\ y))$$

예를 들어 A를 우리나라의 산 이름들의 집합이고 B를 우리나라의 지역 이름들의 집합이라 할 때 $P(x,\ y)$를 "x는 y에 있다"라 하면 이는 $A\times B$에서의 명제함수이다. 이때 P(계룡산, 충남)는 참이 되고 P(지리산, 강원도)는 거짓이다.

[예 2] $\mathcal{R}=(\mathbb{N},\ \mathbb{N},\ P(x,\ y))$이고 $P(x,\ y)$는 "x는 y의 약수이다"라고 하면 $\mathcal{R}$은 관계이다. 그리고 $3\ \mathcal{R}\ 12$, $5\ \mathcal{R}\ 15$이다.

$\mathcal{R}=(A,\ B,\ P(x,\ y))$를 관계라 하자. $P(x,\ y)$가 참인 $A\times B$의 원소

$(x,\ y)$로 이루어지는 집합을 관계 $\mathcal{R}$의 해집합(solution set)이라 하며 기호로 $\mathcal{R}^*$로 나타낸다. 즉

$$\mathcal{R}^* = \{(x,\ y) \mid x \in A,\ y \in B,\ P(x,\ y)\text{는 참이다}\}$$

관계 $\mathcal{R}$의 해집합 $\mathcal{R}^*$는 $A \times B$의 부분집합으로 좌표평면 상에 나타낼 수도 있다.

[예 3] $\mathcal{R} = (A,\ B,\ P(x,\ y))$에서 $A = \{3,\ 4\}$, $B = \{2,\ 4,\ 6,\ 8\}$이고 $P(x,\ y)$가 "x는 y의 약수이다"라는 명제라 하자. 그러면 관계 $\mathcal{R}$의 해집합은 $\mathcal{R}^* = \{(3,\ 6),\ (4,\ 4),\ (4,\ 8)\}$이다.

두 집합 A와 B가 모두 X와 같은 경우 "X에서 X로의 관계 $\mathcal{R}$"이라고 하는 대신에 "X에서의 관계 $\mathcal{R}$"이라고 한다. 그리고 집합 A가 m개, 집합 B가 n개의 원소를 가졌다면 A에서 B로의 관계는 모두 2^{mn}가지이다. 왜냐하면 $A \times B$의 원소의 개수가 mn개이고 이때 $A \times B$의 부분집합 전체의 수는 2^{mn}개이기 때문이다.

[예 4] (1) $X = \{a,\ b,\ c\}$라 하자. 그러면

$\mathcal{R} = \{(a,\ b),\ (a,\ c),\ (c,\ c),\ (c,\ b)\}$는 X에서의 관계이다.

(2) $\mathcal{R} = \{(x,\ y) \mid x^2 + y^2 \leq 1\}$는 R에서의 관계이다.

[예 5] A는 남자의 집합, B는 여자의 집합이라 하자. "x는 y의 남편이다."라는 관계 $\mathcal{R}$에 대하여 $(x,\ y) \in \mathcal{R}$ 또는 $x\mathcal{R}y$로 나타내고 이는 "x는 y와 관계가 있다."라고 읽지만 자연스럽게 "x는 y의 남편이다."라고 읽어도 된다.

[예 6] 위 예에서 "x는 y의 남편이다."라는 것은 "y는 x의 부인이다."라고 바꾸어 말할 수 있다. 이때 "y는 x의 부인이다."라는 관계 $\mathcal{R}'$에 대하여 $(y,\ x) \in \mathcal{R}'$ 또는 $y\mathcal{R}'x$로 나타내고 "y는 x의 부인이다."라고 읽는다.

정의 2.2

임의의 집합 A, B에 대하여 A에서 B로의 관계 $\mathcal{R}$의 역관계(inverse relation) $\mathcal{R}^{-1}$는 B에서 A로의 관계로 $a\mathcal{R}b$이면 오직 그 때에만 $b\mathcal{R}^{-1}a$이다. 즉

$$\mathcal{R}^{-1}=\{(b,\ a) \mid (a,\ b)\in \mathcal{R}\}$$

이다.

위 정의로부터 $\mathcal{R}$이 관계일 때 $x\mathcal{R}y \Leftrightarrow y\mathcal{R}^{-1}x$ 이다.

[예 7] $A=\{1,\ 2,\ 3\}$, $B=\{a,\ b\}$에 대하여

$\mathcal{R}=\{(1,\ a),\ (1,\ b),\ (3,\ a)\}\subseteq A\times B$라 하면

$\mathcal{R}^{-1}=\{(a,\ 1),\ (b,\ 1),\ (a,\ 3)\}\subseteq B\times A$이다.

[예 8] $\mathcal{R}=\{(x,\ y)\in \mathbb{N}\times\mathbb{N} \mid x$는 y를 나눈다$\}$이라면

$\mathcal{R}^{-1}=\{(y,\ x)\in \mathbb{N}\times\mathbb{N} \mid y$는 x의 배수이다$\}$이다.

정의 2.3

집합 X에서의 관계 G와 H에 대하여 $G\circ H$는 다음과 같이 정의되는 관계이다.

$$G\circ H=\{(x,\ y) \mid \exists z,\ (x,\ z)\in H \wedge (z,\ y)\in G\}$$

정리 2.4 집합 X에서의 관계 F, G와 H에 대하여 다음이 성립한다.

(1) $(F\circ G)\circ H = F\circ(G\circ H)$ (2) $(F^{-1})^{-1}=F$

(3) $(F\circ G)^{-1}=G^{-1}\circ F^{-1}$

【증명】 (1) $(x,\ y) \in (F \circ G) \circ H$

$$\Leftrightarrow \exists z\ \ (x,\ z) \in H \wedge (z,\ y) \in F \circ G$$

$$\Leftrightarrow \exists w, z\ \ (x,\ z) \in H \wedge (z,\ w) \in G \wedge (w,\ y) \in F$$

$$\Leftrightarrow \exists w\ (x,\ w) \in G \circ H \wedge (w,\ y) \in F$$

$$\Leftrightarrow (x,\ y) \in F \circ (G \circ H)$$

(2) $(x,\ y) \in (F^{-1})^{-1} \Leftrightarrow (y,\ x) \in F^{-1} \Leftrightarrow (x,\ y) \in F$

(3) $(x,\ y) \in (F \circ G)^{-1} \Leftrightarrow (y,\ x) \in F \circ G$

$$\Leftrightarrow \exists z\ (y,\ z) \in G \wedge (z,\ x) \in F$$

$$\Leftrightarrow \exists z\ (x,\ z) \in F^{-1} \wedge (z,\ y) \in G^{-1}$$

$$\Leftrightarrow (x,\ y) \in G^{-1} \circ F^{-1}$$

정리 2.5 집합 X에서의 관계 $\mathcal{R}$에 대하여 $x,\ y,\ z \in X$일 때

(1) $\mathcal{R}$이 **반사적**(reflexive)이기 위한 필요충분조건은 $\forall x \in X,\ x\mathcal{R}x$이다.

(2) $\mathcal{R}$이 **대칭적**(symmetric)이기 위한 필요충분조건은 $x\mathcal{R}y \Rightarrow y\mathcal{R}x$이다.

(3) $\mathcal{R}$이 **추이적**(transitive)이기 위한 필요충분조건은

$$x\mathcal{R}y \wedge y\mathcal{R}z \Rightarrow x\mathcal{R}z$$ 이다.

(4) $\mathcal{R}$이 **반대칭적**(anti-symmetric)이기 위한 필요충분조건은

$$x\mathcal{R}y \wedge y\mathcal{R}x \Rightarrow x = y$$ 이다.

(즉, $x \neq y$이면 $x\mathcal{R}y$가 성립되지 않거나 $y\mathcal{R}x$가 성립되지 않는다.)

[예 9] $X = \{1,\ 2,\ 3,\ 4\}$일 때 X에서의 관계를

$$\mathcal{R} = \{(1,\ 1),\ (1,\ 4),\ (2,\ 2),\ (2,\ 4),\ (4,\ 1),\ (4,\ 2).\ (4,\ 4)\}$$

라 하면 $(3,\ 3) \notin \mathcal{R}$이기 때문에 $\mathcal{R}$은 반사관계가 아니다. 또 추이관계, 반대칭관계가 아니다. 그러나 $\mathcal{R}$은 대칭관계이다.

[예 10] $X = \{1,\ 2,\ 3,\ 4\}$일 때 X에서의 관계를

$$\mathcal{R} = \{(1, 3), (1, 4), (2, 2), (2, 4), (4, 1), (4, 2). (4, 4)\}$$

라 하면 $(3, 1) \notin \mathcal{R}$이기 때문에 $\mathcal{R}$은 대칭관계가 아니며, 또한 반사관계, 추이관계, 반대칭관계도 아니다.

[예 11] 실수 집합 $\mathbb{R}$에서 관계 "$\leq$"는 반사적, 추이적이고 반대칭적이다. 그러나 대칭적이 아니다. 그리고 관계 "$<$"는 추이적지만 반사적, 대칭적이 아니다.

[예 12] 평면상의 직선의 집합에서 "x와 y는 평행하다."의 관계는 대칭적, 추이적이다. 그러나 "x와 y는 수직이다"는 대칭적이지만 추이적은 아니다. 또한 집합의 포함 관계($\subset$)는 반사적이고 추이적이고 반대칭적이다.

[예 13] 자연수 집합 $\mathbb{N}$에서의 관계 $\mathcal{R}$이 "x는 y를 나눈다"로 정의되면 $\mathcal{R}$은 반사관계이고 추이관계, 반대칭관계이지만 대칭관계는 아니다. 그러나 정수 집합 $\mathbb{Z}$에서 $\mathcal{R}$이 "x는 y를 나눈다"로 정의되면 $x=0$일 때는 $\mathcal{R}$은 반사관계가 아니다.

[예 14] 평면상에서 합동, 상사인 관계, 각에서 동위각, 엇각등의 관계 등은 대칭적이다. 그리고 "x는 y의 약수이다"의 관계를 "$x \mid y$"로 나타내면 $x \mid y$이고 $y \mid x$이면 $x = y$이므로 $x \mid y$는 반대칭적이다.

정의 2.6

관계 $\mathcal{R}$이 **동치관계**(equivalence relation)이기 위한 필요충분조건은 $\mathcal{R}$이 반사적, 대칭적, 그리고 추이적인 관계일 때이다.

[예 15] X가 유클리트 평면 내에서 삼각형들의 집합이고 $P(x, y)$가 "x는 y와 합동이다" 로 정의된 명제함수일 때 X에서의 관계 $\mathcal{R}$은 반사관계, 대칭

관계 그리고 추이관계이므로 관계 $\mathcal{R}$은 동치관계이다.

동치관계는 대수학의 인자군(factor group), 위상수학의 상공간(quotient space) 그리고 수론의 모듈수계(modular number system)등 수학의 여러 분야에서 매우 중요한 개념이다.

[예 16] 다음은 동치관계에 대한 예들이다.

(1) 실수집합 $\mathbb{R}$에서의 상등관계 " = "으로 정의되는 관계 $\mathcal{R}$은 동치관계이다.

(2) 삼각형들의 집합 X에서 관계 $\mathcal{R}$이 "x는 y와 닮은꼴이다."로 정의되었다면 $\mathcal{R}$은 동치관계이다.

(3) 색칠이 된 구슬의 집합 X에서 관계 $\mathcal{R}$이 "x와 y는 같은 색이다."로 정의되었다면 $\mathcal{R}$은 동치관계이다.

[예 17] 함수 $f: X \to Y$에 대하여 $R = \{(x, y) \mid f(x) = f(y)\}$라고 하면 R은 X위에서의 동치관계이다.

일반적으로 집합 X가 공집합이 아닌 경우 적어도 2개의 동치관계가 집합 X에서 항상 존재한다. 하나는 $\Delta_X = \{(x, x) \mid x \in X\}$로 정의되는 **대각관계**(diagonal relation)이다. [Δ_X를 **항등관계**(identity relation)라고도 한다.] 이것은 집합 X의 모든 원소가 자기 자신과 관계된다. 만일 X가 선분으로 나타내지면 $X \times X$는 하나의 정사각판이 되고 Δ_X는 이 정사각판의 주대각선(main diagonal)이 된다. 또 하나의 동치관계는 $X \times X$ 자신인 관계 $\mathcal{R} = X \times X$이다. 대각관계 Δ_X는 $X \times X$의 부분집합으로 X 위에서 정의될 수 있는 동치관계 중 가장 작은 것이고 $X \times X$ 자신은 가장 큰 동치관계이다. 또한 Δ_X를 포함하고 Δ_X를 중심으로 대칭인 $X \times X$의 부분집합은 동치관계이다.

예제 1 Δ_X는 $X \times X$의 부분집합으로 X 위에서의 동치관계이다.

풀이 (1) 임의의 $x \in X$, $(x, x) \in \varDelta_X$이다.

(2) $(x, y) \in \varDelta_X \Rightarrow x = y \Rightarrow y = x \Rightarrow (y, x) \in \varDelta_X$

(3) $(x, y) \in \varDelta_X \wedge (y, z) \in \varDelta_X$

$\Rightarrow x = y \wedge y = z \Rightarrow x = z \Rightarrow (x, z) \in \varDelta_X$

따라서 (1), (2), (3)에 의하여 $\varDelta_X$는 동치관계이다.

정리 2.7 $\mathcal{R}$이 집합 X에서의 관계이면 다음이 성립한다.

(1) $\mathcal{R}$: 대칭적이다. $\Leftrightarrow$ $\mathcal{R} = \mathcal{R}^{-1}$

(2) $\mathcal{R}$: 반대칭적이다. $\Leftrightarrow$ $\mathcal{R} \cap \mathcal{R}^{-1} \subseteq \varDelta_X$

(3) $\mathcal{R}$: 추이적이다. $\Leftrightarrow$ $\mathcal{R} \circ \mathcal{R} \subseteq \mathcal{R}$

【증명】 (1) $\mathcal{R}$이 대칭적이면

$$(x, y) \in \mathcal{R} \Leftrightarrow (y, x) \in \mathcal{R} \Leftrightarrow (x, y) \in \mathcal{R}^{-1}$$

이므로 $\mathcal{R} = \mathcal{R}^{-1}$이고, 역으로 $\mathcal{R} = \mathcal{R}^{-1}$이면

$$(x, y) \in \mathcal{R} \Leftrightarrow (x, y) \in \mathcal{R}^{-1} \Leftrightarrow (y, x) \in \mathcal{R}$$

이므로 $\mathfrak{R}$은 대칭적이다.

(2) $\mathcal{R}$이 반대칭적이면

$$\begin{aligned}(x, y) \in \mathcal{R} \cap \mathcal{R}^{-1} &\Rightarrow (x, y) \in \mathcal{R} \wedge (x, y) \in \mathcal{R}^{-1} \\ &\Rightarrow (x, y) \in \mathcal{R} \wedge (y, x) \in \mathcal{R} \\ &\Rightarrow x = y \\ &\Rightarrow (x, y) = (x, x) \in \varDelta_X\end{aligned}$$

역으로 $\mathcal{R} \cap \mathcal{R}^{-1} \subseteq \Delta_X$라고 하면

$$\begin{aligned}&(x, y) \in \mathcal{R} \wedge (y, x) \in \mathcal{R} \\ &\qquad \Rightarrow (x, y) \in \mathcal{R} \wedge (x, y) \in \mathcal{R}^{-1} \\ &\qquad \Rightarrow (x, y) \in \mathcal{R} \cap \mathcal{R}^{-1} \subseteq \varDelta_X\end{aligned}$$

$$\Rightarrow \quad x = y$$

이므로 $\mathcal{R}$은 반대칭적이다.

(3) $\mathcal{R}$이 추이적이면

$$(x, y) \in \mathcal{R} \circ \mathcal{R} \Rightarrow \exists z\ (x, z) \in \mathcal{R} \wedge (z, y) \in \mathcal{R} \Rightarrow (x, y) \in \mathcal{R}$$

이므로 $\mathcal{R} \circ \mathcal{R} \subseteq \mathcal{R}$이다. 역으로 $\mathcal{R} \circ \mathcal{R} \subseteq \mathcal{R}$이라고 하자. 그러면

$$(x, y) \in \mathcal{R} \wedge (y, z) \in \mathcal{R} \Rightarrow (x, z) \in \mathcal{R} \circ \mathcal{R} \subseteq \mathcal{R}$$

이므로 $\mathcal{R}$은 추이적이다.

$\mathcal{R}$을 집합 A에서 B로의 관계라 하자. 적당한 $b \in B$에 대하여 $a\mathcal{R}b$인 모든 $a \in A$들의 집합을 $\mathcal{R}$의 **정의역**(domain)이라 하고 기호로는 Dom($\mathcal{R}$)로 나타낸다. 또 적당한 $a \in A$에 대하여 $a\mathcal{R}b$인 모든 $b \in B$의 집합은 $\mathcal{R}$의 **상**(image)이라 하고 기호로는 Im($\mathcal{R}$)로 나타낸다. 즉

$$\mathrm{Dom}(\mathcal{R}) = \{a \in A \mid \text{ 적당한 } b \in B\text{에 대하여 } (a, b) \in \mathcal{R}\}$$
$$\mathrm{Im}(\mathcal{R}) = \{b \in B \mid \text{ 적당한 } a \in A\text{에 대하여 } (a, b) \in \mathcal{R}\}$$

이다. 여기에서 $\mathcal{R}^{-1}$를 관계 $\mathcal{R}$의 역관계라 하면

$$\mathrm{Dom}(\mathcal{R}^{-1}) = \{b \in B \mid \text{ 적당한 } a \in A\text{에 대하여 } (b, a) \in \mathcal{R}^{-1}\}$$
$$\mathrm{Im}(\mathcal{R}^{-1}) = \{a \in A \mid \text{ 적당한 } b \in B\text{에 대하여 } (b, a) \in \mathcal{R}^{-1}\}$$

이다. 따라서

$$\mathrm{Dom}(\mathcal{R}) = \mathrm{Im}(\mathcal{R}^{-1})$$
$$\mathrm{Im}(\mathcal{R}) = \mathrm{Dom}(\mathcal{R}^{-1})$$

이다.

[예 18] 집합 $A = \{a, b\}$, $B = \{x, y, z\}$에 대하여 관계 $\mathcal{R} \subseteq A \times B$를

$$\mathcal{R} = \{(a, x), (b, x), (b, y)\}$$

이라 하면 관계 $\mathcal{R}$의 역관계 $\mathcal{R}^{-1}$는

$$\mathcal{R}^{-1}=\{(x,\ a),\ (x,\ b),\ (y,\ b)\}\subseteq B\times A$$

이다. 그러므로

$$\mathrm{Dom}(\mathcal{R})=\{a,\ b\},\quad \mathrm{Im}(\mathcal{R})=\{x,\ y\}$$

$$\mathrm{Dom}(\mathcal{R}^{-1})=\{x,\ y\},\quad \mathrm{Im}(\mathcal{R}^{-1})=\{a,\ b\}$$

이다. 따라서

$$\mathrm{Dom}(\mathcal{R})=\mathrm{Im}(\mathcal{R}^{-1}),\quad \mathrm{Im}(\mathcal{R})=\mathrm{Dom}(\mathcal{R}^{-1})$$

가 된다.

예제 2 임의의 고정된 양의 정수 m에 대하여 정수집합 $\mathbb{Z}$ 위의 **합동관계** (congruence relation) $\equiv$ 법(modulo) m이 다음과 같이 정의되면 이 합동관계는 $\mathbb{Z}$ 위의 동치관계이다.

$$x\equiv y\pmod{m} \Leftrightarrow \exists\ k\in\mathbb{Z},\ x-y=km$$

풀이 (1) 임의의 $x\in\mathbb{Z}$에 대하여 $\exists 0\in\mathbb{Z},\ x-x=0\cdot m$

$\Rightarrow x\equiv x\pmod{m}$이다.

(2) $x\equiv y\pmod{m} \Rightarrow \exists k\in\mathbb{Z},\ x-y=k\cdot m$

$\Rightarrow \exists -k\in\mathbb{Z},\ y-x=(-k)m$

$\Rightarrow y\equiv x\pmod{m}$이다.

(3) $x\equiv y\pmod{m},\ y\equiv z\pmod{m}$

$\Rightarrow \exists k_1,\ k_2\in\mathbb{Z},\ x-y=k_1m,\ y-z=k_2m$

$\Rightarrow x-z=(x-y)+(y-z)=k_1m+k_2m=(k_1+k_2)m$

이고 $k_1+k_2\in\mathbb{Z}$ 이므로 $x\equiv z\pmod{m}$ 이다.

따라서 (1), (2), (3)에 의하여 합동관계는 동치관계이다.

정의 2.8

관계 $\mathcal{R}$이 **순서관계**(order relation)이기 위한 필요충분조건은 $\mathcal{R}$이 반사적, 반대칭적 그리고 추이적인 관계일 때이다.

[예 19] $\mathcal{F}$가 집합족일 때 "A가 B의 부분집합($\subseteq$)이다"라고 정의되는 $\mathcal{F}$에서의 관계 $\mathcal{R}$은 하나의 순서관계이다. 또한 실수 집합 $\mathbb{R}$에서 "$\leq$"은 순서관계이고 "$<$"은 순서관계가 아니다.

순서관계에 대해서는 뒤에 다시 설명한다.

연습문제 4.2

1. 대각관계 Δ_X와 $X \times X$ 자신이 동치관계임을 보여라.

2. 집합 X에서 집합 Y로의 관계 $\mathcal{R}$에 대하여 다음을 증명하여라.

   (1) $\mathrm{Dom}(\mathcal{R}) = \mathrm{Im}(\mathcal{R}^{-1})$

   (2) $\mathrm{Im}(\mathcal{R}) = \mathrm{Dom}(\mathcal{R}^{-1})$

3. 집합 $X = \{a, b, c, d\}$상의 관계

   $K = \{(a, a), (a, b), (b, b), (b, c)\}$와

   $G = \{(a, d), (b, a), (c, d)\}$에 대하여 다음을 구하여라.

   (1) K^{-1} (2) G^{-1} (3) $K \circ G$

   (4) $(G \circ K)^{-1}$ (5) $(G \cup K)^{-1}$

4. 관계 L, M, N에 대하여 다음을 증명하여라.

   (1) $(L \cup M) \circ N = (L \circ N) \cup (M \circ N)$

(2) $L \circ (M \cap N) = (L \circ M) \cap (L \circ N)$

(3) $(L - M)^{-1} = L^{-1} - M^{-1}$

(4) $(L \circ M) - (L \circ N) \subseteq L \circ (M - N)$

(5) $(L \cap M)^{-1} = L^{-1} \cap M^{-1}$

(6) $(L \cup M)^{-1} = L^{-1} \cup M^{-1}$

(7) $M \subseteq N \Leftrightarrow M^{-1} \subseteq N^{-1}$

5. 집합 X, Y, Z에 대하여 다음을 구하여라.

(1) $X \cap Y = \varnothing$ 이면 $(X \times Y) \circ (X \times Y) = \varnothing$ 이다.

(2) $X \cap Y \neq \varnothing$ 이면 $(X \times Y) \circ (X \times Y) = X \times Y$

(3) $Y \neq \varnothing$ 이면 $(Y \times Z) \circ (X \times Y) = X \times Z$

6. 관계 M, N에 대하여 다음을 구하여라.

(1) $M \subseteq X \times Y \Rightarrow M^{-1} \subseteq Y \times X$

(2) $M \subseteq X \times Y \wedge N \subseteq Y \times Z \Rightarrow N \circ M \subseteq X \times Z$

(3) $\mathrm{Dom}\,(M \cup N) = \mathrm{Dom}\,(M) \cup \mathrm{Dom}\,(N)$

(4) $\mathrm{Dom}\,(M) - \mathrm{Dom}\,(N) \subseteq \mathrm{Dom}\,(M - N)$

7. 집합 $A = \{a, b, c\}$일 때 다음 관계들의 반사적, 대칭적, 추이적 관계를 조사하여라.

(1) $\mathcal{R}_1 = \{(a, a), (b, b), (c, c), (a, b), (b, a), (c, b), (b, c)\}$

(2) $\mathcal{R}_2 = \{(a, b), (c, b), (b, b), (b, c)\}$

(3) $\mathcal{R}_3 = \{(a, b)\}$

(4) $A \times A$

8. $\mathcal{R}$, $\mathcal{R}'$를 집합 A에서의 관계라할 때 다음을 증명하여라.

(1) $\mathcal{R}, \mathcal{R}'$가 대칭적이면 $\mathcal{R} \cup \mathcal{R}'$도 대칭적이다.

(2) $\mathcal{R}, \mathcal{R}'$가 추이적이면 $\mathcal{R} \cup \mathcal{R}'$도 추이적이다.

(3) $\mathcal{R}, \mathcal{R}'$가 동치관계일 때

$\mathcal{R} \circ \mathcal{R}'$: 동치관계 $\Leftrightarrow$ $\mathcal{R} \circ \mathcal{R}' = \mathcal{R}' \circ \mathcal{R}$

(4) $\mathcal{R}, \mathcal{R}'$가 동치관계일 때

$\mathcal{R} \cup \mathcal{R}'$: 동치관계 $\Leftrightarrow$ $\mathcal{R} \circ \mathcal{R}' \subseteq \mathcal{R} \cup \mathcal{R}'$이고 $\mathcal{R}' \circ \mathcal{R} \subseteq \mathcal{R} \cup \mathcal{R}'$

9. 집합 X위의 관계 $\mathcal{R}$에 대하여 다음을 증명하여라.

(1) $\Delta_X \subseteq \mathcal{R}$ $\Leftrightarrow$ $\mathcal{R}$: 반사적

(2) $\mathcal{R}$: 반사적 $\Leftrightarrow$ $\mathcal{R}^{-1}$: 반사적

(3) $\mathcal{R}$: 대칭적 $\Leftrightarrow$ $\mathcal{R}^{-1}$: 대칭적

(4) $\mathcal{R}$: 추이적 $\Leftrightarrow$ $\mathcal{R}^{-1}$: 추이적

(5) $\mathcal{R}$: 동치관계 $\Leftrightarrow$ $\mathcal{R}^{-1}$: 동치관계

(6) $\mathcal{R}$: 순서관계 $\Leftrightarrow$ $\mathcal{R}^{-1}$: 순서관계

(7) $\Re$: 순서관계 $\Leftrightarrow$ $\mathcal{R} \circ \mathcal{R} = \mathcal{R}$ 이고 $\mathcal{R} \cap \mathcal{R}^{-1} = \Delta_X$

10. 집합 $X = \mathbb{Z} \times (\mathbb{Z} - \{0\})$위의 관계 "$\sim$"를

$$(a,\ b) \sim (c,\ d) \Leftrightarrow ad = bc$$

로 정의하면 관계 "$\sim$"는 X위의 동치관계임을 증명하여라.

3. 동치관계와 분할

앞 절에서 정의한 동치관계를 이용하여 분할에 대하여 정의하고 그 성질들을 알아보자.

정의 3.1

X를 공집합이 아닌 집합이라 하자. 집합 X의 **분할**(partition) P는 다음 조건 (1), (2), (3)을 만족하는 X의 부분집합들의 집합 즉, $P=\{A_i \mid A_i \subset X\}$이다.

(1) $\forall A_i \in P,\ A_i \cap A_j = \varnothing$ 이거나 $A_i = A_j$

(2) $\forall A_i \in P,\ A_i \neq \varnothing$

(3) $\cup A_i = X$

[예 1] $X=\{1, 2, 3, \cdots, 9, 10\}$일 때 X의 부분집합을 $A_1=\{1, 3, 5\}$, $A_2=\{7, 9\}$, $A_3=\{2, 4\}$ 그리고 $A_4=\{6, 8, 10\}$라 하면 $P=\{A_1, A_2, A_3, A_4\}$는 집합 X의 하나의 분할이 된다.
왜냐하면, ① 각 집합이 공집합이 아니고, ② 각 집합들이 서로 소이며, ③ 모든 집합의 합집합은 X가 되기 때문이다.(그림 3.3 참고)

간단히 말하면 집합 X의 분할이란 X를 공집합이 아닌 서로소인 부분집합으로 분리해 놓은 것을 의미한다.

분할 P의 각 원소는 X의 부분집합들이고 이것을 **동치류**(equivalence class)라 한다. 그러면 X의 한 원소는 틀림없이 분할 P의 어떤 한 동치류에 포함되고 다른 동치류에는 포함되지 않는 것을 알 수 있다.

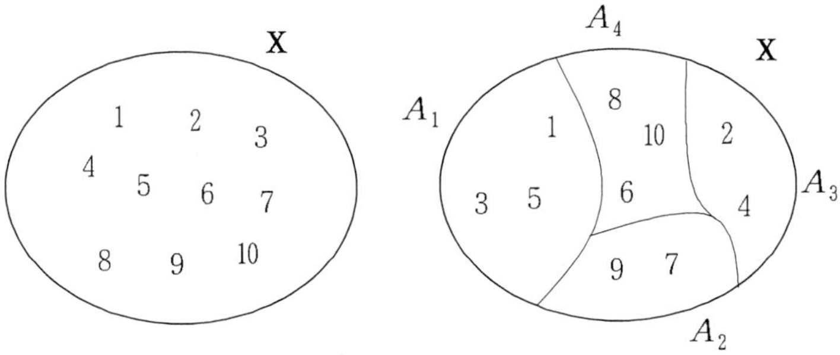

그림 3.3

[예 2] $\{(-\infty, 0), \{0\}, (0, \infty)\}$는 R의 분할이다.

[예 3] m을 임의의 양의 정수라 하자. 각 정수 l $(0 \le l < m)$에 대하여

$$\mathbb{Z}_l = \{x \in \mathbb{Z} \mid \text{어떤 } k \in \mathbb{Z}\text{에 대하여 } x - l = km\}$$

라 하면 집합

$$\{\mathbb{Z}_0, \mathbb{Z}_1, \mathbb{Z}_2, \cdots \mathbb{Z}_{m-1}\}$$

은 $\mathbb{Z}$의 하나의 분할이 된다. 특히 $m=3$인 경우

$$\mathbb{Z}_0 = \{x \in \mathbb{Z} \mid \exists k \in \mathbb{Z},\ x - 0 = 3k\} = \{\cdots, -3, 0, 3, 6, \cdots\}$$
$$\mathbb{Z}_1 = \{x \in \mathbb{Z} \mid \exists k \in \mathbb{Z},\ x - 1 = 3k\} = \{\cdots, -2, 1, 4, 7, \cdots\}$$
$$\mathbb{Z}_2 = \{x \in \mathbb{Z} \mid \exists k \in \mathbb{Z},\ x - 2 = 3k\} = \{\cdots, -1, 2, 5, 8, \cdots\}$$

이고 $\{\mathbb{Z}_0, \mathbb{Z}_1, \mathbb{Z}_2\}$는 $\mathbb{Z}$의 분할이 된다.

집합의 분할과 동치관계는 서로 밀접한 관계가 있고 이는 수학의 여러 분야에서 매우 중요한 역할을 하게 된다.

정의 3.2

E를 공집합이 아닌 집합 X상의 하나의 동치관계라 하자. 이때 각 $x \in X$에 대하여 집합

$$E_x = \{y \in X \mid xE\,y\}$$

를 x에 의해 정해지는 **동치류**(equivalence class)라 한다. 그리고 이와 같이 정해진 집합 X에서의 모든 동치류의 집합을 X/E로 나타낸다. 즉

$$X/E = \{E_x \mid x \in X\}$$

이다. 이때 X/E를 E에 의한 X의 **상집합**(quotient set)이라 하며 "X 법(modulo) E" 또는 "X mod E"로 읽는다.

[예 4] $X = \{a,\ b,\ c,\ d,\ e\}$라하고 $A_1 = \{a,\ b\}$, $A_2 = \{c,\ d\}$ 그리고 $A_3 = \{e\}$라 하자. 그러면

$$E = \{(a,\ a),\ (b,\ b),\ (c,\ c),\ (d,\ d),\ (e,\ e),\ (a,\ b),\ (b,\ a),\ (c,\ d),\ (d,\ c)\}$$

는 X에서 동치관계이고 집합 $\{A_1,\ A_2,\ A_3\}$는 X의 분할이다. 그리고

$$A_1 = E_a = E_b\,,\quad A_2 = E_c = E_d\,,\quad A_3 = E_e$$

이므로 E는 분할 $\{A_1,\ A_2,\ A_3\}$에 대응되는 동치관계이고 $\{A_1,\ A_2,\ A_3\}$는 E에 대응되는 분할이다. 이때 상집합 X/E는

$$X/E = \{E_a,\ E_c,\ E_e\} = \{A_1,\ A_2,\ A_3\}$$

이다.

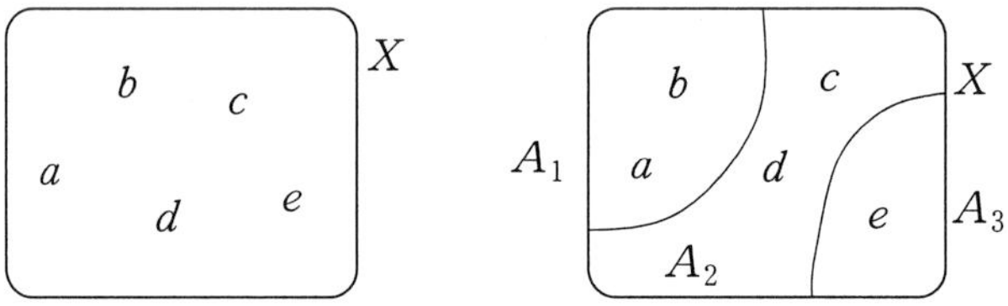

그림 3.4

[예 5] 함수 $f: X \to Y$가 전사함수일 때 X상에 정의된 동치관계 $E=\{(x_1, x_2) \mid f(x_1)=f(x_2)\}$에 대하여 동치류들을 구하면

$$E_{x_2}=\{x_1 \in X \mid f(x_1)=f(x_2)\}=f^{-1}(f(x_2))$$

이고

$$X/E=\{f^{-1}(f(x_2)) \mid x_2 \in X\}=\{f^{-1}(y) \mid y \in Y\}$$

이다.

정리 3.3 공집합이 아닌 집합 X위의 동치관계 E에 대하여 다음이 성립한다.

(1) 각 동치류 E_x는 X의 공집합이 아닌 부분집합이다.

(2) $E_x = E_y \Leftrightarrow xEy$

(3) $xEy \Leftrightarrow E_x \cap E_y \neq \varnothing$

【증명】 (1) 동치관계 E는 반사적이므로 각 $x \in X$에 대하여 xEx이다. 그러므로 (정의 3.2)에 의하여 $x \in E_x$가 되어 $E_x \neq \varnothing$이다.

(2) $E_x = E_y$이라 하자. E가 동치관계이므로 xEx이다. 그러면(정의 3.2)에 의하여 $x \in E_x$이고 그러므로 $x \in E_y$가 된다. 따라서 yEx이고 E가 대칭관계이므로 xEy이다.

역으로 xEy라 하자. 그러면 E가 동치관계이므로 yEx이다. 만일 $z \in E_x$이라 하면 xEz가 되고, 추이법칙에 의해

$$(yEx) \wedge (xEz) \Rightarrow yEz$$

이므로 $z \in E_y$이다. 그러므로 $E_x \subseteq E_y$이다. 같은 방법으로 $z \in E_y$이라 하면 yEz 이므로

$$(xE\,y) \wedge (yE\,z) \Rightarrow xEz$$

이다. 그러므로 $z \in E_x$가 되어 $E_y \subseteq E_x$이다. 따라서 $E_x = E_y$이다.

(3) E는 동치관계이고 $X \neq \varnothing$이므로

$$\begin{aligned} E_x \cap E_y \neq \varnothing \ &\Leftrightarrow \ \exists z, \ (z \in E_x \wedge z \in E_y) \\ &\Leftrightarrow \ xEz \wedge yEz \\ &\Leftrightarrow \ xEz \wedge zEy \\ &\Rightarrow \ xEy \end{aligned}$$

이다. 또 (2)에 의해

$$xEy \Leftrightarrow E_x = E_y \Rightarrow E_x \cap E_y \neq \varnothing$$

따라서 $xEy \Leftrightarrow E_x \cap E_y \neq \varnothing$ 이다.

정리 3.4 공집합이 아닌 집합 X위의 동치관계 E에 대하여 X/E는 X의 하나의 분할이다.

【증명】 (정리 3.3(1)과 (정의 3.2)에 의하여 $X/E = \{E_x \mid x \in X\}$는 X의 공집합이 아닌 부분집합의 족이다. 그리고 (정리 3.3)의 (2), (3))으로부터

$$(E_x \cap E_y \neq \varnothing) \Rightarrow (E_x = E_y)$$

이고, 이를 대우를 사용하면

$$(E_x \neq E_y) \Rightarrow (E_x \cap E_y = \varnothing)$$

이다. 마지막으로 $\bigcup_{x \in X} E_x = X$임을 보이자.

$\bigcup_{x\in X} E_x \subseteq X$는 당연하고, 모든 $x\in X$에 대하여 $x\in E_x$이고

$x\in \bigcup_{x\in X} E_x$ 이므로 $X\subseteq \bigcup_{x\in X} E_x$ 이다.

[예 6] 위 [예 5]에서 동치류들의 집합인 상집합

$$X/E=\{f^{-1}(f(x_2)) \mid x_2\in X\}=\{f^{-1}(y) \mid y\in Y\}$$

는 X의 분할이다.

위 (정리 3.4)에 의하여 집합 $X(\neq\varnothing)$상의 동치관계는 X를 분할하는 것을 알았다. 이제 역으로 X의 각 분할은 X상의 한 동치관계를 만드는 것을 알 수 있다.

정의 3.5

P를 집합 $X(\neq\varnothing)$의 분할이라 하자. X상의 관계 $\mathcal{R}_p$를 $x,\ y\in A$인 집합 $A\in P$가 존재할 때 그리고 그 때에만 $x\,\mathcal{R}_p\,y$로 정의한다. 즉,

$$\mathcal{R}_p=\{(x,\ y) \mid \exists A\in P,\ \ x,\ y\in A\}$$

(참고 : 관계 $\mathcal{R}_p$를 기호 X/P로 도 나타내기도 함)

위 (정의 3.5)에서 “$\mathcal{R}_p=\{(x,\ y) \mid \exists A\in P,\ \ x,\ y\in A\}$” 대신 “$x\,\mathcal{R}_p\,y \ \Leftrightarrow\ \exists A\in P,\ x,\ y\in A$”으로 대체할 수 있다.

정리 3.6 P가 집합 $X(\neq\varnothing)$의 분할이라 하자. 그러면 관계 $\mathcal{R}_p$는 X상의 한 동치관계이고 동치관계 $\mathcal{R}_p$에 의해 생기는 동치류들은 바로 분할 P를 이룬다. 즉

$$X/\mathcal{R}_p=P$$

【증명】 (1) $\mathcal{R}_p$: 반사적이다. 왜냐하면 P가 집합 X의 분할이라 하자. 그러면 임의의 원소 $x \in X$에 대하여 집합 $A \in P$가 존재해서 $x \in A$이기 때문이다. 그러므로 $x \mathcal{R}_p x$이다.

(2) $\mathcal{R}_p$: 대칭적이다. 왜냐하면 $(x, y) \in \mathcal{R}_p$이면 $x, y \in A$인 집합 $A \in P$가 존재한다. 그러면 $y, x \in A$인 집합 $A \in P$가 존재하여 $(y, x) \in \mathcal{R}_p$이기 때문이다. (정의 3.5)

(3) $\mathcal{R}_p$: 추이적이다. X의 임의의 세 원소 x, y, z에 대하여

$$x \mathcal{R}_p y \text{ 이고 } y \mathcal{R}_p z$$

이라 가정하자. 그러면 P에 속하는 집합 A, B가 존재해서 $x, y \in A$이고 $y, z \in B$이며 결국, $y \in A \cap B \neq \varnothing$가 된다. 이것은 분할의 정의에 의하여 $A = B$임을 의미한다. 그러므로 $x, z \in A$가 되어 $x \mathcal{R}_p z$가 성립하기 때문이다.

즉 (1), (2), (3)에 의해 $\mathcal{R}_p$는 X상의 동치관계이다.

그리고 마지막으로 $X/\mathcal{R}_p = P$임을 보이자.

x를 집합 X의 임의의 원소라 하자. 그러면 분할 P의 정의에 의하여 $x \in A$인 집합 $A \in P$가 유일하게 존재하며

$$(\mathcal{R}_p)_x = A$$

이다. 이것으로 X법 $\mathcal{R}_p$인 $X/\mathcal{R}_\text{P}$의 각 동치류가 바로 집합족 P에 속한다는 것이 증명되었다.

즉, 임의의 $(\mathcal{R}_p)_x \in X/\mathcal{R}_p$에 대하여 $(\mathcal{R}_p)_x = A \in P$인 것이다.

역으로 A를 분할 P에 속하는 임의의 집합이라 하자. 그러면 $A \neq \varnothing$이므로 집합 A에 속하는 원소 x가 존재한다. 그런데 $(\mathcal{R}_p)_x = A$이므로 $A \in X/\mathcal{R}_p$가 된다. 따라서 $X/\mathcal{R}_p = P$이다.

집합 $X(\neq \varnothing)$상의 임의의 동치관계 E로부터 하나의 분할 X/E를 만들 수 있음

을 알았다. 또 바꾸어서 이 분할로부터 동치관계 $X/(X/E)$를 얻는다.(이때 X/E를 P라고 하면 $X/(X/E)=X/P=\mathcal{R}_p$) 여기서 중요한 사실은 $X/(X/E)=E$로서 $X/(X/P)=P$와 더불어 동치관계와 분할사이의 밀접한 관계를 설명하고 있다.

[예 6] $\mathbb{Z}_0$, $\mathbb{Z}_1$을 각각 짝수와 홀수의 집합이라 하면 $P=\{\mathbb{Z}_0, \mathbb{Z}_1\}$은 정수집합 $\mathbb{Z}$의 분할을 이룬다. 이 경우 관계 $\mathcal{R}_p$의 정의에 의하여

$$a\,\mathcal{R}_p\,b \Leftrightarrow a,\ b\in\mathbb{Z}_0 \text{ 또는 } a,\ b\in\mathbb{Z}_1$$

이다. 이 관계 $\mathcal{R}_p$는 동치관계이다(위 정리 3.6). 실제로

$$a\equiv b(\bmod 2) \Leftrightarrow a\,\mathcal{R}_P\,b$$

이라하면 관계 $\mathcal{R}_p$는 정수집합 $\mathbb{Z}$상의 합동관계 $\equiv(\bmod 2)$인 것이다. 또한 역으로 E를 $\mathbb{Z}$상의 동치관계라 하며

$$x\equiv y\,(\bmod 2) \Leftrightarrow xEy$$

이라 하면

$$E_a=\{x\in Z \mid aEx\}=\{x\in Z \mid a\equiv x\,(\bmod 2)\}=\begin{cases} Z_0 & (a:\text{짝수}) \\ \mathbb{Z}_1 & (a:\text{홀수}) \end{cases}$$

이다. 그러므로 $\mathbb{Z}/E=\{\mathbb{Z}_0, \mathbb{Z}_1\}$이고 이는 $\mathbb{Z}$의 하나의 분할이 된다.

[예 7] E를 집합 $\mathbb{Z}$에서의 동치관계 $\equiv(\bmod 4)$라 하면

$$x\equiv y\,(\bmod 4) \Leftrightarrow xEy$$

이다. 이때

$$E_0=\{x\in Z \mid x\equiv 0\,(\bmod 4)\}=\{\cdots,\ -4,\ 0,\ 4,\ 8,\ \cdots\}=E_4=E_8=\cdots$$

$$E_1=\{x\in Z \mid x\equiv 1\,(\bmod 4)\}=\{\cdots,\ -3,\ 1,\ 5,\ 9,\ \cdots\}=E_5=E_9=\cdots$$

$$E_2=\{x\in Z \mid x\equiv 2(\bmod 4)\}=\{\cdots, -2, 2, 6, 10, \cdots\}=E_6=E_{10}=\cdots$$

$$E_3=\{x\in Z \mid x\equiv 3(\bmod 4)\}=\{\cdots, -1, 3, 7, 11, \cdots\}=E_7=E_{11}=\cdots$$

이고 $\mathbb{Z}/E=\{E_x \mid x\in \mathbb{Z}\}=\{E_0, E_1, E_2, E_3\}$이다.

연습문제 4.3

1. P가 집합 $X(\neq\varnothing)$의 분할일 경우 동치관계 $\mathcal{R}_p$는 $\mathcal{R}_p=\bigcup_{A\in p} A\times A$ 임을 보여라.

2. $X=\{a, b, c, d, e\}$, $P=\{\{a,b\},\{c\},\{d,e\}\}$에 대하여
   (1) P는 집합 X의 분할임을 보여라.
   (2) 집합 X위의 동치관계 $\mathcal{R}_p$를 나타내는 순서쌍의 집합을 원소 나열법으로 써라.
   (3) $E=\mathcal{R}_p$라 할 때, E_a, E_b, E_c, E_d, E_e를 구하여라.

3. 정수집합 $\mathbb{Z}$상에 관해 관계 E를 다음과 같이 정의하자.

$$xEy \Leftrightarrow \exists k\in \mathbb{Z}, x-y=5k$$

   (1) 관계 E는 $\mathbb{Z}$상의 동치관계임을 보여라.
   (2) $\mathbb{Z}$의 분할 $\mathbb{Z}/E$를 구하여라.
   (3) 동치관계 $\mathbb{Z}/(\mathbb{Z}/E)$가 동치관계 E와 같음을 알아보아라.

4. 집합 $X(\neq\varnothing)$상의 동치관계 E에 대하여 $X/(X/E)=E$임을 보여라.

5. X가 유한집합이고 X의 분할이 $P=\{A_1, A_2, A_3, \cdots, A_n\}$일 때 임의의 $A_i\in P$에 대하여 A_i가 n_i개의 원소를 가지면 동치관계 $\mathcal{R}_p$의 순서쌍의 수는 $n_1{}^2+n_2{}^2+\cdots n_n{}^2$임을 보여라.

Chapter 5 함 수

수학의 각 분야에서 가장 기본이 되는 개념 중의 하나인 함수에 대하여 각각의 정의와 그 성질들을 알아보자.

1. 함 수

앞 장에서 관계에 대하여 알아보았다. 관계 중에서 특별한 성질을 갖는 것이 함수이다.

정의 1.1

두 집합 X, Y에 대하여 X에서 Y로의 **함수**(function)는 다음을 만족하는 X에서 Y로의 관계 f를 의미하며 $f: X \to Y$로 나타낸다.

(1) $\forall x \in X,\ \exists y \in Y$ st $(x, y) \in f$

(2) $(x, y_1) \in f \wedge (x, y_2) \in f \ \Rightarrow\ y_1 = y_2$

여기서 $(x, y) \in f$는 지금까지 눈에 익은 $y = f(x)$로 바꾸어 사용하도록 한다. 바꾸어 사용할 수 있는 이유는 (정의 1.1)의 (2)에 의하여 각 원소 $x \in X$에 대하여 일의적으로 정해진 $y \in Y$가 존재하기 때문이다. 또 (1)은 $\mathrm{Dom}(f) = X$로 바꾸어 나타낼 수 있다. 같은 의미이지만 함수를 다른 표현을 사용하여 한마디로 말하면 "함수는 f의 정의역의 각 원소 x에 대하여 $y = f(x)$인 유일한 y가 존재하는 관계이다."라고도 한다. 따라서 함수는 관계의 특별한 경우이다.

[예 1] 실수 집합에서 $x^2 + y^2 = 25$로 정의되는 관계 $\mathcal{R}$은 함수가 아니다. 왜냐하면 $x^2 + y^2 = 25$는 카테시안평면에서 원점 $(0, 0)$를 중심으로 반지름이 5인 원으로 $(3, 4) \in \mathcal{R}$이고 $(3, -4) \in \mathcal{R}$이므로 함수의 정의 (2)를 만족하지 못하기 때문이다.

함수 $f : X \to Y$에서 $y = f(x)$일 때 y를 f에 의한 x의 **상**(image)이라 하고 x를 f에 의한 y의 **원상**(preimage)이라고 한다.

한편 함수 $f : X \to Y$에서 X를 f의 **정의역**(domain)이라 하고 이를 간단히 $\mathrm{Dom}(f)$로 나타낸다. 또 Y를 f의 **공역**(codomain)이라하며

$$\{f(x) \mid x \in X\} = f(X)$$

를 f의 **치역**(상 : range)이라 하고 간단히 $\mathrm{Rng}(f)$로 나타낸다. 일반적으로 함수의 치역은 그 공역의 부분집합이다.

[예 2] $X = \{1, 2, 3\}$, $Y = \{a, b, c\}$일 때 $f = \{(1, a), (2, a), (3, b)\}$는 X에서 Y로의 함수이지만 $g = \{(1, b), (2, c)\}$와 $h = \{(1, a), (1, b), (2, b), (3, c)\}$는 함수가 되지 못하고 다만 X에서 Y로의 관계이다.

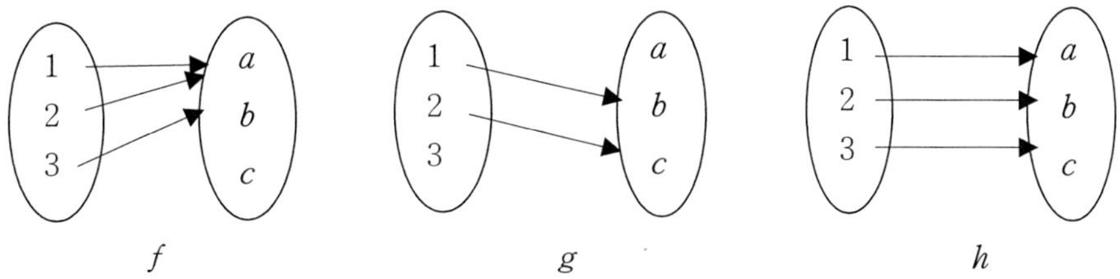

그림 4.1

왜냐하면 정의역의 모든 원소가 대응해야 하는데 (2)의 경우 $3 \in X$이 대응하지 않고 있다. 또 정의역의 한 원소는 오직 하나의 상을 가져야 하는데 (3)의 경우 $1 \in X$은 Y의 a와 b로 동시에 대응하기 때문에 g와 h는 함수가 아니다.

[예 3] 함수 $f(x)=x^2$의 정의역은 실수 집합이고 함수 $g(x)=x^2$의 정의역은 복소수 집합이라면 함수 f와 g는 같지 않다. 왜냐하면 정의역이 서로 다르기 때문이다.

정리 1.2 함수 $f : X \to Y$에서

$$\mathrm{Dom}\,(f)=\{x \mid \exists y\ (x,\ y) \in f\},\quad \mathrm{Rng}\,(f)=\{y \mid \exists x\ (x,\ y) \in f\}$$

를 각각 함수 f의 정의역과 치역이라 하자. 이때 다음이 성립함을 보여라.

(1) $\mathrm{Dom}(f) = \mathrm{Rng}(f^{-1})$

(2) $\mathrm{Rng}(f) = \mathrm{Dom}(f^{-1})$

(3) $\mathrm{Dom}(f \circ g) \subseteq \mathrm{Dom}(g)$

(4) $\mathrm{Rng}(g \circ f) \subseteq \mathrm{Rng}(g)$

【증명】 (1) $x \in \mathrm{Dom}(f) \Leftrightarrow \exists y\ (x,\ y) \in f \Leftrightarrow \exists y\ (y,\ x) \in f^{-1}$

$\Leftrightarrow x \in \mathrm{Rng}\, f^{-1}$

(2) $y \in \mathrm{Rng}(f) \Leftrightarrow \exists x\ (x,\ y) \in f \Leftrightarrow \exists x\ (y,\ x) \in f^{-1}$

$\Leftrightarrow y \in \mathrm{Dom}(f^{-1})$

(3) $x \in \mathrm{Dom}(f \circ g) \Rightarrow \exists y\ (x,\ y) \in (f \circ g)$

$\Rightarrow \exists z\ (x,\ z) \in g \wedge (z,\ y) \in f$

$\Rightarrow x \in \mathrm{Dom}(g)$

(4) $y \in \mathrm{Rng}(g \circ f) \Rightarrow \exists x\ (x,\ y) \in g \circ f$

$\Rightarrow \exists z\ (x,\ z) \in f \wedge (z,\ y) \in g$

$\Rightarrow y \in \mathrm{Rng}(g)$

함수 $f: X \rightarrow Y$에 대하여 일반적으로 $\mathrm{Rng}(f) \subseteq Y$이다. 왜냐하면

$$y \in \mathrm{Rng}(f) \Rightarrow \exists x\ (x,\ y) \in f \Rightarrow (x,\ y) \in X \times Y \Rightarrow y \in Y$$

이기 때문이다.

[예 4] 함수 $f: \mathbb{R} \rightarrow \mathbb{R}$가 $f(x) = [x]$로 정의된 가우스 함수라고 하자. 이때 함수 f의 공역은 $\mathbb{R}$이지만 그 치역은 정수 집합 $\mathbb{Z} \subset \mathbb{R}$이다.
(단, $[x]$는 x보다 작거나 같은 정수)

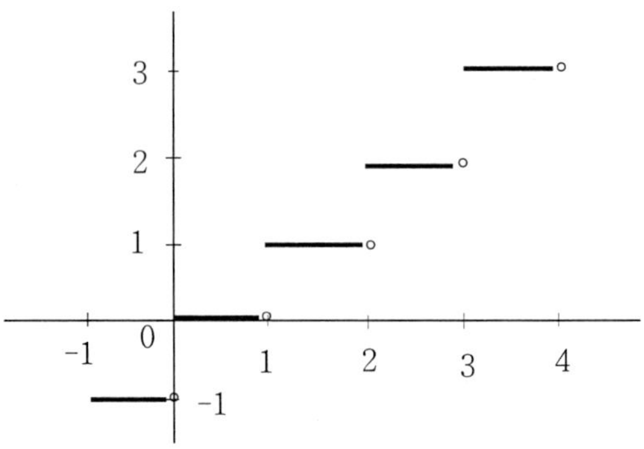

그림 4.2

[예 5] 다음 그림과 같이 함수 $f: X \rightarrow Y$가 정의되었을 때, 정의역은 $X = \{1,\ 2,\ 3,\ 4\}$이고 공역은 $Y = \{a,\ b,\ c,\ d\}$이다. 이때 치역은 $\{a,\ b,\ d\} \subseteq Y$이다.

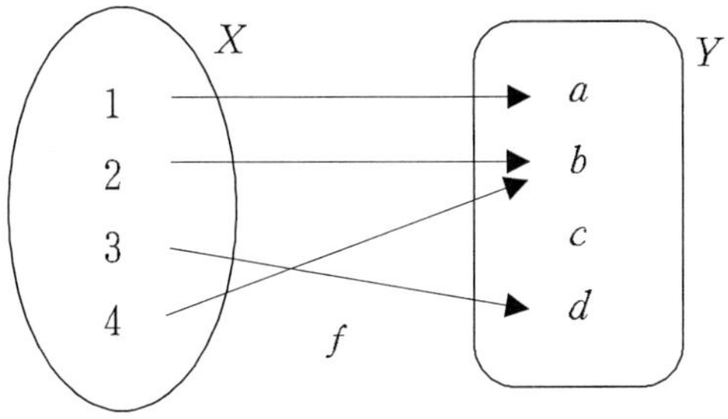

그림 4.3

위 [예 4]에서 함수를 바꾸지 않고 공역을 바꿀 수 있음을 알 수 있다. 치역이 $\mathbb{Z}$이므로 함수 $f : \mathbb{R} \to \mathbb{R}$의 공역을 바꾼 $f : \mathbb{R} \to \mathbb{Q}$, $f : \mathbb{R} \to \mathbb{Z}$는 (정의 1.1)을 만족하므로 함수이다. 일반적으로 함수 $f : X \to Y$에서 f의 치역이 Y에 포함된다. 따라서 $\mathrm{Rng}(f) \subset Z$인 임의의 집합 Z에 대해 $f: X \to Z$는 항시 함수이다. 이와 같은 사실에서 다음의 정리를 얻는다.

정리 1.3 함수 $f : X \to Y$에 대하여 Z를 $\mathrm{Rng}(f) \subseteq Z$인 집합이라 하면 $f: X \to Z$는 함수이다.

【증명】 (1) f가 X에서 Z로의 관계임을 보이자.

$$(x,\ y) \in f \ \Rightarrow\ x \in X \wedge y \in \mathrm{Rng}(f) \ \Rightarrow\ x \in X \wedge y \in Z$$
$$\Rightarrow (x,\ y) \in X \times Z$$

이므로 $f \subseteq X \times Z$가 되어 f는 X에서 Z로의 관계이다.

(2) $f : X \to Y$가 함수이므로 임의의 $x \in X$에 대하여 $(x,\ y) \in f$인 $y \in Y$가 존재한다. 그러면 $y \in \mathrm{Rng}(f)$가 되고 $\mathrm{Rng}(f) \subseteq Z$이므로 $y \in Z$이다. 즉, 임의의 $x \in X$에 대하여 $(x,\ y) \in f$인 $y \in Z$가 존재하게 된다.

(3) $f:\ X \to Y$가 함수이므로

$$(x,\ y_1) \in f \ \wedge\ (x,\ y_2) \in f \ \Rightarrow\ y_1 = y_2$$

가 성립하고 y_1, $y_2 \in \mathrm{Rng}(f)$이므로 y_1, $y_2 \in Z$ 이다.

따라서 (1), (2), (3)에 의해 $f: X \to Z$는 함수이다.

[예 6] $f(x) = x^2$ 으로 정의되는 함수 $f: \mathbb{N} \to R$에 대하여 $f(\mathbb{N}) \subseteq Q$이므로 $f(x) = x^2$ 으로 정의되는 $f: \mathbb{N} \to Q$도 함수이다.

정의 1.4

함수 $f: X \to Y$에 대하여 $A \subset X$일 때, f의 정의역 X를 A로 **축소한 함수**(restricted function) $f|_A$는

$$f|_A = \{(x, y) \in f \mid x \in A\}$$

로 정의하며

$$f|_A : A \to Y$$

로 나타낸다. 또한 함수 $g: A \to Y$와 $A \subset X$에 대하여 함수 $f: X \to Y$가 A상에서 함수 g와 일치하면 즉, $f|_A = g$이면 f를 g의 A에서의 **확대함수**(extension)라 한다.

위 정의를 바꾸어 말하면, 함수 $f: X \to Y$에 대하여 $A \subset X$이라 하자. 이때 임의의 $x \in A$에 대하여 $f|_A(x) = f(x)$로 정의되는 함수 $f|_A: A \to Y$를 A에서의 f의 축소함수라고 한다. 그리고 $f|_A \subseteq f$임을 또한 알 수 있다.

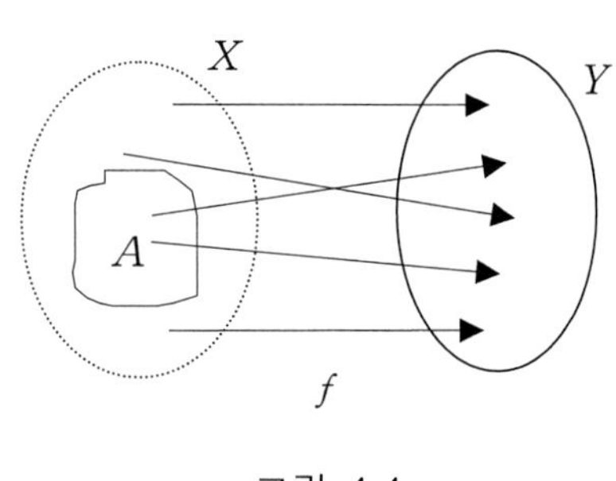

그림 4.4

한편, 함수 $g: A \to Y$이고 $A \subset X$이라 하

자. 이때 모든 $x \in A$에 대하여 $f(x)=g(x)$로 정의되는 함수 $f: X \to Y$를 A에서의 g의 확대함수라고 한다.

[예 7] 함수 $f: \mathbb{R} \to \mathbb{R}$가 $f(x)=x^2$으로 정의되었을 때 정의역 $\mathbb{R}$을 자연수 집합 $\mathbb{N}$으로 축소하면 축소함수는

$$f|_{\mathbb{N}}=\{(1,1),(2,4),(3,9),\cdots\}$$

이다.

[예 8] 함수 $f=\{(1,\ 3),\ (2,\ 6),\ (3,\ 9)\}$의 정의역은 $\{1,\ 2,\ 3\}$이다. 이때 함수 f의 정의역을 확대한 함수

$$g=\{(1,\ 3),\ (2,\ 6),\ (3,\ 9),\ (4,\ 4),\ (5,\ 6)\}$$

는 f의 확대함수이다.

[예 9] $X=\{1,\ 2,\ 3,\ 4,\ 5\}$, $Y=\{a,\ b,\ c,\ d,\ e,\ f,\ g\}$, $A=\{1,\ 2,\ 3\}$이고

$$f=\{(1,\ c),\ (2,\ f),\ (3,\ g),\ (4,\ d),\ (5,\ a)\}$$
$$g=\{(1,\ c),\ (2,\ f),\ (3,\ g)\}$$

이라 할 때 f의 정의역 X를 A로 축소한 함수는

$$f|_A=\{(1,\ c),\ (2,\ f),\ (3,\ g)\}$$

이다. 또한 $f|_A=g$이므로 f는 g의 확대함수이다.

정리 1.5 집합 $X,\ Y,\ Z$에 대하여 $X \cap Y=\varnothing$일때, $g: X \to Z$과 $h: Y \to Z$를 함수라 하자. 만일 $f=g \cup h$라고 하면 다음이 성립한다.

(1) $f: X \cup Y \to Z$는 함수이다.

(2) $g=f|_X$이고 $h=f|_Y$이다.

(3) 만일 $x \in X$이면 $f(x) = g(x)$이고 $x \in Y$이면 $f(x) = h(x)$이다.

【증명】 (1) 먼저 다음 두 관계가 성립됨을 보이자.

$$① \ (x,\ y) \in g \ \Leftrightarrow (x,\ y) \in f \wedge x \in X$$

$$② \ (x,\ y) \in h \ \Leftrightarrow (x,\ y) \in f \wedge x \in Y$$

첫 번째 관계 ①이 성립됨을 보이자. 만일 $(x,\ y) \in g$라 하면 $\text{Dom}(g) = X$이므로 $x \in X$이고, $f = g \cup h$이므로 $(x,\ y) \in f$이다. 역으로, $(x,\ y) \in f \wedge x \in X$임을 가정하자. 그러면 $f = g \cup h$이므로 $(x,\ y) \in g$이거나 $(x,\ y) \in h$이다. 만일 $(x,\ y) \in h$라 하면 $\text{Dom}(h) = Y$이므로 $x \in Y$이다. 그러나 $x \in X$이므로 $X \cap Y = \varnothing$에 모순이다. 따라서 $(x,\ y) \in g$이다. 두 번째 관계도 같은 방법으로 확인할 수 있다. 그리고 이번에는

$$\text{Dom}(f) = \text{Dom}(g \cup h) = \text{Dom}(g) \cup \text{Dom}(h) = X \cup Y$$

이고

$$\text{Rng}(f) = \text{Rng}(g \cup h) = \text{Rng}(g) \cup \text{Rng}(h) \subseteq Z$$

임을 알 수 있다.

또한 f의 유일성을 보이기 위하여 $(x,\ y_1) \in f$이고 $(x,\ y_2) \in f$임을 가정하자. 그러면 가정에 의해 $x \in \text{Dom}(f)$이다. 그리고 $\text{Dom}(f) = X \cup Y$이므로 $x \in X$이거나 $x \in Y$이다. 만일 $x \in X$이면 ①에 의해 $(x,\ y_1) \in g$이고 $(x,\ y_2) \in g$이다. 그러면 g가 함수이므로 $y_1 = y_2$가 되어 f는 함수이다. $x \in Y$인 경우도 마찬가지이다.

(2) (정의 1.4)와 위 ①, ②에 의하여

$$(x,\ y) \in g \Leftrightarrow (x,\ y) \in f|_X$$

이므로 $g = f|_X$이며 같은 방법으로 $h = f|_Y$이다.

(3) 위 ①은

$$y = f(x) \wedge x \in X \ \Leftrightarrow \ y = g(x)$$

임을 의미하고, ②는

$$y = f(x) \wedge x \in Y \ \Leftrightarrow \ y = h(x)$$

를 의미하므로 성립한다.

정리 1.6 $f: X \to Y$, $g: X \to Y$ 를 함수라 하자. 그러면

$$f = g \ \Leftrightarrow \ \forall x \in X,\ f(x) = g(x)$$

이다.

【증명】 $f = g$이라 하자. 그러면 임의의 $x \in X$에 대하여

$$y = f(x) \ \Leftrightarrow \ (x,\ y) \in f \ \Leftrightarrow \ (x,\ y) \in g \ \Leftrightarrow \ g(x) = y$$

이므로 $f(x) = g(x)$ 이다.

역으로 임의의 $x \in X$에 대하여 $f(x) = g(x)$ 이라 가정하자. 그러면

$$(x,\ y) \in f \ \Leftrightarrow \ y = f(x) \ \Leftrightarrow \ y = g(x) \ \Leftrightarrow \ (x,\ y) \in g$$

이므로 $f = g$ 이다.

정의 1.7

집합 $A(\neq \varnothing)$를 집합 X의 부분집합이라 하자. 임의의 $x \in X$에 대하여 함수 $\chi_A : X \to \{0,\ 1\}$가

$$\chi_A(x) = \begin{cases} 1 & x \in A \\ 0 & x \notin A \end{cases}$$

로 정의되었다면 χ_A를 X에서의 A의 **특성함수**(characteristic function)라 한다.

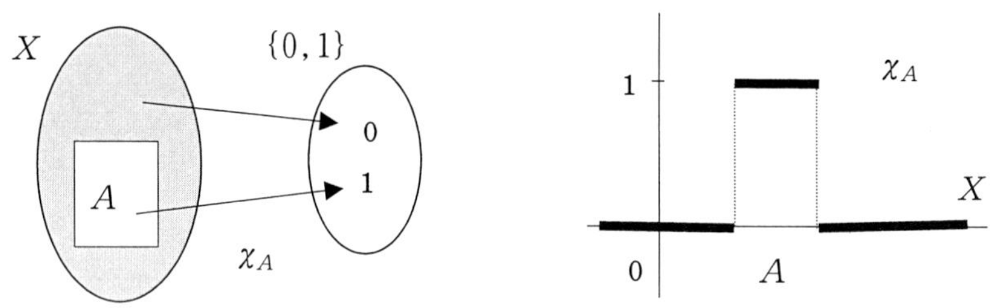

그림 4.5

[예 10] 다음 그림은 $X=\{1, 2, 3, 4, 5\}$이고 $A=\{2, 3, 4\}$인 경우 특성함수 $\chi_A: X \rightarrow \{0, 1\}$이다.

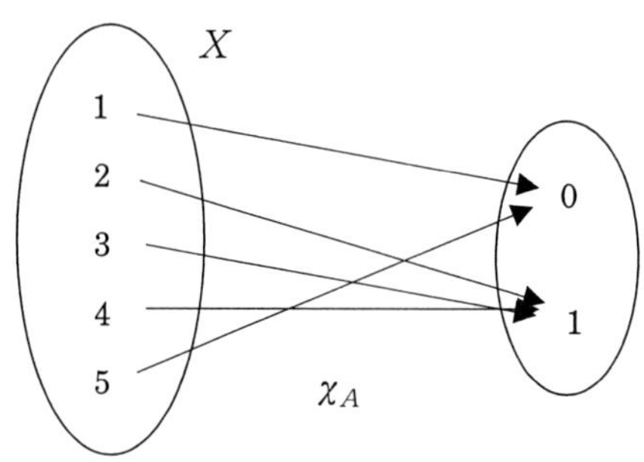

그림 4.6

특성함수 χ_A는 그리이스 문자 카이(chi)에 첨자 A를 붙여 나타낸 것이다.

함수 $f: X \rightarrow Y$에서 정의역과 공역을 이미 알고 있는 경우 매번 함수 $f: X \rightarrow Y$를 전부 쓰는 대신 f로 간단히 쓴다.

정의 1.8

집합 X에서의 **항등함수**(identity function) $I_X: X \to X$는 임의의 원소 $x \in X$에 대하여 $I_X(x) = x$로 정의되는 함수이다.

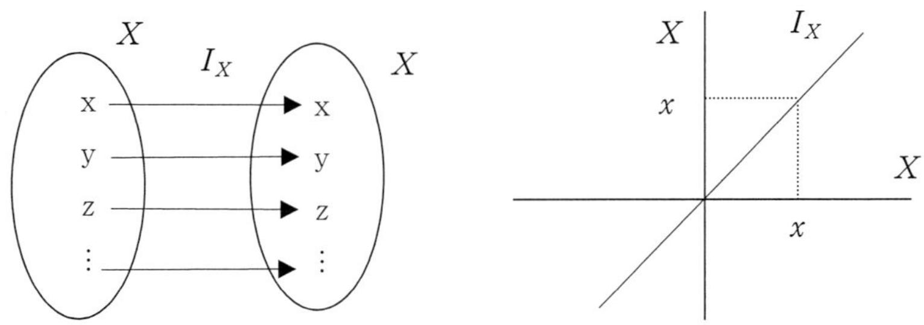

그림 4.7

앞의 관계에서 언급한 대각관계 Δ_X가 바로 항등함수이다.

정의 1.9

함수 $f: X \to Y$가 어떤 $y_0 \in Y$에 대하여 $f(X) = y_0$로 정의되면 f를 **상수함수**(constant function) 또는 **정치함수**라 한다.

상수함수를 관계로 표시하면

$$f = \{(x,\ y_0) \mid x \in X\} \subset X \times Y$$

이다.

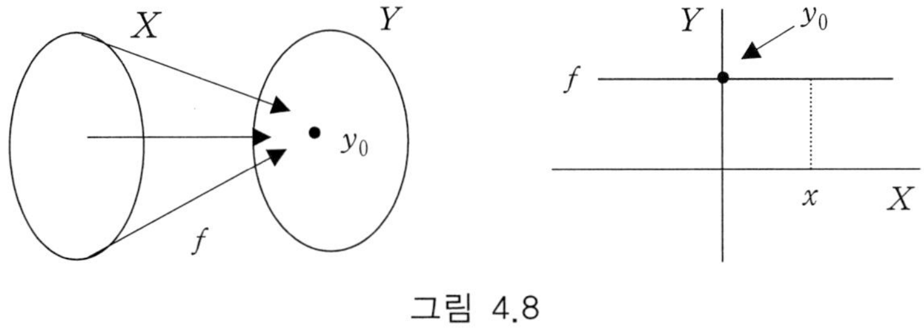

그림 4.8

정의 1.10

$A(\neq\varnothing)$가 집합 X의 부분집합 일 때 함수 $i: A \to X$가 임의의 $x \in A$에 대하여 $i(x) = x \in A$로 정의되면 i를 **포함함수**(inclusion function)라 한다.

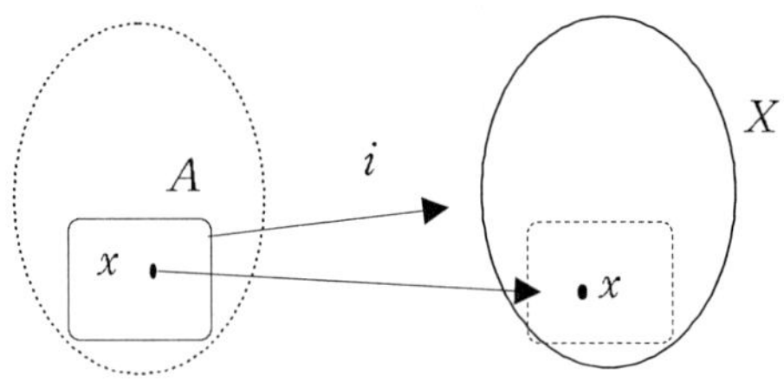

그림 4.9

위 (정의 1.10)에서 $A = X$이면 포함함수 i는 바로 항등함수이다.

또한, 함수 $f: X \to Y$의 정의역 X의 모든 원소를 실수에 대응시키는 함수를 **실수값함수**(real valued function)라 하며, 1차(다차)함수, 삼각함수, 로그함수, 지수함수 등이 실수값 함수이다.

정의 1.11

집합 $X(\neq\varnothing)$의 부분집합들의 집합족을 $\{A_i\}$이라할 때 모든 $i \in I$에 대하여 $f(A_i) \in A_i$로 정의되는 함수 $f: \{A_i\} \to X$를 **선택함수**(choice function)라고 한다.

[예 11] $X = \{1, 2, 3, 4, 5\}$의 부분집합을 $A_1 = \{1, 2, 3\}$, $A_2 = \{2, 3, 4\}$, $A_3 = \{3, 5\}$라 하자. $F = \{A_1, A_2, A_3\}$에서 X로의 함수를 아래 (그림 4.10)과 같이 정의하면 함수 f는 선택함수이다. 그러나 함수 g는 선택함수가 아니다. 왜냐하면, $g(A_1) = 4 \notin A_1$이기 때문이다.

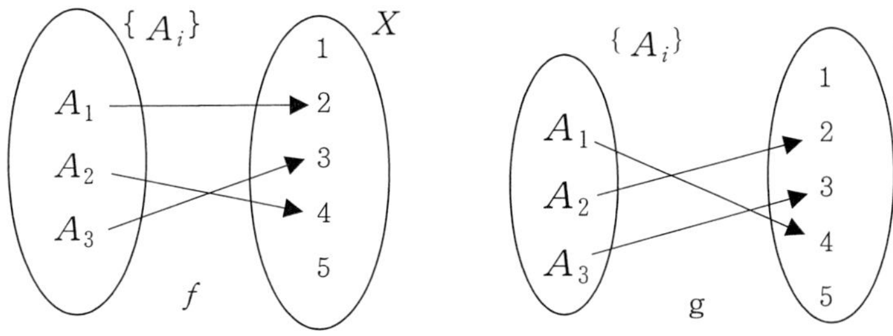

그림 4.10

정리 1.12 함수 $f: X \to Z$와 $g: Y \to W$에 대하여 $X \cap Y$의 임의의 원소 x에 대하여 $f(x) = g(x)$라 하자.

이때 함수 f와 g의 합(union) $h = f \cup g : X \cup Y \to Z \cup W$를

$$h(x) = \begin{cases} f(x) & x \in X \\ g(x) & x \in Y \end{cases}$$

에 의하여 정의하면 h는 함수이다.

【증명】 (1) $h \subseteq (X \cup Y) \times (Z \cup W)$임을 보이자.

f와 g는 관계이므로 $f \subseteq X \times Z$이고 $g \subseteq Y \times W$이다. 한편 $X \times Z$와 $Y \times W$가 모두 $(X \cup Y) \times (Z \cup W)$의 부분집합이므로

$$h = f \cup g \subseteq (X \times Z) \cup (Y \times W) \subseteq (X \cup Y) \times (Z \cup W)$$

이 성립한다. 따라서 h는 $X \cup Y$에서 $Z \cup W$로의 관계이다.

(2) $\text{Dom}(h) = X \cup Y$임을 보이자.

$X \cup Y = \text{Dom}(f) \cup \text{Dom}(g)$이므로

$$\text{Dom}(h) = \text{Dom}(f) \cup \text{Dom}(g)$$

임을 보이면 충분하다. 우선

$$x \in \text{Dom}(h) \Leftrightarrow x \in \text{Dom}(f \cup g)$$

$$\Leftrightarrow \exists y \in Z \cup W, \ (x, y) \in f \cup g$$

$$\Leftrightarrow (x,\ y) \in f \vee (x,\ y) \in g$$
$$\Rightarrow x \in \mathrm{Dom}(f) \vee x \in \mathrm{Dom}(g)$$
$$\Leftrightarrow x \in \mathrm{Dom}(f) \cup \mathrm{Dom}(g)$$

이다. 한편

$$x \in \mathrm{Dom}(f) \cup \mathrm{Dom}(g) \ \Leftrightarrow\ x \in \mathrm{Dom}(f) \vee x \in \mathrm{Dom}(g)$$

이고 $x \in \mathrm{Dom}(f)$인 경우

$$\exists y_1 \in Z,\ (x,\ y_1) \in f \subset f \cup g$$
$$\Rightarrow x \in \mathrm{Dom}(f \cup g) = \mathrm{Dom}(h)$$

이다. 마찬가지로 $x \in \mathrm{Dom}(g)$인 경우도 같은 방법으로 $x \in \mathrm{Dom}(h)$이다. 그러므로

$$\mathrm{Dom}(h) = \mathrm{Dom}(f) \cup \mathrm{Dom}(g) = X \cup Y$$

이다.

(3) 마지막으로 h의 유일성을 보이자. $x \in X \cup Y$이라 하자. 그러면

① $x \in X - Y$, ② $x \in Y - X$ 그리고 ③ $x \in X \cap Y$

인 3가지 경우를 생각할 수 있는데 ①의 경우 f가 함수이고 $h(x) = f(x)$ 이므로

$$(x,\ y) \in h \wedge (x,\ z) \in h \Rightarrow (x,\ y) \in f \wedge (x,\ z) \in f \Rightarrow y = z$$

이고 같은 방법으로 ②의 경우도 g가 함수이고 $h(x) = g(x)$ 이므로

$$(x,\ y) \in h \wedge (x,\ z) \in h \Rightarrow (x,\ y) \in g \wedge (x,\ z) \in g \Rightarrow y = z$$

이다. ③인 경우는 가정에 의하여 $h(x) = f(x) = g(x)$ 이므로

$$(x,\ y) \in h \wedge (x, z) \in h \Rightarrow (x,\ y) \in f \wedge (x,\ z) \in g$$

$$\Rightarrow y = f(x) = g(x) = z$$
$$\Rightarrow y = z$$

이다. 그러므로 유일성이 성립하고 따라서 h는 함수이다.

[예 12] 함수 f, $g : \mathbb{R} \to \mathbb{R}$ 가 $x \geq 0$ 인 경우 $f(x) = x^2$, $x \leq 0$ 인 경우 $g(x) = -x$ 로 정의 되었다. 그러면

$$\mathrm{Dom}(f) \cap \mathrm{Dom}(g) = \{0\}$$

이고 $x = 0$ 에서 $f(x) = 0 = g(x)$이다. 따라서 두 함수 f, g의 합집합 h는

$$h(x) = \begin{cases} x^2 & x \geq 0 \\ -x & x \leq 0 \end{cases}$$

로 정의된다.

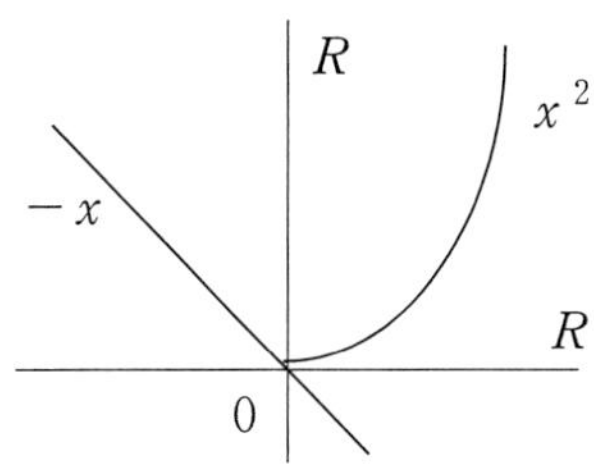

그림 4.11

연습문제 5.1

1. 다음과 같이 정의된 함수 $f : \mathbb{R} \to \mathbb{R}$ 에 대하여 $f(-8)$, $f(0)$, $f(7)$의 값을 구하여라.

$$f(x) = \begin{cases} 3x + 3 & x > 3 \\ x^2 - 1 & -5 \leq x \leq 3 \\ 1 - 5x & x < -5 \end{cases}$$

2. 다음과 같이 정의된 함수 $f : \mathbb{R} \to \mathbb{R}$ 에 대하여 $f\left(\frac{1}{2}\right)$, $f(1)$, $f(\pi)$를 구하여라.

$$f(x) = \begin{cases} 2 & x : \text{유리수} \\ -1 & x : \text{무리수} \end{cases}$$

3. 집합 $X=\{-2, -1, 0, 1, 2\}$에 대하여 함수 $f:X\to\mathbb{R}$이 $f(x)=x^3-4$로 정의되었을 때 함수 f의 치역을 구하여라.

4. 함수 $f:\mathbb{R}\to\mathbb{R}$가 다음과 같이 정의되었을 때 각각의 치역을 구하여라.
   (1) $f(x)=x^2+1$
   (2) $f(x)=\sin x$
   (3) $f(x)=x^3-5$

5. 관계 f와 g에 대하여 $\mathrm{Rng}(f)\subseteq\mathrm{Dom}(g)$일 때 $\mathrm{Dom}(g\circ f)=\mathrm{Dom}(f)$이다.

6. 집합 X, Y의 원소가 각각 m, n개이면 X에서 Y로의 함수는 몇 개인가? 또 단사 함수는 몇 개인가 알아보아라.

7. $f:X\to Y$가 함수이면 f의 각 부분집합 g는 함수임을 보여라.

8. 함수 $f:X\to X$가 또한 X위의 반사적 관계이면 f는 항등함수 $I_X:X\to X$임을 보여라.

9. $X=[0, 1]$인 경우 X상에서 대칭관계인 함수 $f:X\to X$를 찾아라.

10. $f:X\cup Y\to Z$가 함수이면 $f=f|_X\cup f|_Y$이다.

11. 정의역과 공역이 각각 같은 두 함수 $f:X\to Y$와 $g:X\to Y$에 대하여 $f\subseteq g$이면 $f=g$임을 보여라.

12. 특성함수 $\chi_A:X\to\{0, 1\}$을 관계로 나타내어라.

2. 함수의 성질

함수는 그 정의 방법에 따라 여러 가지 종류가 있다. 그들에 대한 각각의 성질을 알아보자.

정의 2.1

함수 $f: X \to Y$에서 Y의 모든 원소 y에 대하여 $f(x) = y$가 되는 $x \in X$가 적어도 하나 존재할 때, 함수 f를 **전사**(onto, surjective)라 하고 전사인 함수를 간단히 **전사**(surjection)라 한다. 즉 $f(X) = Y$ (또는 $\mathrm{Rng}(f) = Y$)인 경우이다.

[예 1] $f(x) = \sin x$로 정의된 싸인 함수 $f: \mathbb{R} \to [-1, 1]$은 전사이다. 그러나 공역 $[-1, 1]$을 $\mathbb{R}$로 바꾼 함수 $f: \mathbb{R} \to \mathbb{R}$는 전사가 아니다. 또한 함수 $f: \mathbb{R} \to \mathbb{R}$가 $f(x) = x^2$으로 정의 되었다면 f는 전사함수가 아니다.

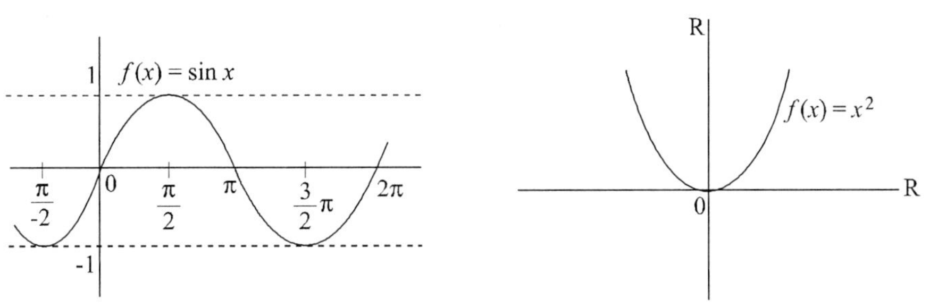

[그림 4.12]

정의 2.2

함수 $f: X \to Y$ 에서 X 내의 서로 다른 두 원소 x_1, $x_2 \in X$ 에 대하여 각각의 상 $f(x_1)$과 $f(x_2)$가 서로 다를 때 함수 f를 **단사**(into, injective)라 하고 단사인 함수를 간단히 **단사**(injection)라 한다. 즉,

$$x_1 \neq x_2 \in X \ \Rightarrow \ f(x_1) \neq f(x_2)$$

즉, 단사함수는 임의의 원소 $y \in Y$ 에 대하여 y가 하나 이상의 역상을 갖지 않음을 알 수 있다. 위의 단사함수의 정의는 대우를 사용하여 "$f(x_1) = f(x_2) \Rightarrow x_1 = x_2$"로 바꾸어 쓸 수 있다.

[예 2] 앞 절의 (정의 1.10)의 포함함수 i는 단사함수이다. 함수 $f: \mathbb{R} \to \mathbb{R}$ 가 $f(x) = x^3$ 으로 정의되면 f는 단사함수이다. 그러나 $f(x) = x^2$으로 정의되었다면 f는 단사함수가 아니다.

정의 2.3

함수 $f: X \to Y$가 전사이고 단사일 때, 이 함수 f를 **전단사**(bijective)라 하고 전단사인 함수를 간단히 전단사(bijection) 또는 **일대일대응**(one to one correspondence)이라 한다.

[예 3] 앞 절의 (정의 1.8)의 항등함수 $I_X: X \to X$ 는 전단사이다. 왜냐하면 $I_X(x) = x$ 이고 $I_X(y) = y$ 이므로 $I_X(x) = I_X(y)$ 이면 $x = y$ 가 되어 I_X 는 단사이며 또 $\mathrm{Rng}(I_X) = X$이므로 I_X는 전사이기 때문이다. 역시 함수 $f: \mathbb{R} \to \mathbb{R}$ 가 $f(x) = x^3$ 으로 정의되었다면 f는 전단사함수이다.

특히, 앞 절의 (정의 1.9)에서 정의한 상수함수 $f: X \to Y$는 X의 원소의 수가 2이상이면 f는 단사가 아니고, Y의 원소가 2이상이면 f는 전사가 아니다.

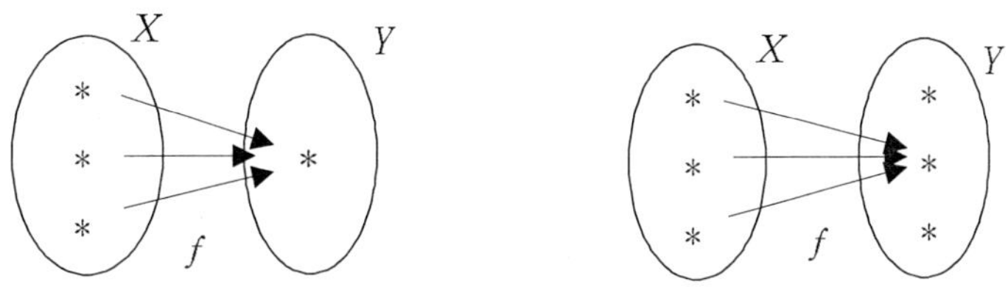

그림 4.13

[예 4] 앞 절의 (정의 1.10)의 포함함수 $i: A \to X$에서 $A = X$이면 포함함수 i는 항등함수 I_X와 같다. 또한 포함함수 i는 단사이다. 그러나 $A \neq X$이면 i는 전사함수가 아니다.

[예 5] 함수 $f: \mathbb{R} \to \mathbb{R}$가 $\mathbb{R}$의 각 원소 x에 대하여 $f(x) = x^2$으로 정의되거나 $f(x) = |x|$로 정의되는 함수라 하면 f는 단사도, 전사도 아니다. 그러나 $f(x) = 2x$로 정의되면 f는 전단사함수이다.

한편 함수 $f: X \to Y$에 대하여 $f: X \to f(X)$는 전사함수이고 함수 $f: X \to Y$가 단사이면 $f: X \to f(X)$는 전단사함수가 됨을 알 수 있다.

정의 2.4

함수 $f: X \to Y$가 전단사이면 Y에서 X로의 함수가 존재하는데 이것을 f의 **역함수**(inverse function)라 하고 $f^{-1}: Y \to X$로 나타낸다. 이는 $f^{-1}(y)$에 대하여 $f(x) = y$가 되는 유일한 원소 $x \in X$가 대응하는 것을 의미한다.

즉, 함수 $f: X \to Y$에 대하여 역함수 $f^{-1}: Y \to X$가 존재할 경우 $(x, y) \in f \Leftrightarrow (y, x) \in f^{-1}$이므로 $y = f(x) \Leftrightarrow x = f^{-1}(y)$ 이다.

[예 6] 위 [예 3]에서 함수 $f(x) = x^3$은 전단사이므로 역함수 $f^{-1}: \mathbb{R} \to \mathbb{R}$가 존재하여 $f^{-1}(x) = \sqrt[3]{x}$로 정의된다. 또 함수 $f(x) = 3x + 2$는 전단사 함수이다. 그러므로 역함수가 존재해서 $f^{-1}(x) = \dfrac{x-2}{3}$ 이다.

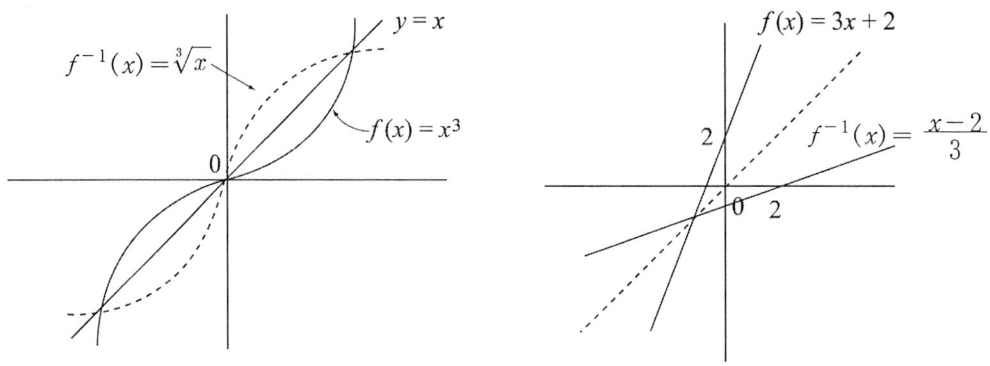

[그림 4.14]

정리 2.5 함수 $f: X \to Y$에 대하여 역함수 $f^{-1}: Y \to X$가 존재하면 함수 f는 전단사이다.

【증명】 역함수 f^{-1}가 존재하므로 임의의 $y \in Y$에 대하여 $(y, x) \in f^{-1}$가 되는 $x \in X$가 존재한다. 그러면 $(x, y) \in f$이고 $y \in Rng(f)$ 이다. 따라서 $Y \subset Rng(f)$ 이다. 또한 $Rng(f) \subset Y$는 당연하고 $Rng(f) = Y$가 되어 f는 전사이다. 그리고 다음이 성립하므로 함수 f는 단사이다.

$$
\begin{aligned}
f(x_1) = f(x_2) = y \ &\Rightarrow \ (x_1, y) \in f \wedge (x_2, y) \in f \\
&\Rightarrow \ (y, x_1) \in f^{-1} \wedge (y, x_2) \in f^{-1} \\
&\Rightarrow \ x_1 = x_2
\end{aligned}
$$

정리 2.6 함수 $f: X \to Y$가 전단사이면 $f^{-1}: Y \to X$도 전단사이다.

【증명】 먼저 집합 Y에서 집합 X로의 관계 f^{-1}가 함수임을 증명하자. 함수 f는 관계이므로 $(x, y) \in f \subset X \times Y$이다. 그러면

$$\begin{aligned}(y, x) \in f^{-1} &\Rightarrow (x, y) \in f \subset X \times Y \\ &\Rightarrow x \in X \wedge y \in Y \\ &\Rightarrow y \in Y \wedge x \in X \Rightarrow (y, x) \in Y \times X\end{aligned}$$

이므로 $f^{-1} \subset Y \times X$가 되어 f^{-1}는 관계이다. 또 함수 f가 전사이므로 $\text{Rng}(f) = Y$이다. 그러면

$$\begin{aligned}y \in \text{Dom}(f^{-1}) &\Leftrightarrow \exists x, (y, x) \in f^{-1} \Leftrightarrow (x, y) \in f \\ &\Leftrightarrow y \in \text{Rng}(f) = Y\end{aligned}$$

이므로 $\text{Dom}(f^{-1}) = Y$이다. 그리고 함수이기 위한 유일성은

$$\begin{aligned}(y, x_1), (y, x_2) \in f^{-1} &\Rightarrow (x_1, y), (x_2, y) \in f \\ &\Rightarrow y = f(x_1) \wedge y = f(x_2) \\ &\Rightarrow f(x_1) = f(x_2) \Rightarrow x_1 = x_2\end{aligned}$$

이므로 성립한다. 그러므로 관계 f^{-1}는 함수이다.

이제 f^{-1}가 전단사임을 보이자. 임의의 $y_1, y_2 \in Y$에 대하여

$$f^{-1}(y_1) = f^{-1}(y_2) = x$$

라 하면 $f(x) = y_1$, $f(x) = y_2$이다. 그러므로 $y_1 = y_2$가 되어 f^{-1}는 단사함수이다. 또 $f: X \to Y$가 함수이므로 $\text{Dom}(f) = X$이고, 그리고 $\text{Rng}(f^{-1}) = \text{Dom}(f) = X$이므로 $\text{Rng}(f^{-1}) = X$가 되어 f^{-1}는 전사함수이다.

(정리 2.5)와 (정리 2.6)에 의해 함수 $f:X\rightarrow Y$의 역함수 $f^{-1}: Y\rightarrow X$가 존재하면 함수 f는 전단사이고 또한 역함수 f^{-1}도 전단사가 됨을 알 수 있다. 역시 함수 f가 전단사이면 f의 역함수 f^{-1}가 존재한다.

정의 2.7

함수 $f:X\rightarrow Y$와 $g:Y\rightarrow Z$가 주어졌을 때, 임의의 $x\in X$에 대하여

$$(g\circ f)(x)=g(f(x))$$

로 정의된 함수 $g\circ f:X\rightarrow Z$를 f와 g의 **합성함수**(composition)라 한다. 즉,

$$g\circ f=\{(x,\ z)\in X\times Z \mid \exists y\in Y,\ (x,\ y)\in f \land (y,\ z)\in g\}$$

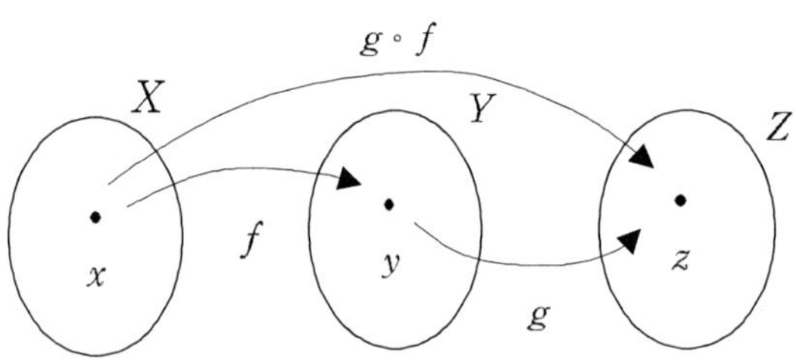

그림 4.15

예제 1 함수 $f:\mathbb{R}\rightarrow\mathbb{R}$와 $g:\mathbb{R}\rightarrow\mathbb{R}$가 임의의 $x\in\mathbb{R}$에 대하여 $f(x)=x^2+1$, $g(x)=x-1$로 정의되었을 때 합성함수 $(g\circ f)(x)$와 $(f\circ g)(x)$를 구하여라.

풀이 $(g\circ f)(x)=g(f(x))=g(x^2+1)=(x^2+1)-1=x^2$

$(f\circ g)(x)=f(g(x))=f(x-1)=(x-1)^2+1=x^2-2x+2$

[예제 1]에 의해 $g\circ f\neq f\circ g$이므로 합성함수에 대한 교환법칙은 성립하지 않음을 알 수 있다.

정리 2.8 함수 $f : X \rightarrow Y$, $g : Y \rightarrow Z$ 그리고 $h : Z \rightarrow W$이면

$$(h \circ g) \circ f = h \circ (g \circ f)$$

이다.

【증명】 $\mathrm{Dom}((h \circ g) \circ f) = \mathrm{Dom}(f) = X$이고

$\mathrm{Dom}(h \circ (g \circ f)) = \mathrm{Dom}(g \circ f) = \mathrm{Dom}(f) = X$이므로

$$\mathrm{Dom}((h \circ g) \circ f) = \mathrm{Dom}(h \circ (g \circ f))$$

이다. 따라서 $(h \circ g) \circ f$와 $h \circ (g \circ f)$는 모두 X에서 W로의 함수이다. 그러므로 (정리 1.6)을 이용하여 임의의 $x \in X$에 대하여

$$((h \circ g) \circ f)(x) = (h \circ (g \circ f))(x)$$

임을 보이면 된다. 합성함수의 정의에 의하여

$$((h \circ g) \circ f)(x) = (h \circ g)(f(x)) = h(g(f(x)))$$

이고,

$$(h \circ (g \circ f))(x) = h((g \circ f)(x)) = h(g(f(x)))$$

이다. 따라서 모든 $x \in X$에 대하여

$$(h \circ (g \circ f))(x) = ((h \circ g) \circ f)(x)$$

이다.

함수의 합성은 결합법칙이 성립하므로 괄호를 빼고 $h \circ g \circ f$와 같이 쓸 수 있다.

예제 2 함수 $f : R \rightarrow R$, $g : R \rightarrow R$, $h : R \rightarrow R$가 임의의 $x \in R$에 대하여 $f(x) = x^2 + 1$, $g(x) = \sin x$, $h(x) = x^3$으로 각각 정의되었을 때 합성함수 $h \circ (g \circ f)$와 $(h \circ g) \circ f$를 구하여라.

풀이 $(h\circ(g\circ f))(x)=h((g\circ f)(x))=h(g(f(x)))=h(g(x^2+1))$

$$=h(\sin(x^2+1))=\sin^3(x^2+1)$$

$$((h\circ g)\circ f)(x)=(h\circ g)(f(x))=(h\circ g)((x^2+1)=h(g(x^2+1))$$

$$=h(\sin(x^2+1)=\sin^3(x^2+1)$$

정리 2.9 함수 $f:X\to Y$의 역함수 $f^{-1}:Y\to X$에 대하여 $f^{-1}\circ f=I_X$이고 $f\circ f^{-1}=I_Y$이다.

【증명】 $x\in X$이고 $y=f(x)$라 하자. 그러면 $x=f^{-1}(y)$이다. 모든 원소 $x\in X$에 대하여

$$(f^{-1}\circ f)(x)=f^{-1}(f(x))=f^{-1}(y)=x=I_X(x)$$

이므로 $f^{-1}\circ f=I_X$이다. 같은 방법으로 $f\circ f^{-1}=I_Y$이다.

정리 2.10 두 함수 $f:X\to Y$와 $g:Y\to X$에 대하여 $g\circ f=I_X$이면 f는 단사이고 g는 전사함수이다. 특히 $g\circ f=I_X$이고 동시에 $f\circ g=I_Y$이면 f와 g는 모두 전단사함수 이다. 그리고 $g=f^{-1}$이다.

【증명】 $f(x_1),\ f(x_2)\in Y$에 대하여 $f(x_1)=f(x_2)$라 하자. 그러면

$$g(f(x_1))=g(f(x_2))$$

이고 이는 $(g\circ f)(x_1)=(g\circ f)(x_2)$이다. 그런데 $g\circ f=I_X$이므로

$$x_1=I_X(x_1)=I_X(x_2)=x_2$$

가 되어 $x_1=x_2$이다. 따라서 f는 단사함수이다. 또 임의의 $x\in X$에 대하여

$$g(f(x))=(g\circ f)(x)=I_X(x)=x$$

이다. 즉 Y 내에 $f(x)(=y)$가 존재하여 $g(y)=x$ 이므로 g는 전사함수이다. 그리고 위 사실로부터 $g \circ f = I_X$ 이고 $f \circ g = I_Y$ 이면 f와 g는 모두 전단사함수이다. 끝으로 $g=f^{-1}$임을 보이자.

$$\begin{aligned}(y,\ x)\in g\ &\Rightarrow\ x=g(y)\\ &\Rightarrow f(x)=f(g(y))=(f\circ g)(y)=I_Y(y)=y\\ &\Rightarrow x=f^{-1}(y)\\ &\Rightarrow (y,\ x)\in f^{-1}\end{aligned}$$

이고

$$\begin{aligned}(y,\ x)\in f^{-1}\ &\Rightarrow\ x=f^{-1}(y)\ \Rightarrow\ y=f(x)\\ &\Rightarrow\ g(y)=g(f(x))=(g\circ f)(x)=I_X(x)=x\\ &\Rightarrow\ (y,\ x)\in g\end{aligned}$$

이므로 $f^{-1}=g$ 이다

정리 2.11 함수 $f: X\to Y$ 에 대하여 함수 f가 단사이기 위한 필요충분조건은 $g\circ f=I_X$ 인 함수 $g: Y\to X$가 존재하는 것이다.

【증명】 위 (정리 2.10)으로부터 함수 $f: X\to Y$ 에 대하여 함수 $g: Y\to X$가 존재해서 $g\circ f=I_X$ 이면 함수 f는 단사임이 증명되었다.

역으로, 함수 $f: X\to Y$ 가 단사이고 Rng $(f)=B$라고 하자. 그러면 $f: X\to B$는 함수이며 전사이다. 그러므로 f는 전단사인 함수가 된다. 따라서 함수 f의 역함수 $f^{-1}: B\to X$가 존재한다. 여기서 X의 한 원소 x_0를 택하고 $Y-B$의 모든 원소를 x_0로 사상하는 상수함수, 즉 $h: (Y-B)\to X$에 대하여 $g=f^{-1}\cup h$라 하면 (5장 정리 1.5)에 의하여 $g: Y\to X$는 함수이다.

마지막으로 $x\in X$라 하고 $y=f(x)$라 하면

$$(g \circ f)(x) = g(f(x)) = g(y) = f^{-1}(y) = x = I_X(x)$$

이며, 따라서 $g \circ f = I_X$ 이다.

정리 2.12 함수 $f : X \to Y$ 에 대하여 함수 f가 전사이기 위한 필요충분조건은 $f \circ g = I_Y$인 함수 $g : Y \to X$가 존재하는 것이다.

【증명】 $y \in Y$ 라 하자. 그러면 $g(y) \in X$ 이다. 그러면 $g(y) \in X$가 존재해서

$$f(g(y)) = (f \circ g)(y) = I_Y(y) = y$$

이다. 따라서 함수 f는 전사이다. 역으로

함수 f가 전사이므로 임의의 $y \in Y$ 에 대하여 $f(x) = y$ 인 $x \in X$ 가 존재한다. $f(x) = y$ 가 되는 x 들 중 하나를 x'라 하고 함수 $g : Y \to X$를 $g(y) = x'$ 로 정의하자. 그러면 임의의 $y \in Y$ 에 대해

$$(f \circ g)(y) = f(g(y)) = f(x') = y = I_Y(y)$$

이다. 따라서 $f \circ g = I_Y$ 이다.

【다른 증명】 위 (정리 2.10)로부터 함수 $f : X \to Y$ 에 대하여 함수 $g : Y \to X$가 존재해서 $f \circ g = I_Y$이면 함수 f는 전사임이 증명되었다.

정리 2.13 함수 $f : X \to Y$ 와 $g : Y \to Z$ 가 모두 단사(전사)이면 $g \circ f : X \to Z$ 도 단사 (전사)이다.

【증명】 먼저 단사임을 보이자. 임의의 $x_1, x_2 \in X$에 대하여

$$\begin{aligned}(g \circ f)(x_1) = (g \circ f)(x_2) &\Rightarrow g(f(x_1)) = g(f(x_2)) \\ &\Rightarrow f(x_1) = f(x_2) \\ &\Rightarrow x_1 = x_2\end{aligned}$$

이다. 그리고 f, g가 전사인 경우 $f(X)=Y$이고 $g(Y)=Z$이므로

$$(g\circ f)(X)=g(f(X))=g(Y)=Z$$

이다. 그러므로 $g\circ f$는 전사이다.

【다른 증명】 함수 g가 전사이므로 임의의 $z\in Z$에 대하여 $g(y)=z$인 $y\in Y$가 존재한다. 또 함수 f가 전사이므로 이 $y\in Y$에 대하여 $f(x)=y$인 $x\in X$가 존재한다. 그러므로

$$(g\circ f)(x)=g(f(x))=g(y)=z$$

이다. 즉 임의의 $z\in Z$에 대하여 $x\in X$가 존재해서 $(g\circ f)(x)=z$이다. 따라서 $g\circ f$는 전사이다.

위 (정리 2.13)은 함수 f와 g가 전단사이면 $g\circ f$도 전단사임을 말하고 있다. 이것으로부터 역함수가 존재하는 임의의 두 함수의 합성함수도 역함수가 존재함을 알 수 있다.

정리 2.14 함수 $f:X\to Y$와 $g:Y\to Z$의 합성함수 $g\circ f:X\to Z$에 대하여

(1) $g\circ f$가 단사이면 f는 단사이다.

(2) $g\circ f$가 전사이면 g는 전사이다.

【증명】 (1) 임의의 $x,\ x'\in X$에 대하여 $f(x)=f(x')$라고 하자.
그러면 $g(f(x))=g(f(x'))$이고, 이것은 $(g\circ f)(x)=(g\circ f)(x')$이다.
그런데 $g\circ f$는 단사이므로 $x=x'$이다. 따라서 f는 단사이다.

(2) $g\circ f$가 전사이므로 임의의 $z\in Z$에 대하여 $(g\circ f)(x)=z$를 만족시키는 원소 $x\in X$가 존재한다. 그러면 임의의 $z\in Z$에 대하여 $g(f(x))=z$인 $f(x)\in Y$가 존재하므로 함수 g는 전사이다.

정리 2.15 함수 $f:X\to Y$와 $g:Y\to Z$가 전단사이면

$$(g\circ f)^{-1}=f^{-1}\circ g^{-1}$$

이다.

【증명】 f와 g가 전단사이므로 합성함수 $g\circ f$는 전단사가 되고 역함수를 갖는다. 이때

$g\circ f:X\to Z$ 이고 $(g\circ f)^{-1}:Z\to X$ 이다. 그러면

$$\begin{aligned}(z,\ x)\in(g\circ f)^{-1} &\Leftrightarrow (x,\ z)\in g\circ f \Leftrightarrow \exists y, (x,\ y)\in f\wedge(y,\ z)\in g\\ &\Leftrightarrow \exists y, (y,\ x)\in f^{-1}\wedge(z,\ y)\in g^{-1}\\ &\Leftrightarrow \exists y, (z,\ y)\in g^{-1}\wedge(y,\ x)\in f^{-1}\\ &\Leftrightarrow (z,\ x)\in f^{-1}\circ g^{-1}\end{aligned}$$

이다. 따라서 $(g\circ f)^{-1}=f^{-1}\circ g^{-1}$이다.

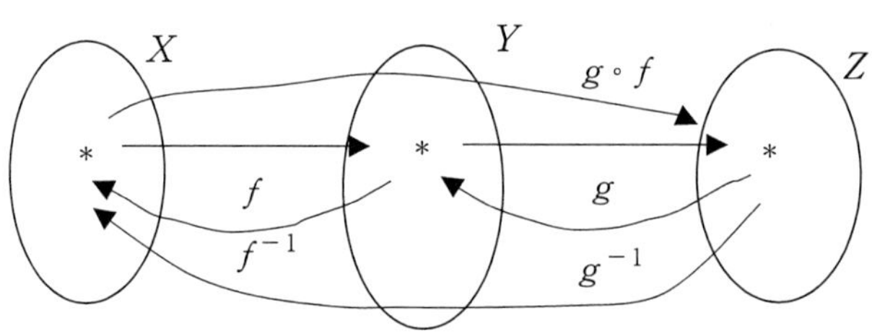

$(g\circ f)^{-1}$

그림 4.16

예제 3 함수 $f,\ g:\ \mathbb{R}^+\to\mathbb{R}^+$가 $f(x)=x^2$과 $g(x)=x-1$로 정의되어 있을 때 $(g\circ f)^{-1}=f^{-1}\circ g^{-1}$임을 보여라.

풀이 $(g\circ f)(x)=g(f(x))=f(x)-1=x^2-1$이고 $y=x^2-1$의 역함수는 $y=\sqrt{x+1}$ 이므로 $(g\circ f)^{-1}(x)=\sqrt{x+1}$이다. 그리고 $f^{-1}(x)=\sqrt{x}$

이고 $g^{-1}(x) = x+1$ 이므로

$$(f^{-1} \circ g^{-1})(x) = f^{-1}(g^{-1}(x)) = f^{-1}(x+1) = \sqrt{x+1}$$

이다. 따라서 $(g \circ f)^{-1} = f^{-1} \circ g^{-1}$이다.

정의 2.16

함수 $\pi_1: X \times Y \to X$를 $\pi_1(x, y) = x$로 $\pi_2: X \times Y \to Y$를 $\pi_2(x, y) = y$로 정의할 때 π_1과 π_2를 각각 $X \times Y$에서 X와 Y위로의 **사영사상**(projection map) 또는 **사영함수**(projection function)라고 한다.

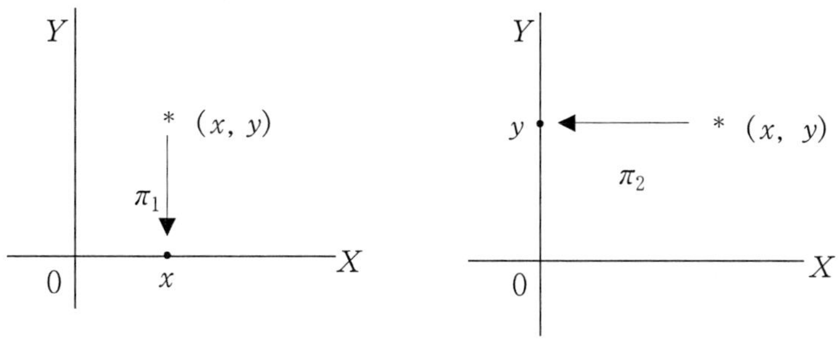

그림 4.17

[예 7] 사영함수 $\pi_1: X \times Y \to X$는 전사이다. 왜냐하면 임의의 $x \in X$에 대하여 $\pi_1(x, y_i) = x$가 되는 $(x, y_i) \in X \times Y$가 항시 존재하기 때문이다.

연습문제 5.2

1. 단사, 전사, 전단사인 함수를 각각 2가지씩 예를 들고 설명하여라.

2. 함수 $f: \mathbb{R} \to \mathbb{R}$가 모든 $x \in \mathbb{R}$에 대하여 $f(x) = 5x - 3$으로 정의 되었을

때 f의 역함수 f^{-1}를 구하고 f가 전단사임을 보여라.

3. 특성함수 $\chi_A : X \to \{0, 1\}$은 $A \subset X(A \neq \varnothing)$이면, 그리고 그때에만 전사임을 보여라. 또, χ_A가 단사인 것은 어느 경우인가?

4. 상수함수 $f : X \to Y$는 Y가 단집합일 때, 그리고 그때에만 전사임을 보여라. 그리고 상수함수 f가 단사인 것은 어느 경우인가?

5. 사영함수 $\pi_1 : X \times Y \to X$은 어느 경우 단사가 되는가 알아보아라.

6. 자연수집합 $\mathbb{N}$과 모든 짝수의 집합 사이에 일대일 대응이 존재함을 증명하여라.

7. 정수집합 $\mathbb{Z}$과 모든 홀수의 집합 사이에 일대일 대응이 존재함을 증명하여라.

8. X, Y가 각각 m, n개의 원소를 갖는 유한집합일 때 다음을 보여라.
   (1) $m > n$이면 단사함수 $f : X \to Y$는 존재하지 않는다.
   (2) $m \leq n$이면 꼭 $\dfrac{n!}{(n-m)!}$개의 단사함수가 존재한다.

9. m개의 원소를 갖는 유한집합 X에 대하여 X에서 X로의 전단사함수는 모두 몇 개인가?

10. 함수 $f : \mathbb{R} \to \mathbb{R}$와 $g : \mathbb{R} \to \mathbb{R}$가 모든 $x \in \mathbb{R}$에 대하여 $f(x) = 2x^3 + 1$, $g(x) = \sin x$로 각각 정의되었을 때 합성함수 $g \circ f$와 $f \circ g$를 구하여라. 또 $(g \circ f)(3)$과 $(f \circ g)(-2)$를 구하여라.

11. $\mathbb{R}$에서 $\mathbb{R}$로의 함수가 다음과 같이 정의되었을 때 $h \circ (g \circ f)$와 $(h \circ g) \circ f$를 구하고 비교하여라.

(1) $f(x)=x^2$

(2) $g(x)=\sin 2x$

(3) $h(x)=3-x$

12. 함수 $f: X \to Y$에 대하여 $f \circ I_X = f = I_Y \circ f$임을 보여라.

13. 전단사 함수 $f: X \to Y$와 그 역함수 $f^{-1}: Y \to X$에 대하여 $f^{-1} \circ f = I_X$, $f \circ f^{-1} = I_Y$임을 각각 증명하여라.

14. 함수 $f: X \to Y$에 대하여 두 함수 $g: Y \to X$, $h: Y \to X$가 존재해서 $g \circ f = I_X$, $f \circ h = I_Y$이면 $f: X \to Y$는 전단사이고 $g = h = f^{-1}$임을 증명하여라.

3. 집합에 관한 함수

함수 $f: X \to Y$에서 집합 X의 원소 x를 집합 Y의 한 원소 y로 대응시킬 때 $y=f(x)$로 나타낸다. 그러나 X, Y의 각 원소를 대응시키는 개념을 X, Y의 부분집합을 대응시키는 개념으로 확장하여 생각할 수 있다.

정의 3.1

함수 $f: X \to Y$에서 $y=f(x)$를 만족하는 $y \in Y$의 **원상**(preimage of y) $x \in X$들의 집합은

$$f^{-1}(y)=\{x \in X \mid f(x)=y\}$$

[예 1] 함수 $f(x)=x^2$에서

$f^{-1}(9)=\{3, -3\}$이지만

$f^{-1}(-3)=\varnothing$이다.

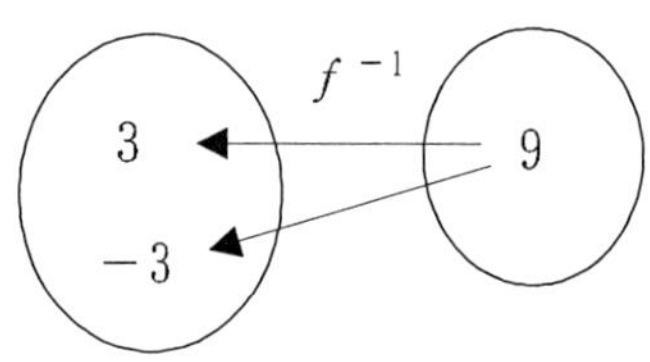

그림 4.18

정의 3.2

함수 $f: X \to Y$에서 A, B를 각각 X, Y의 부분집합이라 하자.

(1) f에 대한 A의 **상**(image)은 모든 $x \in A$의 상 $f(x)$의 전체집합을 말하며 $f(A)$로 나타낸다. 즉,

$$\begin{aligned} f(A) &= \{y \in Y \mid \exists x \in A,\ y=f(x)\} \\ &= \{f(x) \in Y \mid x \in A\} \end{aligned}$$

(2) f에 의한 B의 **역상**(inverse image)은 모든 $y \in B$의 원상 전체 집합을 말하며 $f^{-1}(B)$로 나타낸다. 즉,

$$f^{-1}(B)=\{x \in X \mid f(x) \in B\} \subset X$$

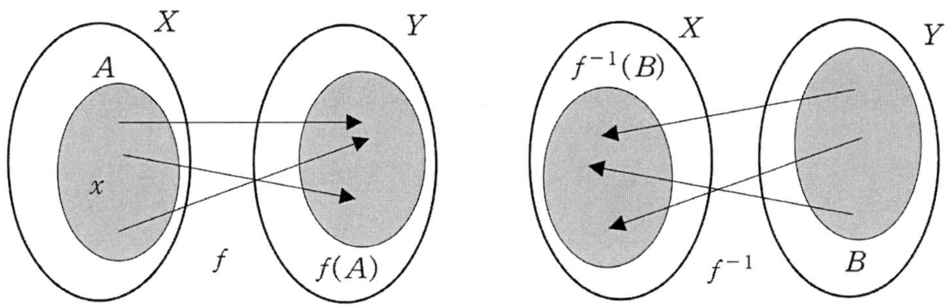

그림 4.19

[예 2] $f(x)=x^2$ 으로 정의된 함수 $f:\mathbb{R}\to\mathbb{R}$ 에서 $A=\{-1, 0, 1, 2\}$ 이라면 $f(A)=\{0, 1, 4\}$ 이다. 그리고 $B=\{0, 1, 4, 9\}$ 이라면 $f^{-1}(B)=\{-3, -2, -1, 0, 1, 2, 3\}$ 이다.

위 (정의 3.2)에서 다음을 알 수 있다. 즉

(1) $y\in f(A) \Leftrightarrow \exists x\in A,\ y=f(x)$

(2) $x\in f^{-1}(B) \Leftrightarrow f(x)\in B$

(3) $x\in A \Rightarrow f(x)\in f(A)$

(4) 함수 f가 전단사이면

$x\in A \Leftrightarrow f(x)\in f(A)$ 이고 $x\in A \Leftrightarrow f^{-1}(x)\in f^{-1}(A)$

정리 3.3 함수 $f:X\to Y$에 대하여 다음이 성립한다.

(1) $f(\varnothing)=\varnothing$

(2) $\forall x\in X,\ f(\{x\})=\{f(x)\}$

(3) $A\subseteq B\subseteq X$ 이면 $f(A)\subseteq f(B)$ 이다.

(4) $C\subseteq D\subseteq Y$ 이면 $f^{-1}(C)\subseteq f^{-1}(D)$ 이다.

【증명】 (1) 결론을 부정하여 $f(\varnothing)\neq\varnothing$ 라고 가정하면 $y\in f(\varnothing)$ 인 원소 y가 존재한다. 그러면 $y=f(x)$가 되는 원소 x가 $\varnothing$에 존재하게 되므로 모순이다.

(2) 먼저 $y \in f(\{x\})$라 하자. 그러면 $f(z)=y$를 만족하는 $z \in \{x\}$가 존재한다. $x=z$이므로 $f(x)=y$이고, 따라서

$$y=f(x) \in \{f(x)\}$$

이다. 또 $y \in \{f(x)\}$라 하자. 그러면 $y=f(x)$ 이고 $x \in \{x\}$이다. 따라서 $y=f(x) \in f(\{x\})$이다.

(3) $y \in f(A)$라 가정하자. 그러면 $y=f(x)$가 되는 원소 x가 집합 A에 존재하게 되고 $A \subseteq B$이므로 $x \in B$이다. 따라서 $f(x) \in f(B)$이고 이것은 바로 $y \in f(B)$이다.

(4) $x \in f^{-1}(C)$라고 가정하자. 그러면 $f(x) \in C$이고 $f(x) \in D$이다. 따라서 집합함수의 정의에 의해 $x \in f^{-1}(D)$이다.

위 (정리 3.3)에서 (3), (4)는 " = "의 경우도 성립됨을 주의하자. 그러나 역은 성립하지 않는다. 즉, $f(A)=f(B) \Rightarrow A=B$와
$f^{-1}(C)=f^{-1}(D) \Rightarrow C=D$는 항상 성립하지는 않는다.

[예 3] $f(x)=3x$로 정의되는 함수 $f: R \to R$에 대하여 $[0,\ 1] \subseteq [0,\ 3]$ 일 때 $f([0,\ 1])=[0,\ 3]$이고 $f([0,\ 3])=[0,\ 9]$이므로 $f([0,\ 1]) \subseteq f([0,\ 3])$이다. 또한 $[0,\ 3] \subseteq [0,\ 9]$일 때 $f^{-1}([0,\ 3])=[0,\ 1]$이고 $f^{-1}([0,\ 9])=[0,\ 3]$이므로 $f^{-1}([0,\ 3]) \subseteq f^{-1}([0,\ 9])$이다. 그리고 $f(\{2\})=6=\{f(2)\}$이다.

[예 4] 함수 f가 아래 그림과 같이 주어지면 $f(A)=f(B)$ 이지만 $A \neq B$이다.

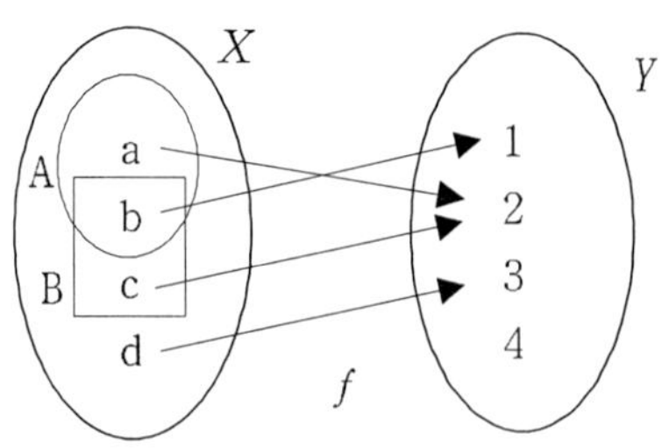

그림 4.20

함수 g가 아래 그림과 같이 주어지면 $g^{-1}(C)=g^{-1}(D)=\{b, c\}$이지만 $C\neq D$이다.

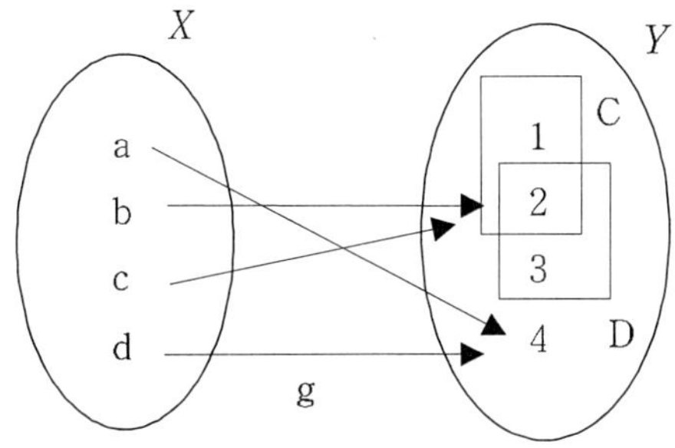

그림 4.21

정리 3.4 함수 $f: X\to Y$에 대하여 $A, B\subset X$일 때, 다음이 성립한다.

(1) $f(A\cup B)=f(A)\cup f(B)$

(2) $f(A\cap B)\subseteq f(A)\cap f(B)$

(3) $f(A)-f(B)\subseteq f(A-B)$

【증명】 (1) $y\in f(A\cup B)$라 하자. 그러면 $y=f(x)$를 만족하는 $x\in A\cup B$가 존재하게 된다. 이때 $x\in A$이면 $f(x)\in f(A)$가 되어 $y\in f(A)$이고, 또 $x\in B$이면 $f(x)\in f(B)$가 되어 $y\in f(B)$이다. 따라서 $y\in f(A)\cup f(B)$이다.

역으로 $y\in f(A)\cup f(B)$ 라 하자. 그러면 $y\in f(A)$이거나 $y\in f(B)$이다. $y\in f(A)$라 하면 $y=f(x)$가 되는 $x\in A$가 존재하고 $x\in A\cup B$이다. 그러면 $f(x)\in f(A\cup B)$이므로 $y\in f(A\cup B)$이다. $y\in f(B)$인 경우도 마찬가지이다.

(2) $y\in f(A\cap B)$라 하자. 그러면 $y=f(x)$가 되는 $x\in A\cap B$가 존재해서 $x\in A$이고 $x\in B$이다. 따라서 $f(x)\in f(A)$이고 $f(x)\in f(B)$이므로 $f(x)\in f(A)\cap f(B)$이다.

(3) $y\in f(A)-f(B)$라 하자. 그러면 $y\in f(A)$이고 $y\notin f(B)$이므로

$y=f(x)$가 되는 $x\in A$가 존재해서 $x\notin B$이다. 그러므로 $y=f(x)$가 되는 x는 $x\in A-B$이다. 따라서 $y\in f(A-B)$

[예 5] $X=\{a, b, c\}$이고 $Y=\{y\}$일 때 $f: X\to Y$가 상수함수라 하자. 이때 X의 부분집합을 $A=\{a, b\}$, $B=\{c\}$라 하면

$f(A\cap B)=f(\varnothing)=\varnothing$이지만

$f(A)\cap f(B)=\{y\}$이므로 일반적으로

$$f(A\cap B)\neq f(A)\cap f(B)$$

이다.

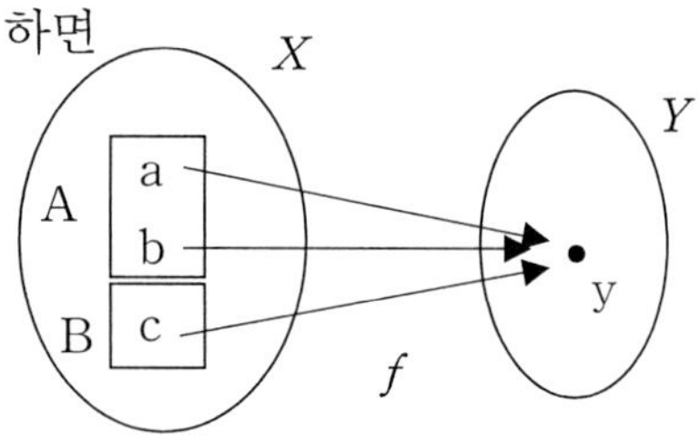

그림 4.22

정리 3.5 함수 $f: X\to Y$에 대하여 $A, B\subset Y$일 때, 다음이 성립한다.

(1) $f^{-1}(A\cup B)=f^{-1}(A)\cup f^{-1}(B)$

(2) $f^{-1}(A\cap B)=f^{-1}(A)\cap f^{-1}(B)$

(3) $f^{-1}(A-B)=f^{-1}(A)-f^{-1}(B)$

(4) $f^{-1}(A^c)=(f^{-1}(A))^c$

【증명】 (1) $x\in f^{-1}(A\cup B)$라 하면 (정의 3.2)의 (2)에 의하여 $f(x)\in A\cup B$이다. 그러면 $f(x)\in A$ 또는 $f(x)\in B$이므로 $x\in f^{-1}(A)$ 이거나 $x\in f^{-1}(B)$이다. 따라서 $x\in f^{-1}(A)\cup f^{-1}(B)$이다. 이는 역으로도 성립한다.

(2) $x\in f^{-1}(A\cap B)$라 하면 (정의 3.2)의 (2)에 의하여 $f(x)\in A\cap B$이다.

이때 $f(x)\in A$이고 $f(x)\in B$이므로 $x\in f^{-1}(A)$이고 $x\in f^{-1}(B)$이다. 따라서 $x\in f^{-1}(A)\cap f^{-1}(B)$이다.

(3) $x\in f^{-1}(A-B) \Leftrightarrow f(x)\in A-B$

$\Leftrightarrow f(x)\in A \wedge f(x)\notin B$

$\Leftrightarrow x\in f^{-1}(A) \wedge x\notin f^{-1}(B)$

$$\Leftrightarrow x \in [f^{-1}(A) - f^{-1}(B)]$$

(4) $f^{-1}(A^c) = f^{-1}(Y - A)$

$= f^{-1}(Y) - f^{-1}(A) = X - f^{-1}(A)$

$= (f^{-1}(A))^c$

함수 $f: X \to Y$에 대하여 $A \subset X$이고 $B \subset Y$일 때, 일반적으로 $f^{-1}(f(A)) = A$와 $f(f^{-1}(B)) = B$는 성립하지 않는다.

정리 3.6 함수 $f: X \to Y$에 대하여 $A \subset X$이고 $B \subset Y$이면 다음이 성립한다.

(1) $A \subseteq f^{-1}(f(A))$

(2) $f(f^{-1}(B)) \subseteq B$

【증명】 (1) $x \in A$이라 하자. 그러면 $f(x) \in f(A)$이므로 (정의 3.2)의 (2)에 의하여 $x \in f^{-1}(f(A))$이다.

(2) $y \in f(f^{-1}(B)$에 대하여 어떤 원소 x가 $f^{-1}(B)$에 존재해서 $f(x) = y$이다. 그러면 $f(x) \in B$이고 $f(x) = y$이므로 $y \in B$이다.

(정의 3.6)의 (1), (2)에서 일반적으로 "="가 성립되지 않음을 반례로 확인해 보자.

[예 6] $X = Y = R$일 때 함수 $f: X \to Y$가 $f(x) = x^2$으로 정의되고 X의 부분집합을 $A = \{3\}$이라 하면 $f^{-1}(f(A)) = \{3, -3\}$이므로 $f^{-1}(f(A)) \neq A$이다. 또 Y의 부분집합을 $B = \{-9. 9\}$라 하면 $f^{-1}(B) = \{-3, 3\}$이고 $f(f^{-1}(B)) = \{9\}$이므로 $f(f^{-1}(B)) \neq B$이다.

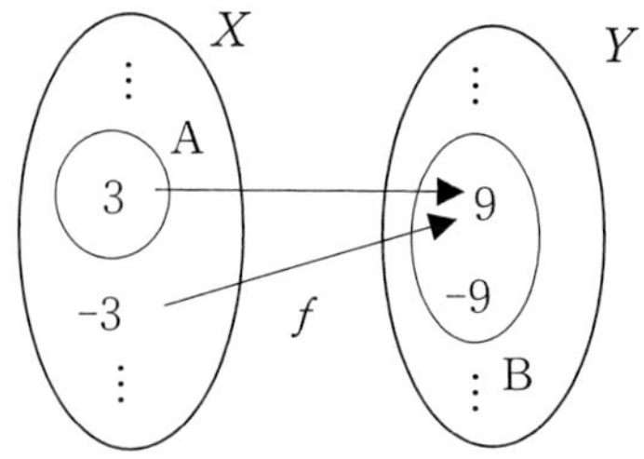

그림 4.23

정리 3.7 함수 $f: X \to Y$에 대하여 $A \subset X$이고 $B \subset Y$일 때 다음이 성립한다.

(1) f가 단사이기 위한 필요충분조건은 $f^{-1}(f(A)) = A$ 이다.

(2) f가 전사이기 위한 필요충분조건은 $f(f^{-1}(B)) = B$이다.

【증명】 (1) (⇒) (⊂) $\forall x \in f^{-1}(f(A))$, $f(x) \in f(A)$.

$\Rightarrow \exists x' \in A$ s.t $f(x) = f(x')$

$\Rightarrow$ f가 단사이므로 $x = x'$

$\Rightarrow x \in A$

$\therefore f^{-1}(f(A)) \subset A$

(⊇) 위 (정리 3.6)의 (1)에 의해 $f^{-1}(f(A)) \supseteq A$이다.

(⇐) $f(a) = f(b)$ 라 하자. 그러면

$$\{a\} = f^{-1}(f(\{a\})) = f^{-1}(\{f(a)\}) = f^{-1}(\{f(b)\})$$
$$= f^{-1}(f(\{b\})) = \{b\}$$

$\Rightarrow \{a\} = \{b\} \Rightarrow a = b$

(2) (⇒) (⊆) 위 (정리 3.6)의 (2)에 의해 $f(f^{-1}(B)) \subseteq B$이 성립한다.

(⊃) $y \in B \Rightarrow f$가 전사이므로 $\exists x \in f^{-1}(B)$ s.t $f(x) = y$

$\Rightarrow f(x) \in f(f^{-1}(B)) \Rightarrow y \in f(f^{-1}(B))$

$\therefore B \subset f(f^{-1}(B))$

(⇐) $Y \subseteq Y$이므로 가정에 의해 $Y = f(f^{-1}(Y))$이며 함수의 정의에 의해 $f^{-1}(Y) = X$이므로 $Y = f(X)$이다.

정리 3.8 함수 $f: X \to Y$에 대하여 $\{A_\alpha \mid \alpha \in I\}$를 X의 부분집합족이라 하면 다음이 성립한다.

(1) $f(\bigcup_{\alpha \in I} A_\alpha) = \bigcup_{\alpha \in I} f(A_\alpha)$

(2) $f(\bigcap_{\alpha \in I} A_\alpha) \subseteq \bigcap_{\alpha \in I} f(A_\alpha)$

【증명】 (1) $y \in f(\bigcup_{\alpha \in I} A_\alpha) \Leftrightarrow \exists x \in \bigcup_{\alpha \in I} A_\alpha,\ y = f(x)$

$$\Leftrightarrow \exists \alpha \in I,\ x \in A_\alpha \wedge y = f(x)$$

$$\Leftrightarrow \exists \alpha \in I,\ f(x) \in f(A_\alpha)$$

$$\Leftrightarrow \exists \alpha \in I,\ y \in f(A_\alpha)$$

$$\Leftrightarrow y \in \bigcup_{\alpha \in I} f(A_\alpha)$$

(2) 각 $\alpha \in I$에 대하여 $\bigcap_{\alpha \in I} A_\alpha \subseteq A_\alpha$이므로 $f(\bigcap_{\alpha \in I} A_\alpha) \subseteq f(A_\alpha)$이다.

따라서 $f(\bigcap_{\alpha \in I} A_\alpha) \subseteq \bigcap_{\alpha \in I} f(A_\alpha)$이다.

[예 7] [예 5]에서 집합 A를 A_1, 집합 B를 A_2라 하면 위 (정리 3.8)의 (2)가 성립됨을 알 수 있다.

정리 3.9 함수 $f: X \to Y$가 단사이고, $\{A_\alpha \mid \alpha \in I\}$를 X의 부분집합족이라 하면

$$f(\bigcap_{\alpha \in I} A_\alpha) = \bigcap_{\alpha \in I} f(A_\alpha)$$

이다.

【증명】 $y \in \bigcap_{\alpha \in I} f(A_\alpha) \Leftrightarrow \forall \alpha \in I,\ y \in f(A_\alpha)$

$$\Leftrightarrow \forall \alpha \in I,\ \exists x_\alpha \in A_\alpha,\ y = f(x_\alpha)$$

이것은 임의의 $\alpha \in I$에 대하여

$$\exists x_1 \in A_1,\ y = f(x_1)$$
$$\exists x_2 \in A_2,\ y = f(x_2)$$
$$\exists x_3 \in A_3,\ y = f(x_3)$$
$$\vdots \qquad \vdots$$

임을 의미하므로 f가 단사이기 때문에

$$y = f(x_1) = f(x_2) = f(x_3) = ,\ \cdots$$
$$\Rightarrow\ x_1 = x_2 = x_3 = ,\ \cdots$$

이다. 여기서 같은 $x_1,\ x_2,\ x_3, \cdots$ 을 x_0라 두면 위의 식을 다음과 같이 바꾸어 쓸 수 있다.

$$\begin{aligned} y \in \bigcap_{\alpha\in I} f(A_\alpha) &\Leftrightarrow \forall \alpha \in I,\ \exists x_0 \in A_\alpha,\ y = f(x_0) \\ &\Leftrightarrow \exists x_0 \in \bigcap_{\alpha\in I} A_\alpha,\ y = f(x_0) \\ &\Leftrightarrow y \in f(\bigcap_{\alpha\in I} A_\alpha) \end{aligned}$$

정리 3.10 함수 $f: X \to Y$에 대하여 $\{B_\alpha \mid \alpha \in I\}$를 Y의 부분집합 족이라 하면 다음이 성립한다.

(1) $f^{-1}(\bigcup_{\alpha\in I} B_\alpha) = \bigcup_{\alpha\in I} f^{-1}(B_\alpha)$

(2) $f^{-1}(\bigcap_{\alpha\in I} B_\alpha) = \bigcap_{\alpha\in I} f^{-1}(B_\alpha)$

【증명】 (1) $$\begin{aligned} x \in f^{-1}(\bigcup_{\alpha\in I} B_\alpha) &\Leftrightarrow f(x) \in \bigcup_{\alpha\in I} B_\alpha \\ &\Leftrightarrow \exists \alpha \in I,\ f(x) \in B_\alpha \\ &\Leftrightarrow \exists \alpha \in I,\ x \in f^{-1}(B_\alpha) \\ &\Leftrightarrow x \in \bigcup_{\alpha\in I} f^{-1}(B_\alpha) \end{aligned}$$

(2) 같은 방법으로 증명이 된다.

연습문제 5.3

1. 함수 $f: X \to Y$와 $A \subseteq X$, $B \subseteq Y$일 때 다음이 성립되지 않는 예를 찾아라.
   (1) $B \neq \varnothing$ 이면 $f^{-1}(B) \neq \varnothing$
   (2) $f(X) = Y$
   (3) $f^{-1}(f(A)) = A$
   (4) $f(f^{-1}(B)) = B$

2. 함수 $f: \mathbb{R} \to \mathbb{R}$ 가

$$f(x) = \begin{cases} x^2 - 5 & x \geq 1 \\ 3 - 2x & x < 1 \end{cases}$$

   로 정의된 경우 $f(\{-5, 2, 4\})$와 $f^{-1}(\{-1, 3, 7\})$의 값을 구하여라.

3. 함수 $f: X \to Y$에 대하여 $A \subset X$ 이고 $B \subset Y$ 일 때 다음을 증명하여라.
   (1) 함수 $f: X \to Y$가 단사(전사)이면 함수 $f|_A: A \to Y$도 단사(전사)이다.
   (2) 함수 $f: X \to Y$가 단사(전사)이면 함수 $f^{-1}|_B: B \to X$는 전사(단사)이다.
   (3) 함수 $f: X \to Y$가 전단사이면 함수 $f|_A$와 $f^{-1}|_B$도 전단사이다.

4. 다음이 성립하지 않는 경우를 예를 들어 설명하여라.
   (1) $f(A \cap B) = f(A) \cap f(B)$
   (2) $f(A) - f(B) = f(A - B)$

5. 함수 $f: X \to Y$ 에 대하여 $B \subseteq Y$ 일 때 $f^{-1}(Y - B) = X - f^{-1}(B)$ 임을 보여라.

6. 함수 $f:X\to Y$에 대하여 $A\subseteq X$이고, $B\subseteq Y$일 때, 다음을 증명하여라.

(1) $f(A\cap f^{-1}(B))=f(A)\cap B$

(2) $f(f^{-1}(B))=f(X)\cap B$

7. 전사함수 $f:X\to Y$에 대하여 $B,\ C\subset Y$일 때 $f^{-1}(B)=f^{-1}(C)$이면 $B=C$임을 보여라. 그리고 f가 전사함수가 아니면 이는 성립하지 않음을 확인하여라.

8. 단사함수 $f:X\to Y$가에 대하여 $A,\ B\subset X$일 때 $f(A)=f(B)$이면 $A=B$임을 보여라. 그리고 f가 단사함수가 아니면 이는 성립하지 않음을 확인하여라.

9. 단사함수 $f:X\to Y$에 대하여 $A,\ B\subset X$일 때 $f(A)-f(B)=f(A-B)$임을 보여라.

10. 단사함수 $f:X\to Y$에 대하여 $A,\ B\subset X$일 때 $f(A\cap B)=f(A)\cap f(B)$임을 보여라.

11. 정리 3.4 (3)의 반례를 찾아보아라.

12. 정리 3.10의 (2)를 보여라.

Chapter

6

가산집합과 순서집합

1. 유한집합과 무한집합

유한집합과 무한집합의 개념은 본질적으로 다르다. 그러나 엄밀한 정의없이 지금까지 직관적으로 유한과 무한을 구별해 왔다. 예를 들어, 자연수 n에 대하여 n개의 원소를 갖는 집합을 유한집합이라 하고 그렇지 않은 집합을 무한집합이라 하였다. 그러나 무한집합에 대한 정확한 정의는 최근에서야 이루어졌으며 Cantor와 그의 제자들의 공이 크다.

일반적으로 우리는 "부분은 전체보다 작다."라는 고정 관념이 있다. 그러나 이것은 유한집합의 경우에는 합당한 것이나 무한집합에서는 그대로 적용되지 않는다.

유한집합 X와 Y에 대하여 전단사함수 $f : X \rightarrow Y$가 존재하기 위한 필요충분조건은 X와 Y의 원소의 수가 같은 경우이다. 이 사실은 무한집합에 적용하면 "원소의 수가 같다."고 하는 대신 무한집합 X, Y의 "크기가 같다."라고 생각하는 것이 적당하다. 어쨌든 두 집합 X, Y가 유한이든 무한이든 간에 "원소의 수가 같다."거나 "크기가 같다."는 의미 대신에 "동등"이라는 용어를 사용하자.

정의 1.1

두 집합 X, Y에 대하여 전단사 함수 $f: X \to Y$가 존재하면 X와 Y는 **동등**(equipotent)하다고 하며 기호 $X \approx Y$로 나타낸다.

함수 $f: X \to Y$가 전단사이고 따라서 $X \approx Y$인 것을 한번에 기호 $f: X \approx Y$로 표시하자.

정리 1.2 $\mathcal{F}$를 집합족이라 하자. $\mathcal{F}$ 위에서의 관계 $\Re$을 임의의 X, $Y \in \mathcal{F}$에 대하여 " X와 Y는 동등하다."로 정하면(즉 $X \mathcal{R} Y \equiv X \approx Y$) 관계 $\mathcal{R}$은 $\mathcal{F}$ 상의 동치관계이다.

【증명】 우선, 모든 집합은 자기 자신과 동등하다. 왜냐하면 항등함수 $I_X: X \to X$는 전단사함수이기 때문이다. 그러므로 $X \mathcal{R} X$이다.

그리고 만일 $X \mathcal{R} Y$이면 $X \approx Y$이므로 전단사 함수 $f: X \to Y$가 존재하고 그 역함수 $f^{-1}: Y \to X$도 전단사이다. 그러므로 $Y \approx X$이고 $Y \mathcal{R} X$이다. 또한, $X \mathcal{R} Y$이고 $Y \mathcal{R} Z$라 하면 $X \approx Y$이고 $Y \approx Z$이다. 그러면 전단사함수 $f: X \to Y$와 $g: Y \to Z$가 존재하므로 $g \circ f: X \to Z$도 전단사이다. 그러므로 $X \approx Z$이고 $X \mathcal{R} Z$이다. 따라서 $\mathcal{R}$은 동치관계이다.

예제 1 실수집합 $\mathbb{R}$에서의 개구간에 대하여 다음이 성립한다.

(1) $(0, 1) \approx (-1, 1)$

(2) $(-1, 1) \approx \mathbb{R}$

(3) $(0, 1) \approx \mathbb{R}$

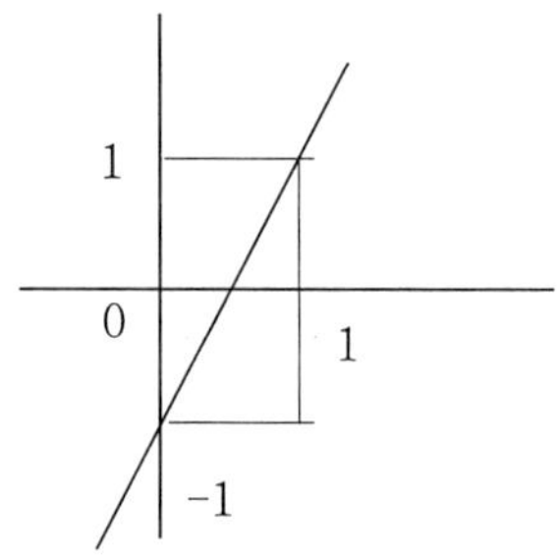

그림 5.1

풀이 (1) 함수 $f: (0, 1) \to (-1, 1)$이 $f(x) = 2x - 1$로 주어지면 f는 전단사이다. 따라서 $(0, 1) \approx (-1, 1)$이다.

(2) 함수 $g:(-1,\ 1)\to\mathbb{R}$이 $g(x)=\dfrac{x}{1-x^2}$로 주어지면 g는 전단사이다. 따라서 $(-1,\ 1)\approx\mathbb{R}$ 이다.

(3) 동등관계는 동치관계로 추이적 성질이 만족되므로 (1), (2)에 의해 $(0,\ 1)\approx(-1,\ 1)$이고 $(-1,\ 1)\approx\mathbb{R}$이므로 $(0,\ 1)\approx\mathbb{R}$이다.

정리 1.3 집합 X, Y, Z와 W에 대하여 $X\cap Z=\varnothing=Y\cap W$이고 $f:X\approx Y$, $g:Z\approx W$이면 $f\cup g:(X\cup Z)\approx(Y\cup W)$이다.

【증명】 함수 $f:X\to Y$와 $g:Z\to W$에 대하여 $X\cap Z=\varnothing$이므로 5장 (정리 1.5와 1.12)에 의하여 함수

$$(f\cup g):X\cup Z\to Y\cup W$$

를 얻는다. 그러면 함수 $f\cup g$가 전단사임을 세 가지 경우로 나누어 알아보이자.

① $x_1,\ x_2\in X$:

$(f\cup g)(x_1)=(f\cup g)(x_2)\ \Rightarrow\ f(x_1)=f(x_2)\ \Rightarrow\ x_1=x_2$

② $x_1,\ x_2\in Z$:

$(f\cup g)(x_1)=(f\cup g)(x_2)\ \Rightarrow\ g(x_1)=g(x_2)\ \Rightarrow\ x_1=x_2$

③ $x_1\in X$, $x_2\in Z$: $X\cap Z=\varnothing$ 이므로 $x_1\neq x_2$이다. 그러면 $x_1\in X$이고 $x_2\in Z$이므로 $f(x_1)\in Y$이고 $g(x_2)\in W$이다. 이때 $Y\cap W=\varnothing$이므로 $f(x_1)\neq g(x_2)$이 된다. 그러므로

$$(f\cup g)(x_1)=f(x_1)\neq g(x_2)=(f\cup g)(x_2)$$

가 되어 함수 $f\cup g$는 단사이다. 그리고

$$\begin{aligned}(f\cup g)(X\cup Z)&=(f\cup g)(X)\cup(f\cup g)(Z)=f(X)\cup g(Z)\\&=Y\cup W\end{aligned}$$

이므로 함수 $f \cup g$는 전사이다.

정리 1.4 집합 X, Y, Z 그리고 W에 대하여 $X \approx Y$이고 $Z \approx W$이면 $X \times Z \approx Y \times W$이다.

【증명】 $f: X \approx Y$이고 $g: Z \approx W$라고 하자. 임의의 $(x,\ z) \in X \times Z$에 대하여 함수 $f \times g : X \times Z \to Y \times W$를

$$(f \times g)(x,\ z) = (f(x),\ g(z))$$

로 정의하고 $h = f \times g$라고 하면 $h(x,\ z) = (f(x),\ g(z))$이다. 그러면

$$\begin{aligned} h(x_1,\ z_1) = h(x_2,\ z_2) &\Rightarrow (f(x_1),\ g(z_1)) = (f(x_2),\ g(z_2)) \\ &\Rightarrow f(x_1) = f(x_2) \wedge g(z_1) = g(z_2) \end{aligned}$$

이다. f와 g가 단사이므로 $x_1 = x_2 \wedge z_1 = z_2$가 되어 $(x_1,\ z_1) = (x_2,\ z_2)$이다. 그러므로 h는 단사함수이다.

또, $Y \times W$의 임의의 원소 $(y,\ w)$에 대하여 $y \in Y$이고 $w \in W$이다. 그런데 f와 g가 전사이므로 $x \in X$와 $z \in Z$가 각각 존재하여

$$f(x) = y, \quad g(z) = w$$

이다. 결국 임의의 $(y,\ w) \in Y \times W$에 대하여 $(x,\ z) \in X \times Z$가 존재해서

$$h(x,\ z) = (f(x),\ g(z)) = (y,\ w)$$

이므로 h는 전사이다. 따라서 h가 전단사가 되므로 $X \times Z \approx Y \times W$이다.

[예 2] $(0,\ 1) \approx (-1,\ 1)$이고 $(0,\ 1) \approx R$이므로 $(0,\ 1) \times (0,\ 1) \approx (-1,\ 1) \times R$ 이다.

앞에서 언급한대로 "부분이 전체보다 작다"는 개념은 보통 상식이다. 그러나 그렇

지 않은 경우가 있는데, 자연수 집합 $\mathbb{N}$과 짝수인 자연수 집합 $\mathbb{N}_e=\{2, 4, 6, \cdots\}$를 비교하면, 분명 $\mathbb{N}_e \subset \mathbb{N}$ 이다. 그러나 실제 $\mathbb{N}$과 $\mathbb{N}_e$사이에서 함수 $f:\mathbb{N} \to \mathbb{N}_e$를 $f(x)=2x$로 정의하면 f는 전단사함수로, $\mathbb{N}$과 $\mathbb{N}_e$는 1대 1대응을 한다. 따라서 동등의 정의를 이용하면 $\mathbb{N} \approx \mathbb{N}_e$가 된다. 즉, $\mathbb{N}$과 $\mathbb{N}_e$는 크기가 같다고 할 수 있다. 이것은 무한집합에서 만 가능한 성질이다. 이와 같은 성질을 이용하여 **데드킨트**(R. Dedekind, 1831~1916)는 1888년에 다음과 같이 무한집합을 정의하였다.

정의 1.5

집합 X의 진부분집합 Y가 존재하여 X와 Y사이에 1대 1 대응(전단사)이 존재하면 X를 **무한집합**(infinite set)이라 한다. 그리고 무한집합이 아닌 집합을 **유한집합**(finte set)이라 한다.

무한집합의 정의를 달리 표현하면 다음과 같다. 즉, 집합 X가 무한집합이기 위한 필요충분조건은 X에 대하여 단사함수 $f:X \to X$가 존재해서 $f(X) \subset X$일 때이다. 그러므로 자연수 집합 $\mathbb{N}$은 무한집합이다.

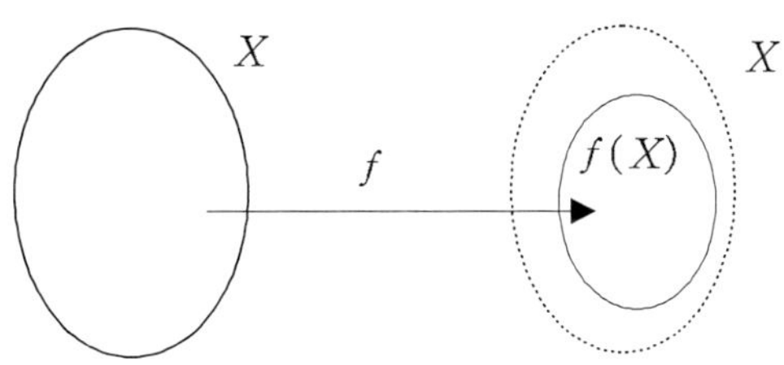

그림 5.2

예제 3 공집합 $\varnothing$와 단원집합(singleton set)은 유한집합이다.

풀이 공집합의 진부분집합은 존재하지 않는다. 그러므로 1대 1 대응을 할 함수가 존재하지 않기 때문에 $\varnothing$는 무한집합이 될 수 없다. 따라서 $\varnothing$는 유한집합이다. 같은 방법으로 단원집합 $\{x\}$의 진부분집합은 $\varnothing$뿐이다. 그러나 $\{x\}$와 $\varnothing$사이에 1대 1 대응은 존재하지 않으므로 $\{x\}$는 무한집합이 되지 못한다. 따라서 $\{x\}$는 유한집합이다.

[예 4] (1) 자연수의 집합 $\mathbb{N}$은 진부분집합인 짝수의 집합 $\mathbb{N}_e$와 일대일 대응이 존재하므로 무한집합이다.

(2) 짝수의 집합 $\mathbb{N}_e$는 역시 진부분집합인 4의 배수의 집합과 일대일 대응이 존재하므로 무한집합이다.

정리 1.6 (1) 무한집합을 포함하는 집합은 무한이다.

(2) 유한집합의 모든 부분집합은 유한이다.

【증명】 (1) Y를 무한집합 X를 포함하는 집합(초집합)이라 하자. 즉 $X \subseteq Y$이다. (정의 1.5)에 의하여 X가 무한집합이므로 단사함수 $f : X \to X$가 존재하여 $f(X) \neq X$이다. 이제 함수 $g : Y \to Y$를

$$g(y) = \begin{cases} f(y) & y \in X \\ y & y \in Y - X \end{cases}$$

로 정의하면, 이 함수 g는 단사이다. 이를 보이기 위하여 다음의 3가지 경우로 나누어 조사하자.

① $y_1, y_2 \in X$: $g(y_1) = g(y_2) \Rightarrow f(y_1) = f(y_2) \Rightarrow y_1 = y_2$

② $y_1, y_2 \in Y - X$: $g(y_1) = y_1$이고 $g(y_2) = y_2$이므로

$g(y_1) = g(y_2)$이면 $y_1 = y_2$이다.

③ $y_1 \in X$이고 $y_2 \in Y - X$: 즉, $y_1 \neq y_2$라고 가정하면

$g(y_1) = f(y_1) \in X$이고 $g(y_2) = y_2 \in Y - X$이므로

$g(y_1) \neq g(y_2)$이다.

따라서 ①, ②, ③에 의하여 g는 단사이다. 그리고 $g(Y) \neq Y$이다. 왜냐하면

$$\mathrm{Rng}(f) = f(X) \subset X$$

이므로 어떤 점 $z \in X - \mathrm{Rng}(f)$가 존재한다. 그러나 임의의 $y \in Y - X$에 대하여 $g(y) = y \notin X$이므로

$$g(y) \notin X - \mathrm{Rng}(f)$$

이다. 그리고 임의의 $y \in X$에 대하여 또한

$$g(y) = f(y) \in \mathrm{Rng}(f)$$

이므로 $g(y) \notin X - \mathrm{Rng}(f)$이다. 그러므로 임의의 $y \in Y$에 대하여 $g(y) \notin X - \mathrm{Rng}(f)$가 되고 위에서 $z \in X - \mathrm{Rng}(f)$이므로 $g(y) \neq z$이다. 즉, 임의의 $y \in Y$에 대하여 $z \in Y$가 존재해서 $g(y) \neq z$이다. 그러므로 $g(Y) \subset Y$이다. 따라서 Y는 무한집합이다.

(2) Y가 유한집합이고 $X \subseteq Y$라 하자. 이 때, X가 유한집합이 되는 것을 보이면 된다. X가 무한집합이라고 가정하자. 그러면 Y는 X의 초집합이므로 (1)에 의하여 Y는 무한집합이 된다. 이것은 Y가 유한집합이라는 가정에 모순이 되어 " X가 무한집합"이라는 가정을 할 수 없다. 따라서 X는 유한집합이다.

[예 5] 무한집합 $\mathbb{N}$에 대하여 유리수의 집합 Q, 실수의 집합 R은 $\mathbb{N} \subset Q$, $\mathbb{N} \subset R$이므로 무한집합이다.

위 (정리 1.6)에서 무한집합을 포함하는 집합은 무한집합이라고 했다. 그런데 가장 작은 무한집합이 가부번집합이므로 가부번집합을 포함하는 집합은 역시 무한집합이다.

정리 1.7 $g: X \to Y$가 1대 1 대응 일 때 X가 무한집합이면 Y도 무한집합이다.

【증명】 X가 무한집합이므로 무한집합의 정의에 의하여 단사함수 $f: X \to X$가 존재해서 $f(X) \neq X$이다. 그리고 $g: X \to Y$가 1대1대응이므로 $g^{-1}: Y \to X$도 1대1대응이다. 그러므로 단사함수들의 합성인

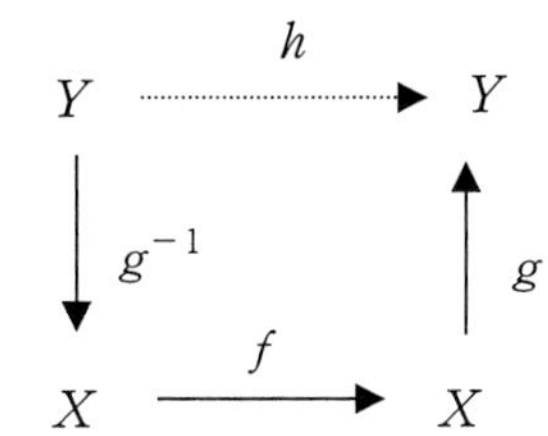

그림 5.3

$h = g \circ f \circ g^{-1}: Y \to Y$는 단사함수이다. 그리고

$$h(Y) = (g \circ f \circ g^{-1})(Y) = (g \circ f)(g^{-1}(Y))$$
$$= (g \circ f)(X) = g(f(X))$$

인데 $f(X) \neq X$이고 g가 1대1 대응이므로

$$h(Y) = g(f(X)) \neq g(X) = Y$$

이다. 그러면 $h(Y) \neq Y$이므로 Y는 무한집합이다.

함수 $f: X \to Y$가 1대1대응일 때, X가 유한집합이면 Y도 유한집합이다. 왜냐하면 1대1대응인 역함수 $f^{-1}: Y \to X$가 존재하므로 Y가 무한집합이라 하면 X도 무한집합이 되어 가정에 모순이 된다. 따라서 Y는 유한집합이다.

[예 6] 자연수 중 홀수들의 집합 $\mathbb{N}_o$는 무한집합이다. 왜냐하면 무한집합 $\mathbb{N}$에 대하여 $f(x) = 2x - 1$로 정의되는 전단사함수 $f: \mathbb{N} \to \mathbb{N}_o$가 존재하기 때문이다.

정리 1.8 X가 무한집합이고 $y \in X$일 때 $X - \{y\}$는 무한집합이다.

【증명】 X가 무한집합이므로 단사함수 $f: X \to X$가 존재하여 $f(X) \neq X$이다.

$X-\{y\}$가 무한집합임을 보이기 위하여 함수 $g:(X-\{y\})\rightarrow(X-\{y\})$ 를 정의하여 g가 단사이지만 전사가 아님을 보이면 된다. 즉

$$g(X-\{y\})\neq X-\{y\}$$

이것을 보이기 위하여 $y\in f(X)$인 경우와 $y\in X-f(X)$인 경우로 나누어 생각하자.

(1) $y\in f(X)$ 인 경우 :

$f(x_1)=y$를 만족하는 $x_1\in X$이 존재한다. 다시 $x_1=y$일 때와 $x_1\neq y$일 때로 나누어 알아보자.

① $x_1=y$(즉 $f(y)=y$) : 함수 $g:(X-\{y\})\rightarrow(X-\{y\})$를 임의의 $x\in X-\{y\}$에 대하여 $g(x)=f(x)$로 정의하면 함수 g는 단사이지만 전사는 아니다. 왜냐하면 임의의 $x\in X-\{y\}$에 대하여 $g(x)=f(x)$이면 $f=g$이고 함수 f가 단사이므로 함수 g는 단사이다. 또한 $f(X)\subset X$이므로 x_2가 존재해서 $x_2\in X-f(X)$이다. 그러면

$$g(X-\{y\})=f(X-\{y\})=f(X)-f(y)=f(X)-y\subset f(X)$$

이다. 그리고 $x_2\in X-f(X)$이므로 $x_2\notin f(X)$이며 그러므로 $x_2\notin g(X-\{y\})$이다. 그러나 $x_2\in X-\{y\}$이다. 왜냐하면 $x_2\in X-f(X)$이고 (1)에서 $y\in f(X)$ 이므로 $x_2\in X-f(X)\subset X-\{y\}$이기 때문이다. 그러므로

$$g(X-\{y\})\neq X-\{y\}$$

이고 따라서 함수 g는 전사가 아니다.

② $x_1\neq y$: 이제 함수 $g:(X-\{y\})\rightarrow(X-\{y\})$를 다음과 같이 정의하자.

$$g(x)=\begin{cases} f(x) & x \neq x_1 \\ x_2 & x = x_1 \in X-\{y\} \end{cases}$$

그리고 임의의 $x, x' \in X-\{y\}$에 대하여 함수 g가 단사임을 다음과 같이 나누어 알아보자.

(ㄱ) $x \neq x_1 \wedge x' \neq x_1$:

$g(x)=g(x')$라고 하면 $f(x)=f(x')$이고 $x=x'$이다.

(ㄴ) $x=x_1 \wedge x' \neq x_1$:

$x \neq x'$라고 가정하자. 그러면 함수 g의 정의에 의하여 $g(x)=x_2$이고 $g(x')=f(x')$이다. 그리고 $x_2 \in X-f(X)$이고 $f(x') \in f(X)$이므로 $x_2 \neq f(x')$이다. 따라서 $g(x) \neq g(x')$이다.

(ㄷ) $x=x_1 \wedge x'=x_1$:

함수 g의 정의에 의해 $g(x)=x_2$이고 $g(x')=x_2$이므로 $g(x)=g(x')$이다. 그리고 (ㄷ)에 의하여 $x=x'$이다.

이제 함수 g가 전사가 아님을 보이자. 만일 $f(y) \notin X-\{y\}$이라고 가정하면 $f(y)=y$가 된다. 앞쪽 위의 가정 1)에 의해 $f(x_1)=y$이므로 $f(y)=f(x_1)$이 되고 f가 단사이므로 $y=x_1$이다. 이는 $y \neq x_1$이라는 가정 ②에 모순이므로 $f(y) \in X-\{y\}$가 성립한다.
또 $f(y) \in g(X-\{y\})$이라고 가정하자. 그러면 $X-\{y\}$에 어떤 원소 x_3가 존재해서 $g(x_3)=f(y)$이다. 그리고 ②에서 $y \neq x_1$이므로 함수 g의 정의에 의해 $g(y)=f(y)$이며 그러므로 $g(y)=g(x_3)$이다. 그러면 g가 단사이므로 $x_3=y$이고 $x_3 \neq x_1$이 된다. 그러므로 g의 정의에 의해

$$f(x_3)=g(x_3)=f(y)$$

가 되며 이때 f가 단사이므로 $x_3=y$ 이지만 이는 $x_3 \in X-\{y\}$에 모순이 되어 위 가정이 잘못되었으므로 $f(y) \notin g(X-\{y\})$이다. 따라서 $g(X-\{y\}) \neq X-\{y\}$이므로 함수 g는 전사가 아니다.

(2) $y \notin f(X)$인 경우 :

임의의 $x \in X-\{y\}$에 대하여 함수 $g:(X-\{y\}) \to (X-\{y\})$를 $g(x)=f(x)$로 정의하자. 우선 함수 g가 단사임을 보이기 위해 임의의 $x, x' \in X-\{y\}$에 대하여 $g(x)=g(x')$라고 가정하면 $f(x)=f(x')$가 된다. 이때 함수 f가 단사이므로 $x=x'$이다. 또한 함수 g가 전사가 아님을 보이자.

$y \in X$이므로 $f(y) \in f(X)$이고 또 $y \notin f(X)$이므로 $y \neq f(y)$이다. 그러므로 $f(y) \in X-\{y\}$이다. 그리고 $f(y) \in g(X-\{y\})$라고 가정하면 어떤 원소 x_4가 $X-\{y\}$에 존재해서 $g(x_4)=f(y)$이다. 그런데 $x_4 \in X-\{y\}$이므로 g의 정의에 의해 $g(x_4)=f(x_4)$이다. 그러므로 $f(y)=f(x_4)$이고 함수 f가 단사이므로 $y=x_4$이다. 그러나 $x_4 \in X-\{y\}$이므로 이는 모순이다. 즉, $f(y) \notin g(X-\{y\})$이어야 한다. 따라서

$$g(X-\{y\}) \neq X-\{y\}$$

이다.

【따름 정리】 집합 X가 무한집합이고 $x_1, x_2, \cdots, x_n \in X$이면 $X-\{x_1, x_2, \cdots, x_n\}$는 무한집합이다.

[예 7] 자연수의 집합 $\mathbb{N}$에 대하여 $\{5, 6, 7, \cdots\}$, $\{500, 501, 502, \cdots\}$ 등은 무한집합이다.

정리 1.9 집합 X가 무한집합이고, $Y \neq \varnothing$이면 $X \times Y$는 무한집이다.

【증명】 X가 무한집합이므로 단사함수 $f: X \to X$가 존재해서 $f(X) \neq X$이다. 함수 $g: X \times Y \to X \times Y$를 $g(x, y) = (f(x), y)$로 정의하면 g는 단사이다. 왜냐하면

$$g(x_1, y_1) = g(x_2, y_2) \Rightarrow (f(x_1), y_1) = (f(x_2), y_2)$$

이고 $f(x_1) = f(x_2)$이다. 그리고 f가 단사이므로 $x_1 = x_2$가 되어 $(x_1, y_1) = (x_2, y_2)$이기 때문이다.

또한 $g(X \times Y) = f(X) \times Y \neq X \times Y$이다. 따라서 $X \times Y$는 무한집합이다.

[별증] Y의 고정된 한 원소를 y_0라 하면 $f(x) = (x, y_0)$로 정의한 함수 $f: X \to X \times Y$는 단사이다. 따라서 $g: \mathbb{N} \to X$가 전단사이면 $f \circ g: \mathbb{N} \to X \times Y$가 단사이다. 그러므로 가부번집합 $\mathbb{N}$에 대하여 $\mathbb{N} \approx (f \circ g)(\mathbb{N}) \subseteq X \times Y$가 되어 $X \times Y$는 무한집합이다.

이제부터 임의의 $k \in \mathbb{N}$에 대하여 1부터 k까지의 모든 자연수의 집합을 $\mathbb{N}_k$로 나타내자. 즉 $\mathbb{N}_k = \{1, 2, 3, \cdots, k\}$이다.

예제 8 임의의 $k \in \mathbb{N}$에 대하여 $\mathbb{N}_k$는 유한집합이다.

풀이 수학적 귀납법에 의하여 증명하자.

먼저 $k = 1$일 때, $\mathbb{N}_k = \{1\}$이므로 [예제 3]에 의하여 참이다.

이제 임의의 $k \in \mathbb{N}$에 대하여 $\mathbb{N}_k$가 유한집합이라고 가정하자. 그리고 $k+1$일 때 $\mathbb{N}_{k+1} = \mathbb{N}_k \cup \{k+1\}$이 유한임을 보이자. 만일 $\mathbb{N}_{k+1}$이 무한집합이라 하면 (정리 1.8)에 의해

$$\mathbb{N}_{k+1} - \{k+1\} = \mathbb{N}_k$$

는 무한집합이다. 이것은 $\mathbb{N}_k$가 유한집합이라는 것에 모순이 된다. 그러므로 $\mathbb{N}_{k+1}$은 유한집합이다. 따라서 수학적 귀납법에 의하여 모든 $k \in \mathbb{N}$에 대하여 $\mathbb{N}_k$는 유한집합이다.

정리 1.10 X가 유한집합이기 위한 필요충분조건은 $X=\emptyset$이거나 X와 독립한 $\mathbb{N}_k$사이에 1대1대응이 존재하는 것이다.

【증명】 $X=\emptyset$이거나 $X\approx\mathbb{N}_k$이면 위에서 설명한대로 X는 유한집합이다. 역으로 X가 유한집합이면 $X=\emptyset$이거나 $X\approx\mathbb{N}_k$임을 보이자. 이것을 증명하기 위하여 이 명제의 대우를 증명하자. 즉 " $X\neq\emptyset$이고 임의의 $k\in\mathbb{N}$에 대하여 $X\not\approx\mathbb{N}_k$이면 X는 무한집합이다."를 증명하면 된다. 집합 X에서 한 원소 x_1을 취하면 $X-\{x_1\}\neq\emptyset$이다. 왜냐하면 만일 $X-\{x_1\}=\emptyset$이라면 $X=\{x_1\}$이 되어 $X\approx\mathbb{N}_1$이기 때문에 이것은 가정에 모순이 된다. 같은 방법으로 $X-\{x_1\}$에서 원소 x_2를 취할 수 있다. 그러면 $X-\{x_1, x_2\}\neq\emptyset$이다. 왜냐하면 같은 방법으로 설명되기 때문이다. 위와 같은 방법을 계속하여 X에서 원소 $x_1, x_2, x_3, \cdots, x_k$를 취했다고 가정하자. 그러면

$$X-\{x_1, x_2, x_3, \cdots, x_k\}\neq\emptyset$$

이다. 왜냐하면 만일 $X-\{x_1, x_2, x_3, \cdots, x_k\}=\emptyset$이라면

$$X=\{x_1, x_2, x_3, \cdots, x_k\}$$

이 되고 $X\approx\mathbb{N}_k$이기 때문이다. 이것은 역시 가정에 모순이 된다. 그러므로 $X-\{x_1, x_2, x_3, \cdots, x_k\}$에서 항상 원소 x_{k+1}을 취할 수 있다. 따라서 수학적 귀납법에 의하여 모든 자연수 n에 대하여

$$x_n\in X-\{x_1, x_2, x_3, \cdots, x_{n-1}\}$$

을 택할 수 있으며 X의 진부분집합 $Y=\{x_1, x_2, x_3, \cdots, x_n\}$가 존재한다. 이때 함수

$$f: Y\rightarrow Y-\{x_1\}$$

을 임의의 $k \in \mathbb{N}$에 대하여 $f(x_k) = x_{k+1}$로 정의하면 함수 f는 전단사이다. 즉 집합 Y는 Y의 진부분집합 $Y - \{x_1\}$과 1대1 대응을 하게 된다. 그러므로 Y는 무한집합이고 X는 Y의 초집합이므로 또한 무한집합이다.

(정리 1.10)을 유한집합의 정의로 삼기도 한다. 또 (정리 1.10)을 대우를 사용하여 바꾸면 무한집합의 정의로 할 수도 있다. 즉, "X가 무한집합이기 위한 필요충분조건은 $X \neq \varnothing$이고 임의의 $\mathbb{N}_k$에 대하여 $X \not\approx \mathbb{N}_k$인 것이다."

연습문제 6.1

1. 두 집합 X, Y에 대하여 $X \times Y \approx Y \times X$이다.

2. 두집합 X, Y에 대하여 $(X-Y) \sim (Y-X)$이면 $X \approx Y$이다.

3. $\{X_\alpha \mid \alpha \in I\}$, $\{Y_\alpha \mid \alpha \in I\}$가 각각 서로소인 집합의 집합족일 때 모든 $\alpha \in I$에 대하여 $X_\alpha \approx Y_\alpha$이면 $\bigcup_{\alpha \in I} X_\alpha \approx \bigcup_{\alpha \in I} Y_\alpha$이다.

4. 함수 $g : X \to Y$가 일대일대응 일 때 X가 유한잡합이면 Y도 유한집합이다.

5. 집합 $\mathbb{Z}$, $\mathbb{Q}$, $\mathbb{R}$은 모두 무한집합이다.

6. A가 무한집합이면 $A \times A$도 무한집합이다.

7. A와 B가 무한집합이면 $A \cup B$도 무한집합이다.

8. 유한개의 유한집합의 합집합은 유한집합이다.

9. 두 집합 A, B에 대하여 $A \cup B$가 무한집합이면 A, B중 적어도 하나는 무한집합이다.

10. 무한집합 X의 부분집합 Y가 유한집합이면 $X-Y$는 무한집합이다.

11. 정리 1.3의 증명에서 함수 $f \cup g$가 전사임을 다른 방법으로 알아 보아라.

2. 가부번집합과 비가부번집합

정수, 유리수, 그리고 실수의 집합 $\mathbb{Z}$, $\mathbb{Q}$, $\mathbb{R}$은 모두 자연수집합 $\mathbb{N}$을 포함한다. 자연수집합 $\mathbb{N}$이 무한집합이므로 $\mathbb{Z}$, $\mathbb{Q}$, $\mathbb{R}$은 $\mathbb{N}$보다 더 큰 무한집합이 되고 $\mathbb{N}$은 무한집합 중 가장 작은 것이라고 생각할 수 있다. 여기서는 가부번집합에 대한 정의와 그 성질들을 알아보자.

정의 2.1

집합 X가 $X \approx \mathbb{N}$일 때 X를 **가부번집합**(denumerable set)이라 한다. 그리고 유한집합이나 가부번집합을 **가산집합**(countable set)이라 한다.

유한집합은 그 원소들을 실제로 셀 수 있으므로 가산집합이라 하는데 무리가 없다. 그리고 가부번 집합의 경우도 집합 X를 가부번이라 할 때 $X \approx \mathbb{N}$이므로 전단사함수 $f : \mathbb{N} \to X$가 존재해서 $f(n) = x_n$이라 할 수 있다.

이때 X는 $\{x_1, x_2, x_3, \cdots, x_n, \cdots\}$로 나타내진다.

실제로 $X = \{x_1, x_2, x_3, \cdots, x_n, \cdots\}$의 모든 원소를 셀 수 있는 것은 아니지만 명확한 순서에 의하여 X의 원소들을 나열할 수 있어 첨수에 따라 세는 것이 가능하다고 할 수 있다.

[예 1] 공집합 $\varnothing$는 가산집합이다. 자연수의 집합 $\mathbb{N}$은 가부번집합이므로 가산집합이다.

정리 2.2 가부번집합의 무한부분집합은 가부번이다.

【증명】 가부번 집합 $X = \{x_1, x_2, x_3, \cdots\}$의 무한부분집합을 Y라 하자. 그리고 n_1을 Y의 원소 중 가장 작은 것의 첨자라 하자. 즉 $x_{n_1} \in Y$이라 하자. 다음에 $Y - \{x_{n_1}\}$의 원소 중 가장 작은 것의 첨자를 n_2라 하자.

즉, $x_{n_2} \in Y - \{x_{n_1}\}$이라 하자.

이와 같이 $x_{n_{k-1}} \in Y$를 택한 뒤 $Y - \{x_{n_1}, x_{n_2}, \cdots, x_{n_{k-1}}\}$의 원소 중 가장 작은 것의 첨자를 n_k이라 하자. 즉

$$x_{n_k} \in Y - \{x_{n_1}, x_{n_2}, \cdots, x_{n_{k-1}}\}$$

이라 하자. 이때 Y는 무한집합이므로 모든 $k \in \mathbb{N}$에 대하여 이와 같은 x_{n_k}는 항상 존재한다. 그러므로 모든 $k \in \mathbb{N}$에 대하여

$$Y - \{x_{n_1}, x_{n_2}, \cdots, x_{n_{k-1}}\} \neq \varnothing$$

이다. 그래서 모든 $k \in \mathbb{N}$에 대하여 $f(k) = x_{n_k}$로 정의되는 전단사함수 $f : \mathbb{N} \to Y$가 존재한다. 따라서 Y는 가부번집합이다.

정리 2.3 가산집합의 모든 부분집합은 가산이다.

【증명】 집합 A를 가산이라 하자. 그러면 A는 유한집합이거나 가부번집합이다. 우선 A가 유한집합인 경우 A의 모든 부분집합은 유한이므로 가산이다. A가 가부번집합인 경우는 A의 부분집합 B는 무한집합이거나 유한집합이다. 이때, B가 무한집합이면 (정리 2.2)에 의하여 B는 가부번이므로 B는 가산이다. 또 B가 유한집합이면 (정의 2.1)에 의하여 B는 가산이다.

모든 짝수인 자연수의 집합 $\mathbb{N}_e$와 모든 홀수인 자연수의 집합 $\mathbb{N}_0$는 각각 가부번 집합이다. 왜냐하면 자연수 집합 $\mathbb{N}$과 모두 동등이기 때문이다.

정리 2.4 두 가부번집합의 합집합은 가부번 집합이다.

【증명】 두 가부번집합 A, B에 대하여 $A \cap B = \varnothing$인 경우와 $A \cap B \neq \varnothing$인 경우로 나누어 생각할 수 있다.

(1) $A \cap B = \varnothing$: $A \approx \mathbb{N}$ 이고 $\mathbb{N} \approx \mathbb{N}_o$ 이므로 $A \approx \mathbb{N}_o$ 이다.

또, $B \approx \mathbb{N}$ 이고 $\mathbb{N} \approx \mathbb{N}_e$ 이므로 $B \approx \mathbb{N}_e$ 이다. 그러므로 (정리 1.3)에 의하여 $(A \cup B) \approx (\mathbb{N}_o \cup \mathbb{N}_e)$ 이다.

그런데 $\mathbb{N}_e \cup \mathbb{N}_o = \mathbb{N}$ 이므로 $A \cup B \approx \mathbb{N}$ 이 된다. 따라서 $A \cup B$는 가부번이다.

(2) $A \cap B \neq \varnothing$: $C = B - A$라 놓으면 $A \cup C = A \cup B$이고

(왜냐하면 $A \cup C = A \cup (B - A) = A \cup (B \cap A^c)$

$= (A \cup B) \cap (A \cup A^c) = (A \cup B) \cap U = A \cup B$이므로)

$A \cap C = \varnothing$ 이다. 여기서 집합 $C(\subseteq B)$는 유한집합 이거나 가부번집합이다. 만일 C가 유한집합이면 $A \cup C$는 가부번집합이 되고 C가 가부번집합이면 (1)의 경우처럼 $A \cup C$는 가부번집합이다. 따라서 $A \cup B$는 가부번집합이다.

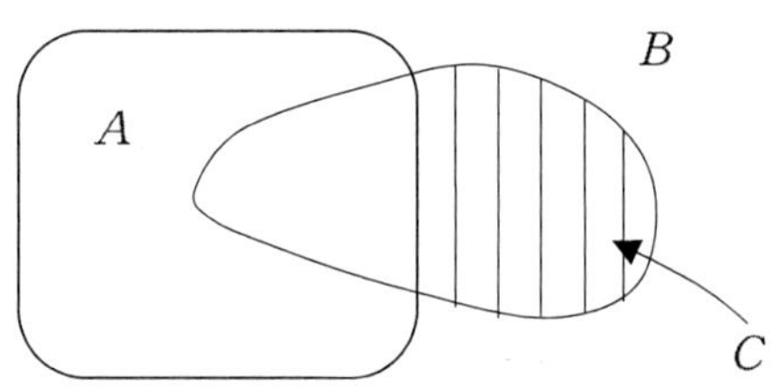

그림 5.4

[예 2] 가부번집합 $\mathbb{N}_e$와 $\mathbb{N}_o$의 합집합은 가부번집합 $\mathbb{N}$이다.

정리 2.5 $A_1, A_2, \cdots, A_n$이 모두 가부번집합이면 $\bigcup_{i=1}^{n} A_i$도 가부번이다.

【증명】 수학적 귀납법을 이용하여 증명하면 된다.

[예 3] 모든 정수들의 집합 $\mathbb{Z}$는 가부번이다. 왜냐하면

$$\mathbb{Z} = \mathbb{N} \cup (-\mathbb{N}) \cup \{0\}$$

인데 자연수 집합 N는 가부번이므로 $-\mathbb{N}$도 가부번이다.

여기서 $\mathbb{N}\cup\{0\}=\{0, 1, 2, 3, \cdots\}$에 대하여 함수 $f:\mathbb{N}\to\mathbb{N}\cup\{0\}$를 $f(n)=n-1$로 정의하면 $\mathbb{N}\approx\mathbb{N}\cup\{0\}$이 되어 $\mathbb{N}\cup\{0\}$는 가부번집합이 된다. 그러므로 (정리 2.4)에 의하여 $\mathbb{Z}=(\mathbb{N}\cup\{0\})\cup(-\mathbb{N})$는 가부번집합이 되기 때문이다.

정리 2.6 집합 $\mathbb{N}\times\mathbb{N}$은 가부번집합이다.

【증명】 함수 $f:\mathbb{N}\times\mathbb{N}\to\mathbb{N}$을 각 $(j, k)\in\mathbb{N}\times\mathbb{N}$에 대하여

$$f(j, k)=2^j3^k$$

로 정의하자. 그러면

$$\begin{aligned} f(j, k)=f(j', k') &\Rightarrow 2^j3^k=2^{j'}3^{k'} \\ &\Rightarrow 2^{j-j'}=3^{k'-k} \\ &\Rightarrow j-j'=0=k'-k \\ &\Rightarrow j=j' \wedge k=k' \\ &\Rightarrow (j, k)=(j', k') \end{aligned}$$

이므로 f는 단사 함수이다. 그러므로

$$\mathbb{N}\times\mathbb{N}\approx f(\mathbb{N}\times\mathbb{N})\text{이고 } f(\mathbb{N}\times\mathbb{N})\subseteq\mathbb{N}$$

이다. 그런데 $\mathbb{N}\times\mathbb{N}$은 무한집합이므로 $f(\mathbb{N}\times\mathbb{N})$도 무한집합이다. 그러면 (정리 2.2)에 의하면 $f(\mathbb{N}\times\mathbb{N})$이 가부번집합이 되므로 $\mathbb{N}\times\mathbb{N}$도 가부번집합이다.

임의의 원소 $n, m\in\mathbb{N}$에 대하여 $\mathbb{N}\times\mathbb{N}$의 원소인 순서쌍 (n, m)들을 아래 (그림 5.5)와 같이 화살표를 이용하여 중복 없이 차례로 나열하여 $\mathbb{N}\times\mathbb{N}$이 가부번임을 보이기도 한다.

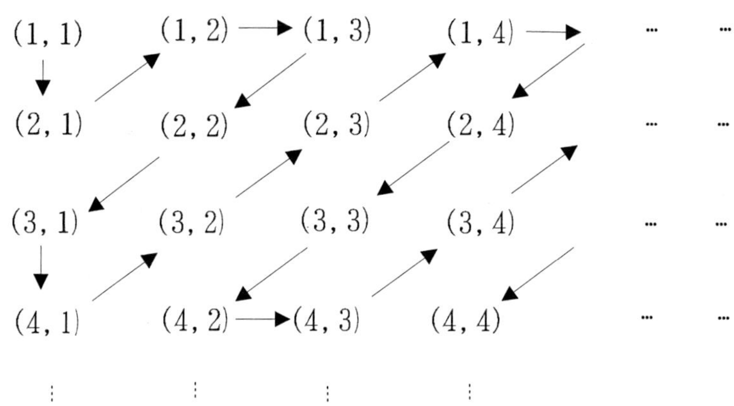

그림 5.5

[예 4] X와 Y가 가부번집합이면 $X\times Y$도 가부번집합이다. 왜냐하면, $X\approx\mathbb{N}$이고 $Y\approx\mathbb{N}$이므로 (정리 1.4)에 의하여

$$X\times Y \approx \mathbb{N}\times\mathbb{N} \approx \mathbb{N}$$

이기 때문이다.

정리 2.7 각 $k\in\mathbb{N}$에 대하여 A_k가 가부번집합으로 모든 $i\in\mathbb{N}$에 대하여 $i\neq k$이면 $A_i\cap A_k=\varnothing$일 때 $\bigcup_{k\in\mathbb{N}} A_k$는 가부번집합이다.

【증명】 각 k에 대하여 함수 $f_k:\mathbb{N}\to\mathbb{N}\times\{k\}$를 모든 $i\in\mathbb{N}$에 대하여

$$f_k(i)=(i,\ k)$$

로 정의하자, 그러면

$$f_k(i)=f_k(j) \Rightarrow (i,\ k)=(j,\ k) \Rightarrow i=j$$

이고 또 임의의 $(i,\ k)\in\mathbb{N}\times\{k\}$에 대하여 $f_k(i)=(i,\ k)$인 $i\in\mathbb{N}$가 존재하여 f_k는 전단사함수이다. 즉

$$\mathbb{N}\approx\mathbb{N}\times\{k\}$$

이다. 그러므로 임의의 $k \in \mathbb{N}$에 대하여 $A_k \approx \mathbb{N}$이고 $\mathbb{N} \approx \mathbb{N} \times \{k\}$이므로 $A_k \approx \mathbb{N} \times \{k\}$이다. 그리고 5장 (정리 1.3)의 일반화에 의하여

$$\bigcup_{k \in \mathbb{N}} A_k \approx \bigcup_{k \in \mathbb{N}} \mathbb{N} \times \{k\} = \mathbb{N} \times \mathbb{N} \approx \mathbb{N}$$

이다. 따라서 $\bigcup_{k \in \mathbb{N}} A_k$는 가부번집합이다.

정리 2.8 모든 유리수들의 집합 $\mathbb{Q}$는 가부번집합이다.

【증명】 각 유리수는 p/q로 나타내자. 여기서 $p \in \mathbb{Z}$, $q \in \mathbb{N}$이고 p와 q의 최대공약수는 1이다. 이제 $\mathbb{Q}_+ = \{p/q \mid p/q > 0\}$이고 $\mathbb{Q}_- = \{-p/q \mid p/q \in \mathbb{Q}_+\}$라 하면

$$\mathbb{Q} = \mathbb{Q}_+ \cup \{0\} \cup \mathbb{Q}_-$$

이다. 그런데 $\mathbb{Q}_+ \approx \mathbb{Q}_-$이므로 $\mathbb{Q}$가 가부번집합임을 보이기 위하여, $\mathbb{Q}_+$가 가부번집합임을 보이면 된다. 함수

$$f : \mathbb{Q}_+ \to \mathbb{N} \times \mathbb{N}$$

을 $f(p/q) = (p,\ q)$로 정의하면 f는 단사이다. 그러므로

$$\mathbb{Q}_+ \approx f(\mathbb{Q}_+)\text{이고 } f(\mathbb{Q}_+) \subseteq \mathbb{N} \times \mathbb{N}$$

이다. 또한 $\mathbb{Q}_+$는 무한집합 $\mathbb{N}$의 초집합이므로 무한집합이고, $f(\mathbb{Q}_+)$도 무한집합이다. 그런데 $f(\mathbb{Q}_+) \subset \mathbb{N} \times \mathbb{N}$이므로 $f(\mathbb{Q}_+)$는 가부번집합이다. 따라서 $\mathbb{Q}_+$도 가부번집합이다.

[예 5] $\mathbb{Q}$가 가부번집합이므로 $\mathbb{Q} \approx \mathbb{N}$임을 알 수 있다. 또한 $\mathbb{N} \approx \mathbb{Q}$이므로 $\mathbb{N} \times \mathbb{N} \approx \mathbb{Q} \times \mathbb{Q}$이며 따라서 $\mathbb{Q} \times \mathbb{Q}$는 가부번집합이다.

정리 2.9 모든 무한집합은 가부번인 부분집합을 포함한다.

【증명】 X를 임의의 무한집합이라 하자. 그러면 $X \neq \emptyset$ 이다. X에서 하나의 원소를 택할 수 있는데 그것을 x_1이라 하자. 이때 $X-\{x_1\} \neq \emptyset$ 이다. 그렇지 않으면 $X=\{x_1\}$이 되기 때문이다. 그러므로 다시 $X-\{x_1\}$에서 하나의 원소를 택할 수 있다. 그것을 x_2라 하자. 같은 방법으로 $X-\{x_1, x_2\}$에서 하나의 원소 x_3를 택하자. 이와 같이 계속하여 원소 x_{k-1}을 택하고

$$X-\{x_1, x_2, \cdots, x_{k-1}\}$$

의 원소 하나를 x_k라 하면 임의의 $k \in \mathbb{N}$에 대하여 이와 같은 x_k는 존재한다. 왜냐하면 X는 무한집합이므로

$$X-\{x_1, x_2, \cdots, x_{k-1}\} \neq \emptyset$$

이기 때문이다. 그러면 집합 $\{x_k \mid k \in \mathbb{N}\}$는 X의 가부번부분집합이다.

지금까지 가부번집합에 대하여 알아보았다. 무한집합이면 모두 가부번인 것 같지만 가부번집합이 아닌 무한집합도 있음을 칸토어는 발견하고, 가부번집합이 아닌 **비가부번집합**(nondenumerable)의 존재를 증명하였다.

정리 2.10 실수 $\mathbb{R}$의 부분집합 $(0, 1)$은 비가부번집합이다.

【증명】 먼저 개구간 $(0, 1)$에 속하는 각각의 수를 $0.x_1, x_2, x_3, \cdots$와 같은 모양의 소수로 나타내자. 여기서 각 $n \in \mathbb{N}$에 대하여 $x_n \in \{0, 1, 2, \cdots, 9\}$이다. 예를 들면 $1/3 = 0.333\cdots$, $\frac{\sqrt{2}}{2} = 0.707106\cdots$, 로 나타내고, 유한소수로 $1/8 = 0.125$ 와 같은 경우는 일의적 표현을 위하여 $0.125000\cdots$이 아니고 $0.124999\cdots$로 나타내고자 하는 것이다. 그러면 임의의 두수

$x,\ y \in (0,\ 1)$가

$$x = 0.x_1 x_2 x_3 \cdots, \quad y = 0.y_1 y_2 y_3 \cdots$$

로 나타내질 때 '$x = y \Leftrightarrow$ 임의의 $n \in \mathbb{N}$에 대하여 $x_n = y_n$'임을 알 수 있다. 그러므로 어떤 $n \in \mathbb{N}$에 대하여 $x_n \neq y_n$이면 $x \neq y$이다. 이제 본 증명을 하기 위하여 $(0,\ 1)$이 가부번집합이라고 가정한다. 그러면 전단사함수

$$f : \mathbb{N} \to (0,\ 1)$$

가 존재해서 $\mathbb{N} \approx (0,\ 1)$이므로 $(0,\ 1)$의 모든 원소는 다음과 같이 나열할 수 있다.

$$f(1) = 0.a_{11}\ a_{12}\ a_{13} \cdots$$
$$f(2) = 0.a_{21}\ a_{22}\ a_{23} \cdots$$
$$f(3) = 0.a_{31}\ a_{32}\ a_{33} \cdots$$
$$\vdots$$
$$f(k) = 0.a_{k1}\ a_{k2}\ a_{k3} \cdots \ (a_{kj} \in \{0,\ 1,\ 2,\ \cdots,\ 9\})$$
$$\vdots$$

그러나 위와 같은 $f(k)$에 대한 나열 중에 속하지 않으면서 $(0,\ 1)$에는 속하는 수 z를 발견할 수 있다. 즉

$$z \in (0,\ 1) - f(\mathbb{N})$$

인 z가 존재한다. 이것은 $(0,\ 1)$이 가부번집합이라는 가정에 모순이 되는 것이다. 이를 확인하여 보자.

$$z = 0.\ z_1 z_2 z_3 \cdots$$

이라 하고 각 $n \in \mathbb{N}$에 대하여 $z_n \in \{0,\ 1,\ 2,\ \cdots,\ 9\}$이라 하면 $z \in (0,\ 1)$이다. 그러나 만일 $z_1 \neq a_{11}$이라 하면 $z \neq f(1)$이고 $z_2 \neq a_{22}$이라 하면

$z \neq f(2)$이다. 이와 같이 모든 $k \in \mathbb{N}$에 대하여 $z_k \neq a_{kk}$라 하면 위 나열의 어떤 $f(k)$도 z와 같지 않게 된다. 즉, 모든 $k \in \mathbb{N}$에 대하여 $z \neq f(k)$이다. 그러므로 $z \notin f(\mathbb{N})$이다. 따라서 $z \in (0,\ 1) - f(\mathbb{N})$이므로 $f(\mathbb{N}) \neq (0,\ 1)$이다. 결국 $(0,\ 1)$은 가부번이 아니다.

위 증명에서 임의의 $k \in \mathbb{N}$에 대하여 $z_k \neq a_{kk}$라고 할 수 있는 것은 예를 들어, 만일 $a_{kk} = 1$이였다면 $z_k = 3$으로 $a_{kk} \neq 1$이면 $z_k = 1$이라 하여 $z = 0.\ z_1 z_2 z_3 \cdots$를 정할 수 있기 때문이다.

(정리 2.10)은 칸토어에 의하여 증명된 정리이며 이 증명에 사용한 증명법을 **대각법**(diagonal method)이라고 한다.

정리 2.11 집합 X, Y에 대하여 $X \approx Y$일 때 X가 비가부번이면 Y도 비가부번이다.

【증명】 $X \approx Y$이고 X가 비가부번이라 하자. 이 때 만일 Y가 가부번이라 가정하면 $Y \approx \mathbb{N}$이다. 그러면 $X \approx Y$이고 $Y \approx \mathbb{N}$이므로 $X \approx \mathbb{N}$이 되어 X는 가부번이 된다. 이것은 X가 비가부번이라는 가정에 모순이므로 Y는 가부번이 될 수 없다. 따라서 Y는 비가부번이다.

[예 6] 모든 실수의 집합 $\mathbb{R}$은 비가부번집합이다. 왜냐하면 5장 [예제 1]에 의하여 $(0,\ 1) \approx \mathbb{R}$이고, $(0,\ 1)$이 비가부번집합이므로 (정리 2.11)에 의하여 $\mathbb{R}$도 비가부번집합이기 때문이다.

정리 2.12 모든 무리수의 집합 $\mathbb{R} - \mathbb{Q}$는 비가부번집합이다.

【증명】 앞의 정리에 의하여 유리수의 집합 $\mathbb{Q}$는 가부번집합이다. $\mathbb{R} - \mathbb{Q}$가 가부번집합이라고 가정하면

$$\mathbb{R} = (\mathbb{R} - \mathbb{Q}) \cup \mathbb{Q}$$

이므로 $\mathbb{R}$이 가부번집합이 된다. 이것은 $\mathbb{R}$이 비가부번이라는데 모순이다. 따라서 무리수의 집합 $\mathbb{R}-\mathbb{Q}$는 비가부번집합이다.

연습문제 6.2

1. 가부번집합 X의 부분집합 Y가 유한집합이면 $X-Y$는 가부번집합 임을 증명하여라.

2. 가부번집합 X와 유한집합 Y에 대하여 $X \cup Y$는 가부번집합임을 증명하여라.

3. 자연수 집합에서 모든 짝수들의 집합을 $\mathbb{N}_e$, 홀수들의 집합은 $\mathbb{N}_o$라 할 때 $\mathbb{N}_e$와 $\mathbb{N}_o$가 각각 가부번임을 보여라.

4. 집합 $A(\neq \varnothing)$에 대하여 A로부터 집합 $\{0, 1\}$로의 모든 함수의 집합을 2^A라 할 때 $P(A) \approx 2^A$임을 증명하여라.

5. 유한개의 가산집합들의 합집합은 가산집합임을 증명하여라.

6. X, Y가 각각 가부번집합이면 $X \times Y$도 가부번집합임을 증명하여라. 또한 $\mathbb{Z} \times \mathbb{N}$, $\mathbb{Z} \times \mathbb{Z}$, $\mathbb{Q} \times \mathbb{Q}$는 모두 가부번집합임을 설명하여라.

7. 함수 $f: \mathbb{Q} \to \mathbb{Z} \times \mathbb{N}$가 전사가 되는 경우를 구하여라. 그리고 (정리 2.7)을 이용하여 이것을 설명하여라.

8. 카테시안 평면에서 중심의 좌표와 반지름의 길이가 모두 유리수인 원 전체의 집합은 가부번집합임을 증명하여라.

9. 각 $k \in \mathbb{N}$에 대하여 B_k가 가부번집합이면 $\bigcup_{K \in \mathrm{N}} B_K$도 가부번집합임을 증명하여라.

10. 비가부번집합의 임의의 초집합은 비가부번집합임을 증명하여라. 이를 이용하여 $\mathbb{R}$가 비가부번임을 보여라. (? (0, 1):비가부번 $(0, 1) \subset \mathbb{R}$이므로 $\mathbb{R}$: 비가부번)

11. 0과 1사이의 모든 무리수의 집합은 비가부번집합임을 증명하여라.

12. 집합 X, Y에 대하여 $X \approx Y$일 때 X가 비가산집합이면 Y도 비가산집합임을 증명하여라.

13. 평면상의 원 전체가 이루는 집합은 비가산임을 설명하여라.

3. 순서집합

수학의 거의 모든 분야에서 나타나는 기본적 구조로 순서구조(ordered structure)를 들 수 있다. 이것은 순서관계에 의하여 주어지며 실수의 대소관계, 집합의 포함관계 등은 순서관계의 예가 된다.

여기서는 준순서집합, 전순서집합, 극대, 극소원소, 상계, 상한, 하계, 하한, 순서동형 등을 알아보자.

정의 3.1

집합 A상의 관계 "$\Re$"가 **준순서**(partial order)이기 위한 필요충분 조건은 다음의 3가지 조건을 만족하는 것이다.

(1) 반사율(reflexive) : 모든 $x \in A$ 에 대하여 $x \mathcal{R} x$

(2) 반대칭율(anti-symmetric) : $x \mathcal{R} y$이고 $y \mathcal{R} x$이면 $x = y$

(3) 추이율(transitive) : $x \mathcal{R} y$이고 $y \mathcal{R} z$이면 $x \mathcal{R} z$

집합 A상에 준순서 " $\leq$ "가 주어진 경우 A를 **준순서집합**(partially ordered set)이라하고 $(A, \leq)$로 나타내기도 한다. 한편 준순서를 반순서라고도 한다.

[예 1] 집합족 $\mathcal{F}$에서 "A가 B의 부분집합 ($\subseteq$)"이라는 관계는 $\mathcal{F}$에서 준순서이다.

[예 2] $A \subseteq \mathbb{R}$일 때 "$x \leq y$"로 정의된 A에서의 자연순서관계(natural order relation)는 A에서 준순서이다.

[예 3] 자연수 집합 $\mathbb{N}$에서 "x는 y의 배수"라는 관계는 $\mathbb{N}$에서 준순서이다.

[예 4] $A = \{1, 2, 3, 4, 5, 6\}$일 때 "x는 y를 나눈다"라는 관계는 A에서 준순서이다.

정의 3.2

A가 준순서집합일 때 A의 임의의 두 원소 x, y에 대하여 $x \leq y$이거나 $y \leq x$이면 **비교가능**(comparable set)이라 한다.

(즉, $x < y$, $x = y$ 또는 $x > y$인 경우 비교가능하다고 한다)

준순서집합은 그 집합 내 어떤 두 원소가 비교가능일 필요는 없다.

[예 5] 자연수의 집합 $\mathbb{N}$에서 "$x \leq y$"로 정의된 자연순서 관계는 $\mathbb{N}$에서 준순서이고 임의의 두 원소 x, $y \in \mathbb{N}$에 대하여 $x \leq y$이거나 $y \leq x$이므로 $\mathbb{N}$은 비교가능한 집합이다.

정의 3.3

준순서 집합 A의 임의의 두 원소가 비교가능하면 A를 **전순서집합**(totally ordered set) 또는 **선형순서집합**(linearly ordered set)이라고 한다.

여기에서 준순서이면서 비교 가능한 관계를 **전순서**(total order)라 하는 것임을 알 수 있다.

[예 6] [예 5]에서의 자연수집합 $\mathbb{N}$은 전순서집합이다. 또한, 정수의 집합 $\mathbb{Z}$, 유리수의 집합 $\mathbb{Q}$, 실수의 집합 $\mathbb{R}$은 대소 관계 "$\leq$"에 대해서 전순서집합이다. 또한 $([0, 1], \leq)$는 준순서집합이고 전순서집합이다. 그러나 $(\mathbb{N}, <)$은 준순서집합이 아니다.

[예 7] [예 4]에서, 관계 $\mathfrak{R}$을 "x는 y를 나눈다."로 정의한 A에서의 관계라 하면 4는 6을 나누지 못하고 2는 5를 나누지 못한다. 즉 4와 6, 2와 5

는 비교 불가능한 것이다. 그러므로 $A=\{1, 2, 3, 4, 5, 6\}$은 준순서집합이지만 전순서집합이 아니다.

[예 8] $X=\{a, b, c\}$일 때 X의 멱집합 $P(X)$는 포함관계 " ⊆ "에 의하여 준순서집합이지만 전순서집합은 아니다. 왜냐하면 $P(X)$의 모든 원소가 비교 가능하지는 않기 때문이다.

포함관계 " ⊆ "을 "→"으로 나타내어 표를 만들면 알기 쉽다.

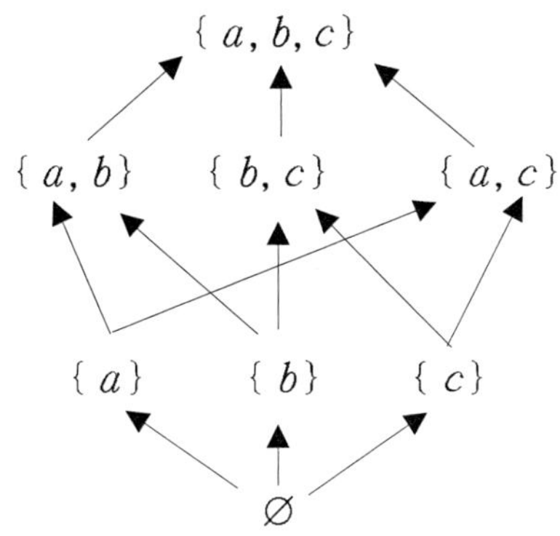

그림 5.6

이상에서 전순서집합은 준순서집합이라 할 수 있지만 준순서집합은 전순서집합이 아닐 수도 있다.

정의 3.4

A와 B를 전순서집합이라 할 때 카테시안적 $A\times B$에 다음과 같이 정의되는 순서관계를 **사전식순서**(lexicographic order)라고 한다. 즉, 임의의 $(a_1, b_1), (a_2, b_2)\in A\times B$,에 대하여 $(a_1, b_1)\le(a_2, b_2)$이기위한 필요충분조건은 $a_1<a_2$이거나 또는 $a_1=a_2$이고 $b_1\le b_2$이다.

[예 9] (1) 집합 $(R^2, \le)$에 사전식순서를 주면 전순서집합이 된다.

(2) 집합 R^2에서의 관계를

$$(x_1, y_1) \le (x_2, y_2) \Leftrightarrow x_1 \le x_2 \wedge y_1 \le y_2$$

로 정의하면 $(R^2, \le)$은 준순서이다. 그러나 $(1, 2) \not\le (2, 1)$이고 $(2, 1) \not\le (1, 2)$이므로 전순서가 아니다.

정의 3.5

A와 B를 전순서집합이라 할 때 카테시안적 $A \times B$에 다음과 같이 정의되는 순서관계를 **반사전식순서**(antilexicographic order)라고 한다. 즉, 임의의 $(a_1, b_1), (a_2, b_2) \in A \times B$에 대하여

$(a_1, b_1) \le (a_2, b_2) \Leftrightarrow b_1 < b_2$이거나, 또는 $b_1 = b_2$이고 $a_1 \le a_2$이다.

[예 10] $A = \{a, b, c, d, e, f, g\}$를 아래 그림과 같이 순서를 주었다고 하자. 그러면 순서를 가진 집합 $V = \{c, d, f, g\}$는 순서집합 A의 부분집합이라 하고, 그렇지 않고 순서집합 A에서의 순서를 갖지 않는 집합 $W = \{c, d, f, g\}$는 순서집합 A의 부분집합이 아니다.

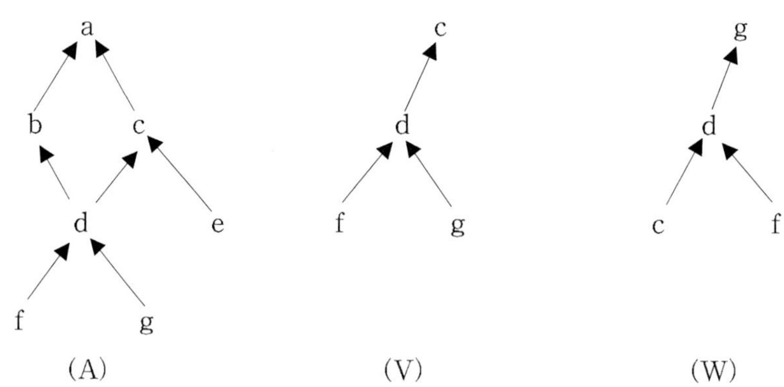

그림 5.7

즉 순서집합에서의 부분집합이란 순서집합의 순서가 그대로 보존되는 부분집합을 의미한다.

[예 11] [예 10]에서 A는 준순서집합이다. 그런데 부분집합 $\{a, c, d, f\}$, $\{a, c, d, g\}$, $\{b, d, f\}$, $\{c, e\}$ 등은 전순서집합이다.

이와 같이 준순서집합 A의 어떤 부분집합 B는 전순서집합이 되기도 하는데 준순서집합 A의 전순서 부분집합 B를 간단히 A에서의 **쇄**(chain in A) 또는 **사슬**이라고 한다. 물론 준순서집합의 모든 부분집합은 준순서집합이다. 또한 전순서집합의 모든 부분집합은 전순서집합이이다.

다음에 설명하는 특별한 용어들은 준순서집합을 연구하는데 중요한 역할을 한다.

정의 3.6

A를 순서집합이라 하자. 모든 원소 $x \in A$에 대하여 $a \leq x$인 원소 $a \in A$를 A의 **첫 원소**(first element)라고 한다. 또 모든 원소 $x \in A$에 대하여 $x \leq b$인 원소 $b \in A$를 A의 **마지막 원소**(last element)라고 한다.

[예 12] [예 10]의 순서집합 A에서 원소 a는 A의 마지막 원소이다. 그러나 e, f, g 등은 모두 A의 첫 원소가 아니다.

[예 13] 자연수집합 $\mathbb{N}$에 자연순서를 줄 경우 1은 $\mathbb{N}$의 첫 원소이고 마지막 원소는 존재하지 않는다.

[예 14] [예 8]에서 $\varnothing$은 멱집합 $P(X)$의 첫 원소이고, X는 $P(X)$의 마지막 원소이다.

[예 15] 개구간 $A=(0,\ 1)$에서 자연순서가 주어진 경우 전순서집합 A의 첫 원소와 마지막 원소는 존재하지 않는다.

준순서집합은 많아야 하나의 첫 원소와 하나의 마지막 원소를 갖는다. 또한 준순서집합 A에서 첫 원소를 a, 마지막 원소를 b라 하면 A의 역순서에서는 a는 마지막 원소, b는 첫 원소가 된다.

정의 3.7

A를 준순서집합이라 하자. $m\in A$에 대하여 A의 어떤 원소 x도 $m<x$가 되지 않으면 m을 A의 **극대원소**(maximal element)라 한다. 즉

$$\forall x\in A,\ x\geq m \ \Rightarrow\ x=m$$

이다. 마찬가지로 $n\in A$에 대하여 A의 어떤 원소 x도 $n>x$가 되지 않으면 n을 A의 **극소원소**(minimal element)라 한다. 즉,

$$\forall x\in A,\ x\leq n \ \Rightarrow\ x=n$$

이다.

m이 A의 극대원소라 하는 것은 A의 어떠한 원소도 m보다 크지 않다는 것이며, 또 n이 A의 극소원소라 하는 것은 A의 어떠한 원소도 n보다 작지 않다는 것이다. 그리고 a가 A의 첫 원소라면 a는 A의 극소원소이고 유일하다. 마찬가지로 A의 마지막 원소는 극대원소이며 유일하다.

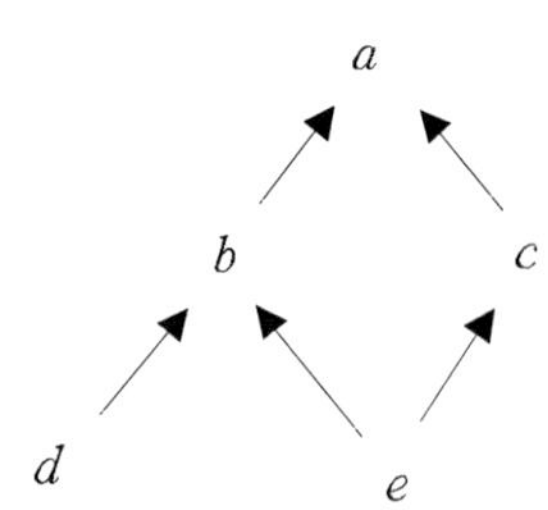

그림 5.8

[예 16] 집합 $W=\{a, b, c, d, e\}$가 (그림 5.8)과 같이 순서가 주어졌다면 d와 e는 W의 극소원소이고 a는 극대원소이다.

[예 17] 집합 $W=\{a, b, c, d, e\}$가 오른쪽 그림과 같이 순서가 주어졌다면 a와 b는 순서집합 W의 극대원소이고 d와 e는 극소원소이다. 이때, W의 첫 원소와 마지막원소는 존재하지 않는다.

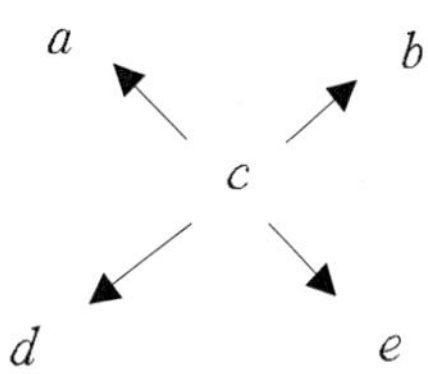

그림 5.9

[예 18] [예 14]에서 집합 $A=(0, 1)$은 전순서집합 이지만 극대원소와 극소원소를 갖지 않는다. 그러나 전순서집합의 첫 원소와 극소원소는 같으며, 이 원소가 있다면 유일하다. 또 마지막원소와 극대원소도 같으며 역시 이 원소가 있다면 유일하다.

[참고] : (1) 모든 유한준순서집합은 적어도 하나의 극대원소와 적어도 하나의 극소원소를 갖는다.

(2) 무한준순서집합은 전순서집합일 지라도 극대원소와 극소원소를 갖지 않는다.

정의 3.8

준순서 집합 A에서 한 원소 $a\in A$가 임의의 원소 $x\in A$에 대하여 $x\leq a$일 때 a를 A의 **최대원소**(greatest element)라 하며 한 원소 $b\in A$가 임의의 원소 $x\in A$에 대하여 $b\leq x$일 때 b를 A의 **최소원소**(least element)라 한다.

A의 최대원소와 최소원소가 존재할 경우 이 최대원소와 최소원소는 유일하다. 왜냐하면 a, a'가 모두 A의 최대원소라고 할 때 모든 원소 $x\in A$에 대하여 $x\leq a'$이기 때문에 $a\leq a'$이고, 모든 원소 $x\in A$에 대하여 $x\leq a$이기 때문에

$a' \leq a$이므로 $a = a'$이기 때문이다. 최소원소에 대해서도 같은 방법으로 설명된다.

간단히 바꾸어 말하면 준순서집합 A에서 원소 a가 다른 모든 원소보다 크면 a를 최대원소라 한다. 또 원소 a보다 큰 원소가 존재하지 않으면 a를 극대원소라 한다.

A의 최대원소가 존재하면 이것은 유일한 극대원소이고 최대원소가 없으면 극대원소는 없을 수도 있고 하나 또는 그 이상 있을 수 있다. 최소원소와 극소원소의 경우도 같은 관계이다.

[예 19] [예 17]에서 집합 W의 극대원소는 a, b였지만, W의 최대 원소는 a, b가 비교불가능하므로 존재하지 않는다. 마찬가지로 W의 최소원소도 존재하지 않는다.

정리 3.9 (1) 순서집합 A와 B의 최대원소를 각각 a와 b라 할 때 $A \subseteq B$이면 $a \leq b$이다.

(2) 순서집합 A와 B의 최소원소를 각각 a와 b라 할 때 $A \subseteq B$이면 $a \geq b$이다.

【증명】 (1) b가 B의 최대원소이므로 임의 원소 $x \in B$에 대하여 $x \leq b$이다. 그리고 $a \in A \subseteq B$이므로 $a \in B$가 되어 $a \leq b$이다.

(2) 같은 방법으로 한다.

정의 3.10

B를 준순서집합 A의 부분집합이라 하자. 모든 $x \in B$에 대하여 $x \leq a$인 $a \in A$를 A에서 B의 **상계**(upper bound)라 한다. 또한 모든 $x \in B$에 대하여 $b \leq x$인 $b \in A$를 A에서 B의 **하계**(lower bound)라 한다.

집합 $A(\neq \emptyset)$가 상계를 가질 때 A는 **위로유계**라 하고 하계를 가질 때 A는 **아래로 유계**라 한다. 그리고 A가 위, 아래로 유계이면 A를 **유계**라 한다.

정의 3.11

준순서집합 A의 부분집합 B에 대하여 B의 상계들의 집합이 최소원소를 가질 때 이 원소를 A에서의 B의 **최소상계**(least upper bound) 또는 **상한**(supremum)이라 하고 $\sup B$로 나타낸다. 그리고 B의 하계들의 집합이 최대원소를 가질 때 이 원소를 A에서의 B의 **최대하계**(greatest lower bound) 또는 **하한**(infimum)이라 하고 $\inf B$로 나타낸다.

최대원소와 최소원소는 유일하므로 위 정의에서 B의 상한과 하한이 존재한다면 유일하다. 즉 상한과 하한은 많아야 하나뿐이다.

[예 20] $B=[0, 1)\subset\mathbb{R}$에서 B의 최대원소는 존재하지 않지만 상계는 $1\le x$인 모든 $x\in\mathbb{R}$이고 상한은 1이다. 한편 B의 최소원소는 0이고 하계는 $x\le 0$인 모든 $x\in\mathbb{R}$이며 하한도 0이다.

[예 21] 준순서집합 $A=\{a, b, c, d, e, f, g\}$가 아래 그림과 같고 $B=\{c, d, e\}$라 하자. 그러면 a, b, c는 B의 상계이고 f는 B의 유일한 하계이다. 여기서 g는 B의 하계가 아니다. 왜냐하면 g는 d와 비교가능하지 않기 때문이다. 또 B의 상한은 $c\in B$이고 B의 하한은 $f\notin B$이다.

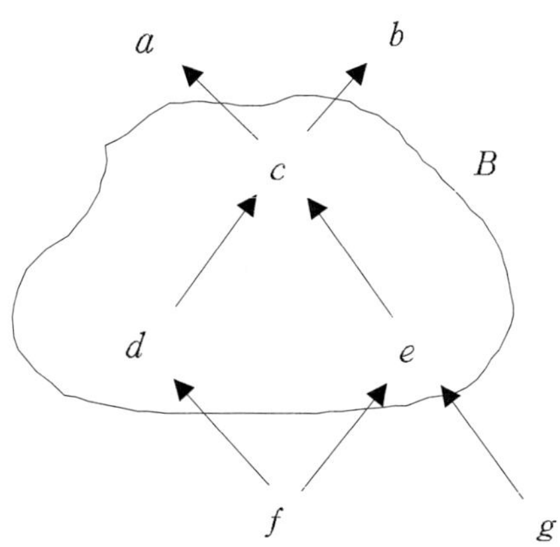

그림 5.10

[예 22] 유리수의 집합 Q에서 부분집합 $B=\{x \mid x \in \mathbb{Q}^+,\ 2<x^2<3\}$는 $\sqrt{2}$와 $\sqrt{3}$사이에 있는 유리수로 이루어져 있다. 이때 B는 무한개의 상계와 하계를 가지고 있으나 $\inf B$와 $\sup B$는 존재하지 않는다. 즉, 최대하계와 최소상계를 가지고 있지 않다. 또한 $\sqrt{2}$와 $\sqrt{3}$은 Q에 속하지 않고, B의 상계, 하계도 아니다.

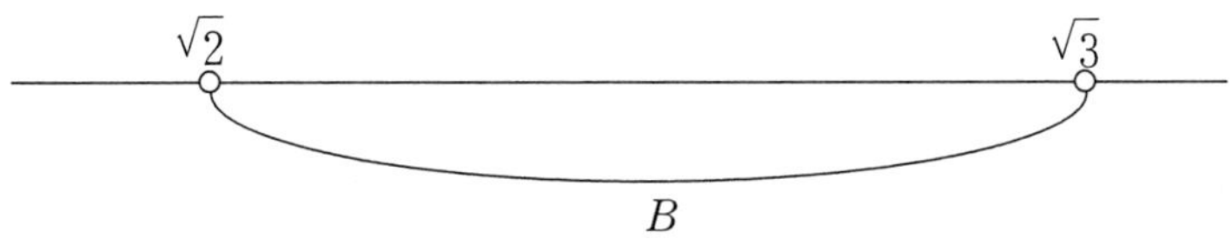

그림 5.11

예제 23 전순서집합 $(R, \leq)$에서 부분집합 $A=(-\sqrt{3}, \sqrt{5})$와 $B=[-1, \sqrt{7}]$의 상계와 하계, 상한과 하한을 각각 구하여라.

풀이 A의 상계 : $[\sqrt{5}, \infty)$, B의 상계 : $[\sqrt{7}, \infty)$

A의 하계 : $(-\infty, -\sqrt{3}]$ B의 하계 : $(-\infty, -1]$

A의 상한 : $\sqrt{5}$ B의 상한 : $\sqrt{7}$

A의 하한 : $-\sqrt{3}$ B의 하한 : -1

예제 24 $A=\{B_i \mid B_i$는 집합, 임의의 i에 대하여 $B_i \subseteq B_{i+1}\}$이라 할 때 $B=\{B_i \mid B_i \in A\} \subseteq A$에 대하여 $\cup B_i$, $\cap B_i \in A$이면 $\sup B=\cup B_i$이고 $\inf B=\cap B_i$임을 보여라.

풀이 임의의 $B_i \in B$에 대하여 $B_i \subseteq \cup B_i$이므로 $\cup B_i$는 B의 상계이다.

D를 B의 또 다른 상계라고 하면 임의의 $i \in I$에 대하여 $B_i \subseteq D$이므로 $\cup B_i \subseteq D$이다. 따라서 $\cup B_i$는 B의 상한이다.

같은 방법으로 $\cap B_i \subseteq B_i$이므로 임의의 $i \in I$에 대하여 $\cap B_i$는 B

의 하계이다. E를 $\boldsymbol{B}$의 또 다른 하계라고 하면 임의의 $i \in I$에 대하여 $E \subseteq B_i$이므로 $E \subseteq \bigcap B_i$이다. 따라서 $\bigcap B_i$는 $\boldsymbol{B}$의 하한이다.

[예 25] 집합 $X(\neq \varnothing)$의 멱집합 $(P(X), \subseteq)$에서 임의의 $\boldsymbol{B} \subseteq P(X)$에 대하여 $\bigcup \boldsymbol{B}$, $\bigcap \boldsymbol{B} \in P(X)$이므로 $\bigcup \boldsymbol{B} = \sup \boldsymbol{B}$이고 $\bigcap \boldsymbol{B} = \inf \boldsymbol{B}$이다.

정의 3.12

A를 준순서집합이라 할 때 위로(아래로) 유계인 A의 모든 부분집합($\neq \varnothing$)이 상한(하한)을 가지면 A를 **조건부완비**(conditionally complete)라고 한다.

[예 26] 유리수의 집합 $\mathbb{Q}$는 조건부완비가 아니다.

왜냐하면 $B = \{x \in \mathbb{Q} \mid x^2 < 2\} \subseteq \mathbb{Q}$라 하면 B는 위로 유계이지만 상한이 존재하지 않는다. 즉 상한이 될 수 있는 수는 $\sqrt{2}$인데 이는 유리수가 아니므로 $\mathbb{Q}$는 조건부완비가 아니다.

[예 27] 위로 유계인 모든 부분집합에 대해 상한이 존재하므로 $(R, \leq)$은 조건부완비이다.

정의 3.13

준순서집합 A, B에 대하여 함수 $f : A \to B$가 조건

$$\forall x,\ y \in A,\ x \leq y \ \Rightarrow\ f(x) \leq f(y)$$

을 만족하면 f를 **순서보전 함수**(order preserving function)라고 한다.

정의 3.14

준순서집합 A, B에 대하여 함수 $f: A \to B$가 전단사이고

$$\forall x,\ y \in A,\ \ x \leq y \Leftrightarrow f(x) \leq f(y)$$

이면 f를 **순서동형사상**(order isomorphism)이라 한다. 이때 A와 B는 **순서동형**(order isomorphic)이라 하고 $A \simeq B$로 나타낸다.

순서동형사상을 **상사사상**(similarity mapping), 순서동형을 **상사**(similar)라 하기도 한다.

[예 28] 자연수 집합 $\mathbb{N}$과 짝수인 자연수 집합 $\mathbb{N}_e$사이에 함수 $f: \mathbb{N} \to \mathbb{N}_e$를 $f(x) = 2x$로 정의하면 f는 전단사이고 임의의 $x,\ y \in \mathbb{N}$에 대하여

$$x \leq y \ \Rightarrow\ f(x) \leq f(y)$$

이고 f가 전단사이므로 $f^{-1}(f(x)) = x$가 되어

$$f(x) \leq f(y) \ \Rightarrow\ f^{-1}(f(x)) \leq f^{-1}(f(y)) \ \Rightarrow\ x \leq y$$

이다. 그러므로 f는 순서동형사상이고 $N \simeq N_e$이다.

집합 A가 전순서이고 $A \simeq B$이면 B는 전순서이다. 또, $f: A \to B$가 순서동형사상일 때 $a \in A$가 최소원소(최대, 극대, 극소)이기 위한 필요충분조건은 $f(a)$가 B의 최소원소(최대, 극대, 극소)일 때 이다.

[예 29] 다음 그림에서 (1)은 순서보전함수이지만 순서동형사상은 아니다. 그러나 (2)는 순서동형사상이다.

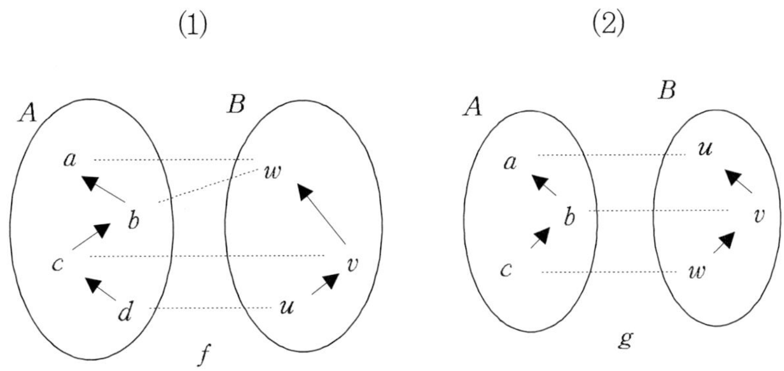

그림 5.12

정리 3.15 준순서집합 A, B에 대하여 함수 $f: A \to B$가 전단사라 하자. 그러면 함수 f가 순서동형사상이기 위한 필요충분조건은 함수 f와 역함수 f^{-1}가 모두 순서보존함수일 때이다.

【증명】 함수 f가 순서동형사상이므로 f는 순서보존함수이다. 그리고 함수 f가 전단사이므로 임의의 $x \in A$에 대하여 $f^{-1}(f(x)) = x$가 성립한다. 이때 $f(x)$와 $f(y)$를 집합 B의 임의의 원소라 하면

$$f(x) \le f(y) \Leftrightarrow x \le y \Rightarrow f^{-1}(f(x)) \le f^{-1}(f(y))$$

이다. 그러므로 역시 f^{-1}는 순서보존함수이다. 역으로 f와 f^{-1}가 순서보존함수라 하자. 그러면

$$f(x) \le f(y) \Rightarrow f^{-1}(f(x)) \le f^{-1}(f(y)) \Rightarrow x \le y$$

이고 f가 순서보존함수이므로 $x \le y \Rightarrow f(x) \le f(y)$도 성립한다. 그러므로 함수 f는 순서동형사상이다.

정리 3.16 준순서집합 A, B, C에 대하여

(1) 항등함수 $I_A : A \to A$는 순서동형사상이다.

(2) $f : A \to B$가 순서동형사상이면 $f^{-1} : B \to A$도 순서동형사상이다.

(3) $f : A \to B$, $g : B \to C$가 순서동형사상이면 $g \circ f : A \to C$도 순서동형사상이다.

【증명】 (1) 항등함수 I_A가 전단사이고, $I_A(x) = x$, $I_A(y) = y$이므로

$$x \le y \Leftrightarrow I_A(x) \le I_A(y)$$

이다.

(2) f가 순서동형사상이면 f는 전단사이다. 그러므로 f^{-1}도 전단사함수가 된다. 또 위 (정리 3.15)에 의해 f가 순서동형사상이므로 역함수 f^{-1}는 순서보존함수이다(즉, 임의의 x, $y \in B$에 대하여 $x \le y \Rightarrow f^{-1}(x) \le f^{-1}(y)$). 그리고 f가 순서보존함수이므로

$$f^{-1}(x) \le f^{-1}(y) \Rightarrow f(f^{-1}(x)) \le f(f^{-1}(y)) \Rightarrow x \le y$$

이다. 그러므로 f^{-1}는 순서동형사상이다.

(3) 함수 f, g가 순서동형사상이면 f와 g는 전단사함수이므로 합성함수 $g \circ f$도 전단사이다. 그리고 f와 g가 순서동형사상이므로 임의의 원소 x, $y \in A$에 대하여

$$\begin{aligned} x \le y &\Leftrightarrow f(x) \le f(y) \\ &\Leftrightarrow g(f(x)) \le g(f(y)) \\ &\Leftrightarrow (g \circ f)(x) \le (g \circ f)(y) \end{aligned}$$

이다.

[예 30] 순서동형 " $\simeq$ "는 동치관계이다. 즉 임의의 순서집합 A, B, C에 대하여 위 (정리 3.16)에 의하여 다음이 성립한다.

(1) 임의의 순서집합 A에 대하여 $A \simeq A$이다.

(2) $A \simeq B$이면 $B \simeq A$이다.

(3) $A \simeq B$이고 $B \simeq C$이면 $A \simeq C$이다.

정리 3.17 A가 준순서집합이고 $a \in A$이다. 이때 $S(a) = \{x \in A \mid x \leq a\}$이고 $X = \{S(x) \mid x \in A\}$이면 $(A, \leq) \simeq (X, \subseteq)$이다.

【증명】 함수 $f : A \to X$를 $f(a) = S(a)$라 정의하자. 그러면 f는 전단사 함수이다. 즉 $a, b \in A$이고

$$a \neq b \ \Rightarrow \ S(a) \neq S(b) \ \Rightarrow \ f(a) \neq f(b)$$

이므로 f는 단사이고 $S(x) \in X$에 대하여 X의 정의에 의해 $x \in A$가 존재해서 $f(x) = S(x)$이므로 f는 전사이다.

이제 $a \leq b \Leftrightarrow f(a) \leq f(b)$ 임을 보이자. $a \leq b$라 하자.

$$x \in f(a) \ \Rightarrow \ x \in S(a) \ \Rightarrow \ x \leq a \ \Rightarrow \ x \leq b \Rightarrow x \in S(b) \Rightarrow x \in f(b)$$

이다. 따라서 $f(a) \subseteq f(b)$이다. 역으로 $f(a) \subseteq f(b)$라 하자. 그러면 $S(a)$의 정의에 의해 $a \in S(a)$이고 $f(a) = S(a)$이므로 $a \in f(a)$이다. 그런데 $f(a) \subseteq f(b)$이므로 $a \in f(b) = S(b)$가 되어 $a \in S(b)$이다. 그러므로 $a \leq b$이다. 따라서 f는 순서동형사상이다.

[예 31] 다음 그림과 같이 순서가 주어진 순서집합 $A = \{a, b, c, d\}$에 대하여 $S(a) = \{a\}$, $S(b) = \{a, b\}$, $S(c) = \{a, b, c\}$ 그리고 $S(d) = \{a, b, d\}$이므로

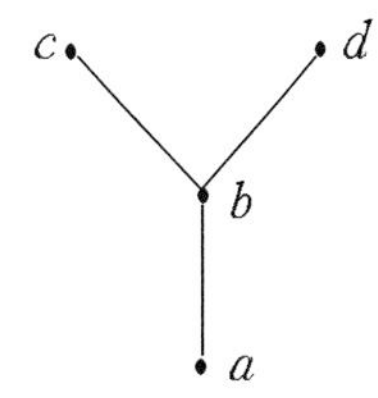

$$\begin{aligned} X &= \{S(a), S(b), S(c), S(d)\} \\ &= \{\{a\}, \{a, b\}, \{a, b, c\}, \{a, b, d\}\} \end{aligned}$$

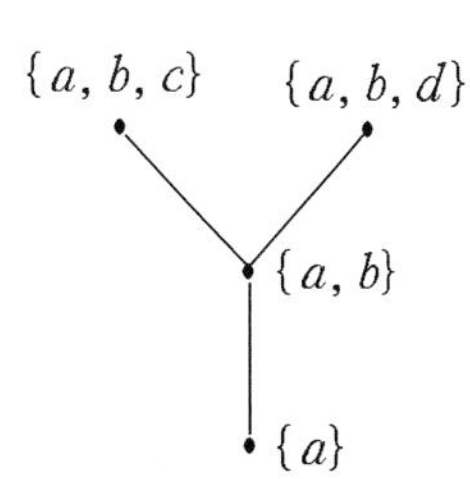

이다. 이것을 집합의 포함관계로 나타내면 그림과 같다.

따라서 $(A, \leq) \simeq (X, \subseteq)$이다.

연습문제 6.3

1. 사전식 순서는 전순서임을 보여라.

2. $A=\{2, 3, 4, 5, \cdots\}$가 "x는 y를 나눈다"로 순서가 주어졌다고 하자. 이때 극소원소와 극대원소를 모두 구하여라.

3. $B=\{1, 2, 3, 4, 5\}$가 아래 그림과 같이 순서가 주어졌다면 이때 B의 극소원소, 극대원소, 첫 원소, 마지막 원소를 구하여라.

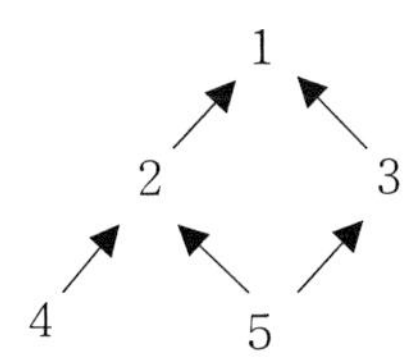

4. $W=\{1, 2, 3, 4, 5, 6, 7, 8\}$이 아래 그림과 같이 순서가 주어졌다고 하자. 이때 W의 부분집합 $V=\{4, 5, 6\}$에 대하여 V의 상계, 하계, 상한, 하한을 구하여라. 또 $U=\{2, 3, 4\}$인 경우 U의 상계, 하계, 상한 하한을 구하여라.

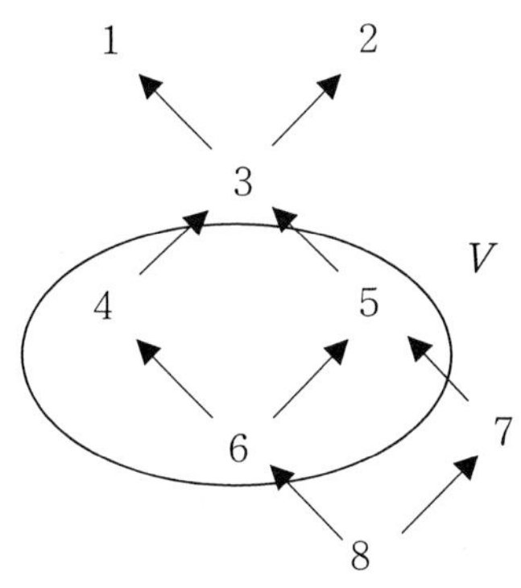

5. $D=\{1, 2, 3, 4\}$가 아래 그림과 같이 순서가 주어졌다 하자. $\mathscr{F}$를 집합의 포함관계로 순서가 주어진 D의 공이 아닌 전순서부분집합족(chain)이라 하면 $\mathscr{F}$를 선 그림으로 나타내어라.

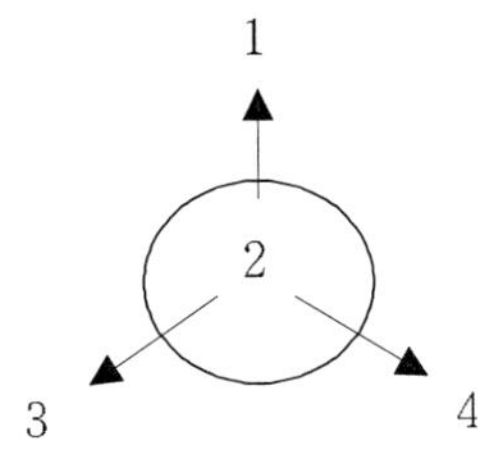

6. A의 부분집합 B와 C에 대하여 $B \subseteq C$이면, C의 상계들의 집합은 B의 상계들의 집합에 포함됨을 보여라.

7. A의 부분집합 B와 C에 대하여 $B \subseteq C$이면, $\sup B \leq \sup C$ 임을 보여라.

8. 실수집합 $\mathbb{R}$에서 $\left\{\frac{1}{n} \mid n \in \mathbb{N}\right\}$의 최대원소, 최소원소, 상계, 상한, 하계, 하한을 구하여라.

9. 집합 A가 유한이기 위한 필요충분조건은 A의 멱집합 $P(A)$의 부분족이 포함관계에 대해서 반드시 극대원소를 가짐을 밝혀라.

10. 준순서집합 A와 B에 대하여 C와 D를 각각 A와 B의 쇄(chain)라 하고 $A \times B$에 사전식 순서가 주어지면 $C \times D$는 $A \times B$의 쇄 임을 증명하여라.

11. $B \subseteq A$인 경우 b를 B의 최대원소라 하면 $b = \sup B$임을 증명하여라

12. $B \subseteq A$, $C \subseteq A$일 때 $B \cup C$의 하계들의 집합은 B의 하계들의 집합과 C의 하계들의 집합의 교집합과 같음을 보여라.

13. A와 B가 준순서집합이다. 순서동형사상 $f: A \to B$에 대하여 다음을 증명하여라

(1) a가 A의 극대(최대)원소일 필요충분조건은 $f(a)$가 B의 극대(최대)원소이다.

(2) $b = \sup C$일 필요충분조건은 $f(b) = \sup f|_C(C)$이다.

14. A가 준순서집합이라 할 때 A의 모든 부분집합이 상한 및 하한을 가지면 A는 최소원소 및 최대원소를 가진다.

15. A가 준순서집합이라 할 때 $A \times B$가 사전식 순서를 가졌다고 하자. 이때 (a, b)가 $A \times B$의 극대원소이면 a는 A의 극대원소이다.

16. 준순서집합 A와 B가 순서동형이면 $A \simeq B$로 나타내는데 관계 "$\simeq$"는 동치관계이다.

17. A와 B가 준순서집합일 때 순서보존함수 $f: A \to B$에 대하여 C가 A의 쇄(chain)이면 $f|_C(C)$는 B의 쇄임을 보여라

18. A와 B가 준순서집합이고 $f: A \to B$를 순서보존함수라 하자. 이때, 만일 a가 A의 최대원소이면 $f(a)$는 $f(A)$의 최대원소이다.

19. A와 B가 준순서집합이고 $f: A \to B$를 순서보존함수라 하자. c가 부분집합 C의 상계이면 $f(c)$는 $f(C)$의 상계이다.

20. A와 B가 준순서집합이고 $f: A \to B$가 순서동형사상이라 할 때, 다음을 보여라.

(1) a : A의 극대원소(최대원소) $\Leftrightarrow$ $f(a)$: B의 극대원소(최대원소)

(2) $C \subseteq A$일 때, a : C의 상계 $\Leftrightarrow$ $f(a)$: $f(C)$의 상계

4. 속

순서구조의 특별한 예로서 속에 대하여 정의하고 그 성질을 알아보자.

정의 4.1

A가 준순서집합일 때 A의 모든 쌍집합 $\{x, y\}$가 A에서 상한과 하한을 가질 경우 A를 **속**(lattice)이라 한다.

여기서 $\sup\{x, y\}$를 $x \vee y$로 $\inf\{x, y\}$를 $x \wedge y$로 나타내고 A가 속이면 $x \vee y$는 x와 y의 **결합**(join), $x \wedge y$는 x와 y의 **교차**(meet)라 한다. 속을 **격자**라고도 한다.

[예 1] 모든 전순서집합은 속이다. 왜냐하면 $x \leq y$이면 $x \vee y = y$이고 $x \wedge y = x$이기 때문이다.

원소의 개수가 1, 2, 3개인 속은 선형순서인 때만 존재한다. 원소의 개수가 4개인 경우는 두 가지 뿐이고 5개의 원소로 구성된 속은 다섯 가지 뿐이다.

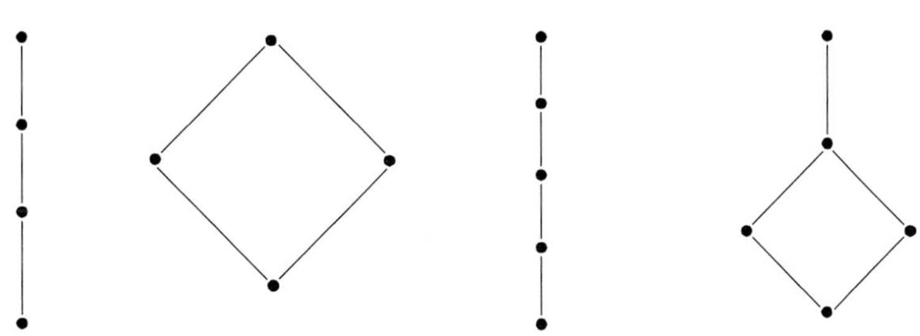

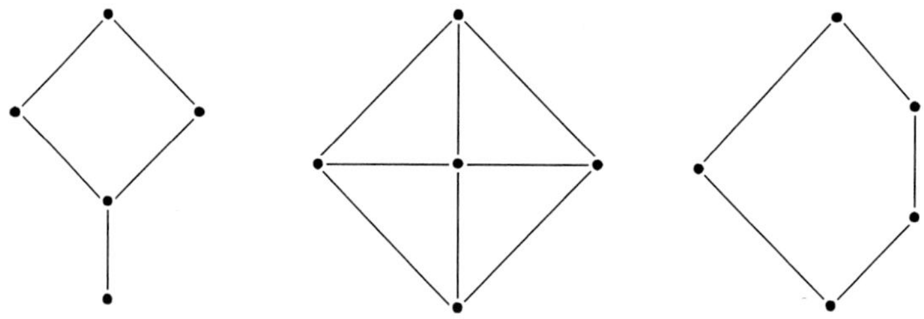

그림 5.13

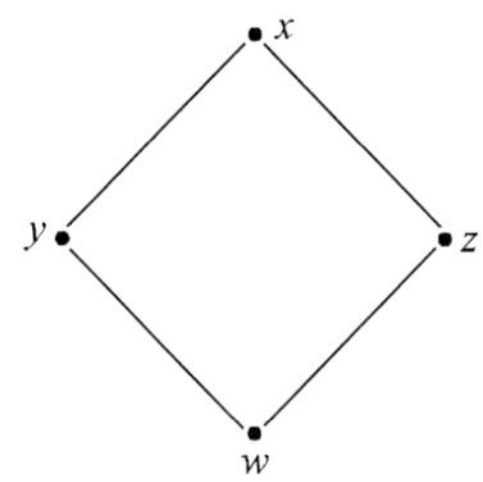

[예 2] 오른쪽 그림의 순서집합은 속이며 다음이 성립한다.

(1) $y \vee z = x$, $x \vee y = x$, $x \vee w = x$, $z \vee w = z$

(2) $x \wedge y = y$, $y \wedge z = w$, $y \wedge w = w$, $x \wedge w = w$

[예 3] 다음 그림과 같이 순서집합이 주어지면 (1), (2)는 속이지만 (3)은 속이 아니다. 왜냐하면 $x \vee y$, $z \wedge w$가 존재하지 않기 때문이다.

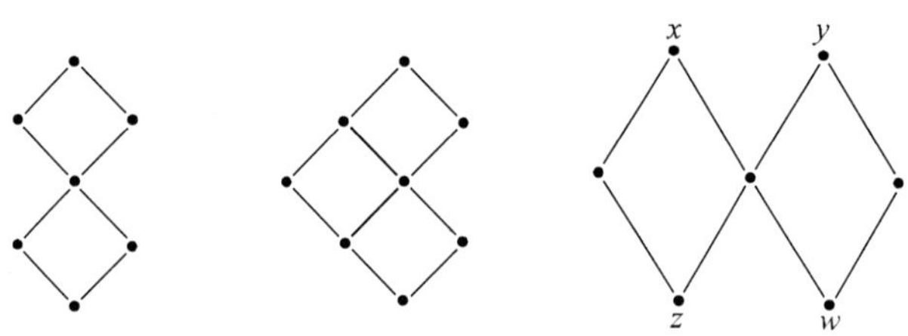

(1) (2) (3)

그림 5.14

[예 4] 집합 X의 멱집합 $P(X)$는 포함관계 $\subseteq$에 의하여 속이 된다. 이때 원소 $A, B \in P(X)$의 상한은 $A \cup B$이고 하한은 $A \cap B$이다.

[예 5] 전순서집합은 속이다. 왜냐하면 임의의 서로 다른 두 원소에 대하여 상한과 하한이 존재하기 때문이다. 즉 $x \leq y$이면 $x \vee y = y$이고 $x \wedge y = x$이다.

[예 6] $(\mathbb{N}, \leq)$, $(Q, \leq)$, $(R, \leq)$, $([-3, 5], \leq)$은 모두 속이다.

정리 4.2 속 A의 임의의 원소 x, y, z에 대하여 다음이 성립한다.

(1) $x \leq x \vee y$, $y \leq x \vee y$, $x \wedge y \leq x$, $x \wedge y \leq y$

(2) $x \leq z$이고 $y \leq z$이면 $x \vee y \leq z$이다.

$z \leq x$이고 $z \leq y$이면 $z \leq x \wedge y$이다.

(3) $x \leq y$이기 위한 필요충분조건은 $x \vee y = y$ 이다.

$x \leq y$이기 위한 필요충분조건은 $x \wedge y = x$이다.

【증명】 (1) $x \vee y$는 x와 y의 상한으로 상계이므로 $x \leq x \vee y$, $y \leq x \vee y$이다.

$x \wedge y$는 x와 y의 하한으로 하계이므로 $x \wedge y \leq x$, $x \wedge y \leq y$이다.

(2) z가 x, y의 상계이므로, x, y의 최소상계인 $x \vee y$에 대하여 $x \vee y \leq z$이다. z가 x, y의 하계이므로 x, y의 최대하계인 $x \wedge y$에 대하여 $z \leq x \wedge y$이다.

(3) $x \leq y$, $y \leq y$이므로 $x \vee y \leq y$이다. 그리고 $y \leq x \vee y$이므로 $x \vee y = y$이다. 역으로 $x \vee y = y$이면 $x \leq x \vee y$이므로 $x \leq y$이다.

정리 4.3 속 A의 임의의 원소 x, y, z에 대하여 다음이 성립한다.

(1) (멱등법칙) $x \vee x = x$, $x \wedge x = x$

(2) (교환법칙) $x \vee y = y \vee x$, $x \wedge y = y \wedge x$

(3) (결합법칙) $(x \vee y) \vee z = x \vee (y \vee z)$,

$(x \wedge y) \wedge z = x \wedge (y \wedge z)$

(4) (흡수법칙) $(x \vee y) \wedge x = x$, $(x \wedge y) \vee x = x$

【증명】 (1), (2)는 정의로부터 명백하다.

(3) (정리 4.2) (1)에 의하여

$$x \leq x \vee (y \vee z)\text{이고 } y \leq y \vee z \leq x \vee (y \vee z)$$

이다. (정리 4.2) (2)에 의하여

$$x \vee y \le x \vee (y \vee z))$$

이다. 그리고

$$z \le y \vee z \le x \vee (y \vee z)$$

이다. 다시 4.2 (2)에 의하여

$$(x \vee y) \vee z \le x \vee (y \vee z)$$

이 성립한다. 나머지는 같은 방법으로 증명된다.

(4) $(x \vee y) \wedge x = x$를 증명하기 위해서는 $x = \inf\{x \vee y,\ x\}$임을 보이면 된다. $x \le x \vee y$이므로 x는 $\{x \vee y,\ x\}$의 하계이다. 또 (정리 4.2)의 (1)에 의하여 $x \le x$이다. 만일 z가 $\{x \vee y,\ x\}$의 또 다른 하계이면 $z \le x$이다. 따라서 $x = \inf\{x \vee y,\ x\}$이다.

또한 $(x \wedge y) \vee x = x$는 $x = sup\{x \wedge y, x\}$ 임을 보이면 된다. $x \wedge y \le x$이고 $x \le x$이므로 x는 $\{x \wedge y, x\}$ 의 상계이며 최소상계이다. 임의의 $z(\neq x)$가 $\{x \wedge y, x\}$의 또 다른 상계라 하면 $x \le z$이다. 따라서 $x = sup\{x \wedge y, x\}$ 이다.

(정의 4.1)에서 속을 정의하였지만 속이란 (정리 4.3)의 (1), (2), (3), (4)를 만족하는 두 연산 $\vee$과 $\wedge$를 갖는 대수체계라고 말할 수 있다. 이와 같이 속은 2가지로 정의할 수 있다.

정리 4.4 A에 두 연산 $\vee$과 $\wedge$이 주어지고 이 두 연산이 (정리 4.3)의 (1), (2), (3), (4)를 만족하고 A에서의 관계 "$\le$"가 다음과 같이 정의되었다고 하자.

$$x \le y \ \Leftrightarrow\ x \vee y = y \quad \text{--------} \ ①$$

그러면 "$\le$"는 A에서의 순서관계이고 A는 속이 된다.

【증명】 우선 "$\le$"가 순서관계임을 보이자.

(1) $\le$는 반사적이다. 왜냐하면 $x \vee x = x$이므로 ①에 의하여 $x \le x$이기

때문이다.

(2) $\leq$는 반대칭적이다. 왜냐하면

$$x\leq y,\ y\leq x \Rightarrow x\vee y=y,\ y\vee x=x \Rightarrow x=y$$

이기 때문이다.

(3) $\leq$는 추이적이다. 왜냐하면

$$\begin{aligned} x\leq y,\ \ y\leq z\ &\Rightarrow\ x\vee y=y,\ \ y\vee z=z \\ &\Rightarrow\ x\vee z=x\vee(y\vee z)=(x\vee y)\vee z=y\vee z=z \\ &\Rightarrow\ x\leq z \end{aligned}$$

이기 때문이다.

이제 $\sup\{x,\ y\}=x\vee y$임을 보이자. 그러면

$$x\vee(x\vee y)=(x\vee x)\vee y=x\vee y$$

이고

$$\begin{aligned} &y\vee(x\vee y)=(y\vee x)\vee y=(x\vee y)\vee y=x\vee(y\vee y)=x\vee y \\ &\Rightarrow\ x\leq x\vee y,\ \ y\leq x\vee y \\ &\Rightarrow\ x\vee y\text{는 } x\text{와 } y\text{의 상계이다.} \end{aligned}$$

만일 z가 x와 y의 또 다른 상계이면

$$\begin{aligned} x\leq z,\ \ y\leq z\ &\Rightarrow\ x\vee z=z,\ \ y\vee z=z \\ &\Rightarrow\ (x\vee y)\vee z=x\vee(y\vee z)=x\vee z=z \\ &\Rightarrow\ x\vee y\leq z\ \text{(①에 의하여)} \end{aligned}$$

다음에 $x\wedge y=\inf\{x,\ y\}$의 증명은 연습문제로 둔다. 따라서 A는 속이다.

정의 4.5

속 A의 부분집합을 B라 하자. B의 임의의 두 원소 x, y에 대하여 $x \vee y \in B$이고 $x \wedge y \in B$일 때 B를 A의 **부분속**(sublattice)이라 한다.

특히 $x \vee y \in B$만 성립할 때 B를 **상반속**(upper semilattice)이라 하고 $x \wedge y \in B$만 성립할 때 B를 **하반속**(lower semilattice)이라 한다.

[예 7] (1) $(\mathbb{Q}^+, \leq)$와 $(\mathbb{R}^+, \leq)$는 각각 $(\mathbb{Q}, \leq)$와 $(\mathbb{R}, \leq)$의 부분속이다.

(2) $((-3, 5), \leq)$는 $([-3, 5], \leq)$의 부분속이다.

정의 4.6

속 A가 아래 (3)의 분배법칙을 만족하면 **분배속**(distributive lattice)이라 하며 다음 세가지 성질을 모두 만족하는 속 A를 부울속(Boolean) 또는 **부울대수**(Boolean algebra)라 한다.

(1) (최대원소, 최소원소) A의 임의의 원소 x에 대하여 $x \vee 0 = x$이며 $x \wedge 1 = x$가 되는 0과 1이 A에 존재한다.

(2) (여원-complement) A의 임의의 원소 x에 대하여 $x \wedge y = 0$이며 $x \vee y = 1$이 되는 y가 A에 존재한다.

(3) (분배법칙) A의 임의의 원소 x, y, z에 대하여

$$x \vee (y \wedge z) = (x \vee y) \wedge (x \vee z)$$
$$x \wedge (y \vee z) = (x \wedge y) \vee (x \wedge z)$$

이다.

[예 8] 집합족 $\mathscr{F}$가 집합연산 $\cup$, $\cap$과 여집합에 관해서 닫혀있을 때 즉,

$$C, D \in \mathscr{F} \Rightarrow C \cup D,\ C \cap D \in \mathscr{F}$$

$$D \in \mathscr{F} \Rightarrow D^c \in \mathscr{F}$$

이 성립할 때 $\mathscr{F}$를 **집합의 부울속**(Boolean lattice of sets) 또는 **집합의 부울 대수**(Boolean algebra of sets)라 한다.

이때 전체집합이 단위원 1이고 공집합 $\varnothing$는 0에 해당된다.

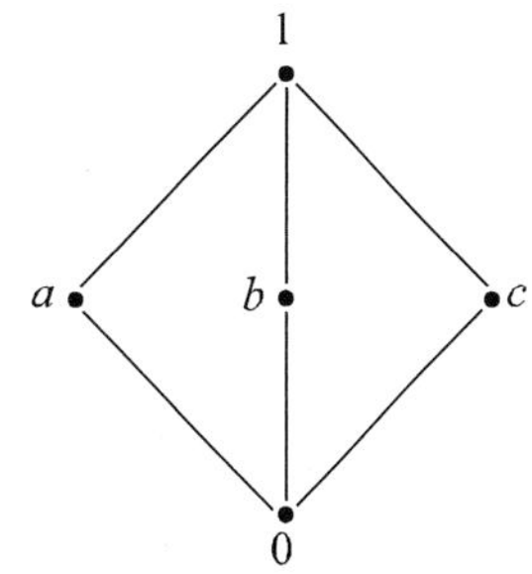

[예 9] 오른쪽 그림과 같은 준순서집합에서 최대원소는 1이고 최소원소는 0이다.

a의 여원은 b와 c이다. 그리고 b와 c의 여원도 각각 두 개씩이다.

그러나 $a \wedge (b \vee c) = a \wedge 1 = a$이지만

$(a \wedge b) \vee (a \wedge c) = 0 \vee 0 = 0$이므로 분배법칙이 성립하지 않는다.

따라서 분배속이 아니며 나아가 부울속도 아니다.

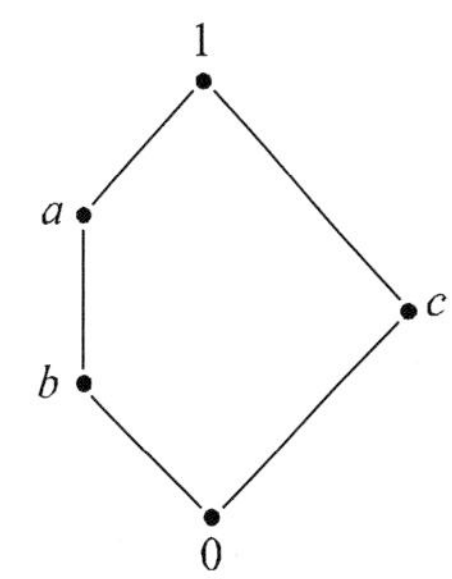

[예 10] 오른쪽 그림과 같은 준순서집합에서 최대원소는 1이고 최소원소는 0이다.

a와 b의 여원은 c이고 c의 여원은 a, b 두 개이다.

그러나 $a \wedge (b \vee c) = a \wedge 1 = a$이지만

$(a \wedge b) \vee (a \wedge c) = b \vee 0 = b$이므로 분배법칙이 성립하지 않는다. 따라서 분배속이 아니며 나아가 부울속도 아니다.

정의 4.7

준순서 집합 A에 대하여 A의 임의의 부분집합에 상한이 존재할 때 A를 **완비속**(complete lattice)이라 한다. 마찬가지로 A의 임의의 부분집합에 하한이 존재할 때도 A를 완비속이라 한다.

준순서집합 A에 대하여 A의 임의의 부분집합에 상한이 존재하는 것과 하한이 존재하는 것은 동치이다.

[예 11] $([-3, 5], \leq)$은 완비속이다. 왜냐하면 임의의 부분집합에 대한 상한이 존재하기 때문이다. 그러나 $(R, \leq)$은 완비속이 아니다. 왜냐하면 부분집합 R자신에 대해 상한이 존재하지 않기 때문이다.

[예 12] $A=[0. 1]\cap Q$일 때 $(A, \leq)$는 완비속이 아니다. 왜냐하면 부분집합 $\left\{x\in A \mid x^2<\frac{1}{3}\right\}$의 상한이 존재하지 않기 때문이다.

연습문제 6.4

1. A가 (정리 4.3)을 만족하는 두 연산 $\vee$과 $\wedge$을 갖는 경우 $x \vee y = y \Leftrightarrow x \wedge y = x$이 성립함을 보여라.

2. A가 속인 경우 다음 명제는 참이 되는 것을 보여라.
   $a \leq b \Rightarrow \forall x \in A,\ a \vee x \leq b \vee x$ 및 $a \wedge x \leq b \wedge x$

3. 속 A의 임의의 폐구간 $[a, b]$가 A의 부분속임을 증명하여라.

4. 속 A의 원소 a에 대하여 $I_A = \{x \in A \mid x \leq a\}$라 하자. 이때 I_A는 A의 부분속임을 증명하여라.

5. 속 A에 대하여 다음 성질을 증명하여라.
   (1) $x \leq z$이면 $x \vee (y \vee z) \leq (x \vee y) \wedge z$
   (2) $x \wedge (y \vee z) \geq (x \wedge y) \vee (x \wedge z)$
   (3) $x \wedge (y \wedge z) \leq (x \wedge y) \wedge (x \wedge z)$

6. 부울대수가 아닌 속의 줄 그림을 그려라.

7. 자연수집합 $\mathbb{N}$에서 두 자연수 m, n에 대하여 m이 n의 약수일 때 $m \leq n$으로 순서를 정의하면 이 순서에 의하여 $\mathbb{N}$은 속이 됨을 증명하여라.

8. 수직선 $\mathbb{R}$상의 한 점을 포함하는 모든 개구간족 $\mathcal{F}$에 포함관계에 의한 순서를 정의하면 $\mathcal{F}$는 속이 됨을 증명하여라.
   (한점 p를 포함하는 개구간 (a, b), (c, d)의 상한, 하한은 이 개구간의 합집합과 교집합으로 정의한다.)

9. 조건부 완비이지만 완비속이 아닌 준 순서집합의 줄 그림을 그려라.

5. 정렬집합

준순서집합이 비교 가능하면 전순서집합이라 하는 것은 이미 알고 있다. 그런데 전순서집합이라도 첫 원소를 가질 필요는 없다. 예를 들어 자연 순서를 갖는 실수들의 집합 $\mathbb{R}$이 그렇다. 그러나 자연수의 집합 $\mathbb{N}$와 그의 모든 부분집합은 첫 원소를 갖는다.

정의 5.1

준순서집합 $(A, \leq)$에 대하여 A의 공집합이 아닌 모든 부분집합 B가 최소원소(첫 원소)를 가지면, 그리고 그때에만 $(A, \leq)$를 **정렬집합**(well ordered set)이라 한다. 즉 각 $x \in B$에 대하여 $b \leq x$를 만족시키는 B의 원소 b가 존재하는 것이다. 그리고 정렬집합 $(A, \leq)$에 대하여 "$\leq$"를 A위의 **정렬순서관계**(well order relation) 또는 **정렬순서**이라 한다.

(정의 5.1)에서 준순서집합 $(A, \leq)$는 실제로 전순서집합이다. 왜냐하면 A의 임의의 부분집합 B가 최소원소를 가지므로 준순서집합 A의 임의의 두 원소 $x, y \in A$에 대한 부분집합 $\{x, y\}$는 최소원소를 가지므로

$$x \leq y \text{이거나 } y \leq x$$

가 되어 A는 비교가능하다. 따라서 A는 전순서집합이다.

[예 1] 정렬집합 $(A, \leq)$은 전순서집합이다. 그러나 역은 성립하지 않는다. 예를 들면 $(0, 1)$은 전순서집합이지만 정렬집합이 아니다.

[예 2] 보통의 방법으로 순서가 주어진 집합 $\{3, 4, 5, 6, 7, 8\}$은 정렬집합이다. 또한 같은 방법으로 자연수의 집합 $\mathbb{N}$은 정렬집합이다.

[예 3] 정수의 집합 $\mathbb{Z}$, 유리수의 집합 $\mathbb{Q}$, 실수의 집합 $\mathbb{R}$은 정렬 집합이 아니다. 왜냐하면 자신의 최소원소가 존재하지 않기 때문이다. 하지만 $\{1, 3, 5, 7, \cdots ; 2, 4, 6, 8, \cdots\}$은 정렬집합이다.

[예 4] $([-3, 5], \leq)$과 $((-3, 5), \leq)$은 정렬집합이 아니다. 왜냐하면 이들의 부분집합 중 $(-1, 3)$과 같은 것은 최소원소를 갖지 않기 때문이다.

[예 5] A가 정렬집합이면 A는 조건부완비이다. 왜냐하면 B가 A의 부분집합이며 B의 상계들의 집합이 공집합이 아닌 경우 B의 상계들의 집합은 정의에 의해 $\sup B$를 최소원소로 갖기 때문이다.

정의 5.2

A를 준순서집합이라 할 때 $a \in A$에 대하여 집합

$$S_a = \{x \in A \mid x < a\}$$

를 A의 **절편**(intial segment)이라 한다.

[예 6] 전순서집합 R에서 절편 $S_{\sqrt{2}} = \{x \in \mathbb{R} \mid x < \sqrt{2}\} = (-\infty, \sqrt{2})$이다.

[예 7] $A = (\mathbb{N}, \leq)$에서 절편 $S_5 = \{x \in \mathbb{N} \mid x < 5\} = \{1, 2, 3, 4\}$이다.

[예 8] 정렬집합의 모든 부분집합은 정렬집합이다. 정렬집합 A에서 절편 S_a는 역시 A의 부분집합이므로 정렬집합이다. 그리고 A자신과 $\varnothing$도 정렬집합이다. 또한 $a < b$이면 $S_a \subset S_b$이다.

정의 5.3

A가 준순서집합일 때 A의 **절단**(cut)은 다음의 성질 (1), (2), (3)을 만족하는 공집합이 아닌 부분집합들의 쌍 (L, U)이다.

(1) $L \cap U = \emptyset$, $L \cup U = A$

(2) $x \in L$ 이고 $y \le x$ 이면 $y \in L$ 이다.

(3) $x \in U$ 이고 $x \le y$ 이면 $y \in U$ 이다.

[예 9] $A = \{a, b, c, d, e, f\}$가 아래 그림과 같이 순서가 주어진 준순서집합이라 할 때 A의 절편은 $S_e = \{b, c, f\}$이고 A의 쇄는 $\{a, b, c\}$, $\{d, e, f\}$, $\{d, e, b, c\}$, $\{e, b, c\}$ 등이 있다. 그리고 A의 절단은 $L = \{a, b, c\}$이고 $U = \{d, e, f\}$일 때 (L, U)이다.

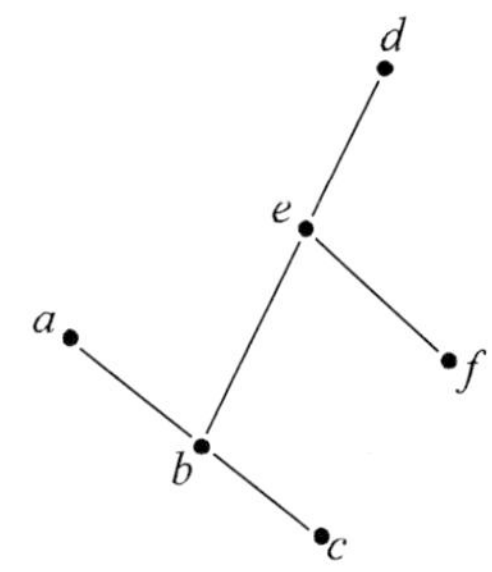

그림 5.15

[예 10] 전순서집합 $\mathbb{R}$에서 $L = \{x \in \mathbb{R} \mid x \le \sqrt{2}\}$, $U = \{x \in \mathbb{R} \mid x > \sqrt{2}\}$이라 하면 (L, U)는 $\mathbb{R}$의 하나의 절단이 된다.

정의 5.4

A가 준순서집합일 때 $a, b \in A$에 대하여 $a < b$이고 $a < c < b$가 되는 원소 c가 A에 존재하지 않는 경우 b를 a의 **직후자**(immediate successor), a를 b의 **직전자**(immediate predecessor)라 한다.

[예 11] 정렬집합 $A = \{1, 3, 5, 7, \cdots ; 2, 4, 6, 8, \cdots\}$에서 1과 2를 제외한 모든 원소는 직전자가 있으나 1과 2의 직전자는 없다. 이때 A의 절편은 $S_1 = \emptyset$, $S_2 = \{1, 3, 5 \cdots\}$, $S_7 = \{1, 3, 5\}$, $S_8 = \{1, 3, 5, \cdots ; 2, 4, 6\}$과 같다.

[예 12] 유리수의 조밀성 때문에 유리수 집합 $\mathbb{Q}$의 어떤 원소도 직후자의 직전자를 갖지 않는다.

[예 13] $A=\{a, b, c, d, f\}$가 오른쪽 그림과 같이 순서가 주어졌다고 하자. 그러면 b는 d와 e의 직후자이고, e는 b와 c의 직전자이다.

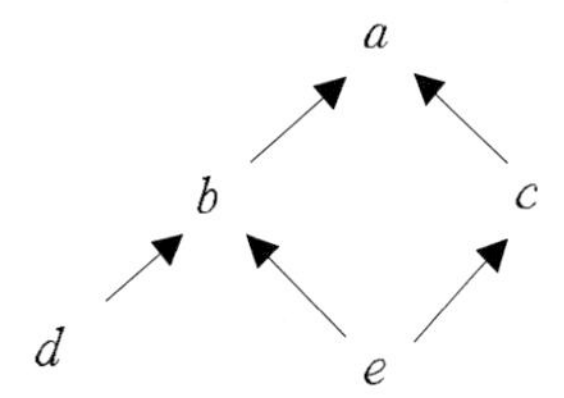

그림 5.16

정렬집합에서 한 원소가 첫 원소가 아니면서 직전자를 갖지 않을 때 이 원소를 **극한원소**(limit element)라고 한다. 위 [예 11]에서 원소 2는 극한원소이다.

[예 14] A가 정렬집합일 경우 최대원소(마지막 원소)를 제외한 모든 원소는 직후자를 갖는다. 왜냐하면 $x \in A$가 A의 최대원소가 아니면

$$T=\{y \in A \mid y > x\} \neq \emptyset$$

는 정렬집합 A의 부분집합이므로 최소원소가 존재한다. 이때 이 최소원소는 바로 x의 직후자이기 때문이다.

다음은 정렬집합의 몇 가지 성질을 열거한 것이다.

▶ 정렬집합의 성질 ◀

1. 정렬집합 A에서 $S(A)$를 A의 모든 원소에 대한 절편들의 족이라 하자. $S(A)$가 집합의 포함관계에 의하여 순서가 주어졌다면 순서동형사상 $f: A \to S(A)$가 $f(x) = S_x$에 의하여 정의되고 $A \simeq S(A)$이다.

2. 정렬집합 $(A, \leq)$와 부분집합 $B \subseteq A$에 대하여 함수 $f: A \to B$가 순서동형사상이면 임의의 $x \in A$에 대하여 $x \leq f(x)$이다.
   (예) 자연수집합 $\mathbb{N}$과 짝수들의 집합 $\mathbb{N}_e$에 대하여 $f(x) = 2x$로 정의되는 함수 $f: \mathbb{N} \to \mathbb{N}$는 순서동형사상이고, 이때 임의의 x에 대하여 $x < f(x) = 2x$이다.

3. 정렬집합 A가 정렬집합 B의 절편과 순서동형이면 A는 B보다 작다. 또는 B는 A보다 크다 라고 한다. 따라서 A와 B가 정렬 집합이면 A는 B보다 작든지, A는 B보다 크든지 아니면 A와 B는 순서동형이 된다.
   (예) 정렬집합 $A = \{a_1, a_2, a_3, \cdots, a_m\}$, $B = \{b_1, b_2, b_3, \cdots, b_n\}$에서 $m < n$이면 A는 B의 절편과 순서동형이다. 따라서 A는 B보다 작다.

4. A가 정렬집합일 때
   (1) A의 절편들의 합집합과 교집합은 A의 절편이다.
   (2) A의 절편의 절편은 A의 절편이다.

5. 정렬집합 A의 각 절편 S(A자신을 제외하고)에 대하여
   $S_x = \{a \in A \mid a < x\}$일 때 $S = S_x$가 되는 원소 $x \in A$가 존재한다.

연습문제 6.5

1. 정렬집합의 모든 부분집합은 정렬집합임을 보여라.

2. A가 정렬집합이고 $A \simeq B$이면 B도 정렬집합임을 보여라.

3. 정렬집합 A에서 A의 절편들의 합집합, 교집합은 A의 절편임을 보여라.

4. 정렬집합 A에서 A의 절편의 절편은 A의 절편이다.

5. A가 정렬집합인 경우 $x \in A$에 대한 x의 직후자와 직전자가 존재한다면 그것은 유일함을 보여라.

6. A가 전순서집합일 때 A가 정렬집합이기 위한 필요충분조건은 A가 임의의 절편이 정렬집합임을 증명하여라.

7. 정렬집합의 두 개의 상이한 절편은 순서동형일 수 없음을 보여라.

8. 정렬집합 A와 A자신을 제외한 A의 어떠한 절편과는 순서동형일 수 없음을 보여라.

9. A, B가 정렬집합이라 할 때 A가 B를 포함하는 집합과 순서동형이고 B가 A를 포함하는 집합과 순서동형이면 A와 B는 순서동형임을 증명하라.

Chapter

7

선택공리

이 장에서는 수학의 원리 중에서 가장 중요하고 논의의 대상이 되는 원리의 개념에 대해 알아본다. 공리에 대한 증명은 생략하고 공리의 내용을 이해하도록 한다.

제르멜로(Zermelo)는 1904년 수학적 논쟁에서 비공식적으로 사용되고 있는 하나의 가설에 주목했다. 이 가설은 이미 알려진 수학의 다른 공리나 논리에 근거한 것이 아니므로 새로운 공리로 인정되지 않으면 않되었고 제르멜로는 그것을 선택공리라 불렀다.

공리 1.1 선택공리(Axion of Choice)

공집합이 아닌 집합들의 집합족 $\mathscr{F}\ (\neq \varnothing)$에 대하여 **선택함수**(choice function)가 존재한다. 즉

$$\forall A \in \mathscr{F},\ f(A) \in A$$

를 만족하는 함수

$$f : \mathscr{F} \to \bigcup_{A \in F} A$$

가 존재한다.

[예 1] 집합족 $\mathscr{F} = \{\{1, 2\}, \{3, 4, 5\}, \{7, 8\}\}$에 대하여 선택함수가 존재한다. 왜냐하면

$$f(\{1, 2\}) = 1, \quad f(\{3, 4, 5\}) = 4, \quad f(\{7, 8\}) = 8$$

에 의해 정의된 함수 $f: \mathscr{F} \to \bigcup_{A \in F} A$는 선택함수이다.

[예 2] 위 [예 1]에서

$$f(\{1, 2\}) = 1, \quad f(\{3, 4, 5\}) = 4, \quad f(\{7, 8\}) = 6$$

에 의해 정의된 함수 $f: \mathscr{F} \to \bigcup_{A \in F} A$는 선택함수가 아니다.

유한집합에 대해서는 항상 선택함수가 존재하며 무한집합을 포함해서 선택함수의 존재를 입증하는 것이 선택공리이다.

정의 1.2 Hausdorff의 극대원리(Maximal Principle)

준순서집합 $(A, \leq)$에 대하여 A는 극대쇄(사슬-chain)를 갖는다. 즉 A의 쇄 전체의 모임을 $\boldsymbol{C}$라 할 때 준순서집합 $(\boldsymbol{C}, \subseteq)$는 극대원소를 갖는다.

[예 3] 전순서집합 $([0, 1], \leq)$은 자신이 바로 극대쇄이다.

[예 4] $A = \{a, b, c, d, e, f\}$가 아래 그림과 같이 순서를 갖는 순서집합이라면 $\{a, b, c\}, \{a, b, e, f\}, \{d, e, f\}$는 각각 극대쇄이다.

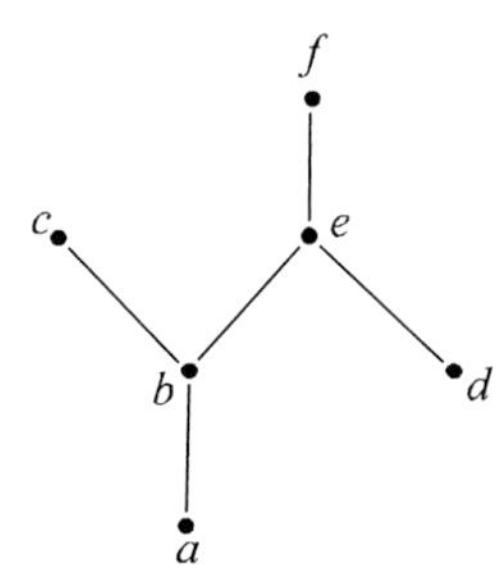

그림 6.1

정의 1.3 조른의 보조정리(Zorn's Lemma)

준순서집합 $(A, \leq)$에 대하여 A의 모든 **쇄**(사슬-chain)가 상계를 가지면 A는 극대원소를 갖는다.

[예 5] 준순서집합 $([0, 1], \leq)$은 모든 쇄가 상계를 갖는다. 그러므로 극대원소를 가지며 실제 극대원소는 1이다.

[예 6] $((0, 1), \leq)$이나 $(R, \leq)$은 자기 자신의 상계가 없다. 따라서 극대원소도 없다.

[예 7] $A=\{a, b, c, d, e, f\}$가 오른쪽 그림과 같이 순서를 갖는 순서집합이라 하면
쇄 $\{a, b\}$는 b를 상계로 갖는다.
쇄 $\{d, e\}$는 e를 상계로 갖는다.
극대쇄 $\{a, b, c\}$는 상계 c를 가지며 또한 극대쇄 $\{a, b, e, f\}$, $\{d, e, f\}$는 f를 상계로 갖는다.
이때 극대쇄의 상계 c와 f는 바로 A의 극대원소이다.

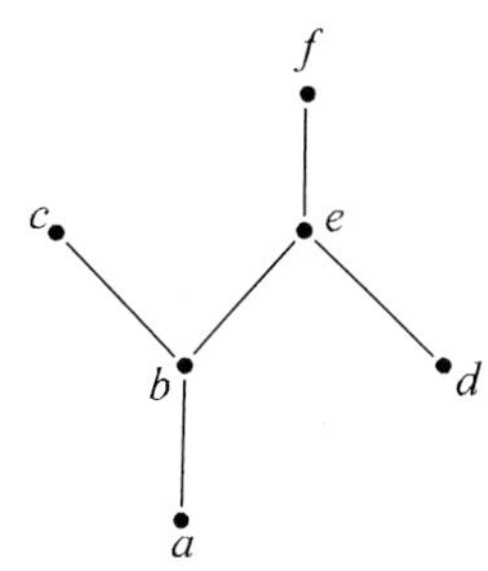

정의 1.4 정렬원리(Well-Ordering Principle)

모든 집합은 정렬가능하다. 즉 적당한 순서를 주어서 정렬집합으로 만들 수 있다.

[예 8] 유한집합 $\{1, 2, 3, 4\}$는 정렬가능하다. 또한 자연수의 집합 $\mathbb{N}$은 정렬가능하다.

[예 9] 정수집합 $\mathbb{Z}$는 정렬가능하다. 왜냐하면 $\{0, 1, -1, 2, -2, 3, -3, \cdots\}$로 순서를 주면 정렬집합이 되기 때문이다.

정렬원리에 의하면 실수의 집합 R도 정렬가능하다. 그러나 어떤 순서를 주었을 때 정렬집합이 되는지는 알려지지 않았다.

정리 1.5 다음의 정리들은 상호 동치이다.

(1) 선택공리 $\Leftrightarrow$ (2) Hausdorff의 극대원리
$\Leftrightarrow$ (3) 조른의 보조정리 $\Leftrightarrow$ (4) 정렬원리

Chapter 8 기 수

기수의 개념, 기수의 연산(덧셈, 곱셈, 거듭제곱)과 성질을 알아보고 유한기수와 초한기수 사이의 기수연산에 관한 차이점을 비교해보자.

1. 기수의 개념

A가 유한집합이면 그 크기를 자연수로 나타낼 수 있으며 A는 오직 하나의 자연수 n과 대응시킬 수 있다. 즉 $A=\{a, b, c\}$이면 A의 크기는 3이고 $A=\{1, 2, 3, \cdots, 10\}$이면 크기는 10이 된다. 그러면 무한집합에 대해서도 그 크기를 나타낼 수 있느냐 하는 것이 의문이다. 물론 무한집합에 대해서도 크기를 말할 수 있고, 모든 무한집합에 그 크기에 해당하는 값이 존재한다.

두 집합 A와 B가 서로 동등하다는 것은 A와 B사이에 전단사 함수가 존재해서 일대일대응 하는 것이다. 이것은 A와 B가 유한집합인 경우 원소의 수가 같다는 의미를 갖고 무한집합인 경우는 크기가 같음을 의미한다.

동등관계는 동치관계이므로 집합전체의 모임을 동치류로 분할할 수 있다. 이때 이 동치류에는 같은 크기의 집합들이 속하며 이 동치류 또는 동치류에 속하는 집합의 크기를 **기수**(cardnal number)라고 한다. 기수를 **농도**(cardnality)라고도 하고 집합 A에 대한 기수를 $^{\#}A$ 또는 card A로 나타낸다.

기수에 대해서 완전하게 이해하고 설명하는 것은 쉬운 일이 아니다. 우리가 수의 본질에 대해 충분한 이해 없이 일상생활에서 그 성질을 이해하고 자연스럽게 사용하는 것처럼 이제 기수에 대해서도 그 성질들을 알아보는 것으로 만족하자.

기수에는 다음과 같은 중요한 성질이 있다.

[1] 각 집합 A에 대하여 $^{\#}A$로 표시되는 하나의 기수가 대응되고 각 기수 α에 대해서 $^{\#}A = \alpha$인 하나의 집합 A가 존재한다.

[2] $A = \varnothing \Leftrightarrow {}^{\#}A = 0$

[3] A가 공집합이 아닌 유한집합 즉 임의의 $k \in \mathbb{N}$에 대하여 $A \sim \{1, 2, 3, \cdots, k\}$이면 $^{\#}A = k$이다.

[4] 임의의 두 집합 A, B에 대하여 $A \sim B \Leftrightarrow {}^{\#}A = {}^{\#}B$이다.

위 성질에서 [1]은 모든 집합이 기수를 가지며 모든 기수에 대하여 그 기수를 갖는 집합이 존재함을 의미하고 [2]와 [3]은 유한집합에 대한 기수의 정의이다. 즉 유한집합의 기수는 그 집합의 원소의 개수를 의미한다. 그러나 [1], [4]는 보통 공리론적 집합론에서 공리로 제시되므로 쉽게 이해되지는 않을 수 있다. 하지만 이러한 어려움은 앞으로 서서히 이해될 것이다. 그리고 집합 A의 기수란 A와 동등한 모든 집합들의 공통 성질이라 할 수 있다. 특히 [4]는 무한집합의 기수를 정의한다.

[예 1] 집합 $A = \{a, b, c\}$의 기수는 $^{\#}A = 3$이다.

유한집합 $\varnothing, \{1\}, \{1, 2\}, \{1, 2, 3\}, \cdots$ 등의 기수는 $0, 1, 2, 3, \cdots$ 으로 표시하고 이들을 **유한기수**(finite cardinal number)라 하며 무한 집합인 자연수 전체집합 $\mathbb{N}$의 기수는 $\aleph_0$(aleph-null), 실수 전체집합 R의 기수는 ς로 표시하며 이들을 **초한기수**(transfinite cardinal number)라 한다. 즉

$$^{\#}\mathbb{N} = \aleph_0, \quad ^{\#}R = \varsigma$$

이다. $\aleph_0$를 가부번집합의 기수라 하고 ς를 연속체의 기수라고도 하며 이 기호 $\aleph_0$와 ς는 집합 A의 기수 $^{\#}A$와 마찬가지로 Cantor에 의하여 처음 사용되었다.

위의 성질 [2], [3]에 의하여 유한기수는 음이 아닌 정수임을 알 수 있으며 자연수의 자연스러운 순서

$$0 < 1 < 2 < 3 < \cdots$$

을 갖는다. 또한 성질 [4]는 임의의 두 초한기수가 같은 경우와 같지 않은 경우를 판단하게 한다. 이제 두 기수가 같지 않은 경우 그 크기를 비교하여 보자.

정의 1.1

집합 A, B에 대하여 A가 B의 한 부분집합과 동등하고 B가 A의 어떠한 부분집합과도 동등하지 않으면 $^{\#}A$는 $^{\#}B$보다 작다고 하고 $^{\#}A < {}^{\#}B$로 나타낸다.

초한기수의 순서에 관하여 정의하였는데 이것을 유한기수에 대하여도 그대로 적용된다. 그리고 유한기수에 적용할 때 그 결과는 자연수의 순서와 같다.

[예 2] $^{\#}\mathbb{N} < {}^{\#}R$이다.

왜냐하면 집합 $\mathbb{N}$은 R의 부분집합이므로 $\mathbb{N}$은 R의 부분집합 $\mathbb{N}$과 동등하다. 즉 $\mathbb{N} \sim \mathbb{N} \subset R$이다. 그런데 R은 비가부번 집합이므로 R은 $\mathbb{N}$의 임의의 부분집합과 동등할 수 없기 때문이다. 따라서 (정의 1.1)에 의하여 $^{\#}\mathbb{N} < {}^{\#}R$이다.

[예 3] 집합 A에 대하여 $^{\#}A \leq {}^{\#}A$이다.

집합 A가 집합 B의 부분집합과 동등하고 또 B가 A의 부분집합과 동등할 때 두 기수 $^{\#}A$와 $^{\#}B$를 어떻게 비교할 것인가 하는 의문이 생긴다. Cantor는 $^{\#}A$

와 $^{\#}B$가 같아야 될 것으로 생각하였는데 1890년경에 이 칸토르의 생각을 **베른슈타인**(F. Bernstein)과 **슈뢰더**(E. schroder)가 독자적으로 논리적 계산을 바탕으로 증명하였으며 이는 오늘날 **슈뢰더-베른슈타인의 정리**(schoder-Bernstein theorem)로 알려져 있다.

보조 정리 1.2 임의의 집합 A, B에 대하여 B가 A의 부분집합이고, 단사함수 $f: A \to B$가 존재하면 전단사함수 $h: A \sim B$가 존재한다.

정리 1.3 (**슈뢰더-베른슈타인 정리**) 임의의 집합 A, B에 대하여 A가 B의 부분집합과 동등이고 B가 A의 부분집합과 동등이면 A와 B는 동등이다.

【증명】 집합 A_0와 B_0를 각각 집합 A와 B의 부분집합이라 하고 $A \sim B_0$이고 $B \sim A_0$라 하자. 그리고 $f_0: A \sim B_0$, $g_0: B \sim A_0$인 f_0와 g_0를 두 전단사 함수라 하자. 이때 $f(x) = g_0(f_0(x))$로 정의되는 함수 $f: A \to A_0$는 단사이다. 그러므로 위 (보조정리 1.2)에 의하여 전단사함수 $h: A \sim A_0$가 존재한다. 따라서 두 전단사 함수 $h: A \sim A_0$와 $g_0^{-1}: A_0 \sim B$의 합성함수 $g_0^{-1} \circ h: A \sim B$는 전단사이다. 즉 A와 B는 동등이다.

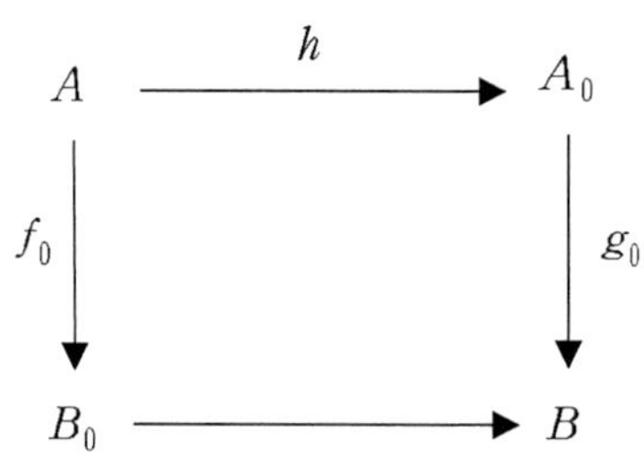

[예 4] 두 집합 A, B에 대하여 $^{\#}A \le {}^{\#}B$이고 $^{\#}B \le {}^{\#}A$이면 $^{\#}A = {}^{\#}B$이다. 왜냐하면 $^{\#}A \le {}^{\#}B$에 의하여 $A \sim B_1$인 $B_1 \subseteq B$이 존재하고 같은 방법

으로 $^{\#}B \leq {}^{\#}A$에 의하여 $B \sim A_1$인 $A_1 \subseteq A$이 존재하므로 (정리 1.3)에 의하여 $A \sim B$이다. 따라서 $^{\#}A = {}^{\#}B$이다.

[예 5] 집합 A, B, C에 대하여 $^{\#}A \leq {}^{\#}B$이고 $^{\#}B \leq {}^{\#}C$이면 $^{\#}A \leq {}^{\#}C$이다.

지금까지 우리는 초한기수로 $^{\#}\mathbb{N}$과 $^{\#}R$만을 알고 있다. 그런데 실제 $^{\#}\mathbb{N}$과 $^{\#}R$ 이외의 또 다른 초한기수는 무수히 많이 존재하며 이들에 관해서는 다음 절에서 설명한다.

한편 서로 다른 두 유한기수 m, n에 대하여 $m \langle n$ 이거나 $m \rangle n$이 성립함을 알고 있다. 그리고 m, n이 초한기수인 경우에도 유한기수와 마찬가지로 이것이 성립되는 것을 알게 될 것이다.

연습문제 8.1

1. 자연수들은 기수임을 보여라.

2. $A=\{x, y, z\}$, $B=\{a, b\}$일 때 $^{\#}A$, $^{\#}B$, $^{\#}A\times B$, $^{\#}B^{A}$를 구하여라.

3. 다음 집합들의 기수를 구하여라.
$\varnothing$, $\{\varnothing\}$, $\{\varnothing, \{\varnothing\}\}$, $\{\varnothing, \{\varnothing\}, \{\varnothing, \{\varnothing\}\}\}$

4. 임의의 유한기수 n에 대하여 $n \leq {}^{\#}\mathbb{N}$ 임을 증명하여라.

5. 임의의 초한기수 a에 대하여 $^{\#}\mathbb{N} \leq a$임을 증명하여라. 따라서 $^{\#}\mathbb{N}$는 가장 작은 초한기수이다.

6. 집합 A, B에 대하여 $^{\#}A \leq {}^{\#}B$이기 위한 필요충분조건은 단사함수 $f: A \rightarrow B$가 존재하는 것임을 증명하여라.

7. 임의의 집합 A, B, C에 대하여 $^{\#}A < {}^{\#}B$이고 $^{\#}B \leq {}^{\#}C$이면 $^{\#}A < {}^{\#}C$ 임을 증명하여라.

8. 임의의 집합 A, B, C에 대하여 $A \subseteq B \subseteq C$이고 $A \sim C$이면 $A \sim B$임을 증명하여라.

9. 두 집합 A, B에 대하여 $A \subseteq B$이면 $^{\#}A \leq {}^{\#}B$임을 증명하여라.

2. 칸토르의 정리

임의의 집합 X에 대하여 X의 멱집합 $P(X)$는 X의 모든 부분집합의 집합임을 알고 있다. 칸토르 자신이 $^{\#}X \leq {}^{\#}P(X)$임을 증명하였는데 이 정리의 중요한 의미는 하나의 기수에 대하여 그보다 더 큰 기수가 존재하며 더 많은 새로운 기수(초한기수)들의 수열을 얻을 수 있다는 것이다. 예를 들면 다음과 같다.

$$^{\#}R < {}^{\#}P(R) < {}^{\#}P(P(R)) < \cdots$$

정리 2.1 **(칸토르의 정리)** 임의의 집합 X에 대하여 $^{\#}X < {}^{\#}P(X)$이다.

【증명】 $X=\varnothing$인 경우 $^{\#}\varnothing = 0 < 1 = {}^{\#}P(\varnothing)$이므로 성립한다.

그러나 $X \neq \varnothing$인 경우 모든 $x \in X$에 대하여 $g(x)=\{x\} \in P(X)$로 정의되는 함수 $g: X \to P(X)$는 단사이다. 그러므로 X는 $P(X)$의 부분집합 $\{\{x\} \mid x \in X\}$와 서로 동등하다. 즉

$$^{\#}X \leq {}^{\#}P(X)$$

이다. $^{\#}X < {}^{\#}P(X)$임을 보이기 위해 이제 X가 $P(X)$와 동등하지 않음을 보이자. X가 $P(X)$와 동등하다고 가정하자. 그러면 전단사함수 $f: X \to P(X)$가 존재하게 된다. 이때 f에 의한 상 $f(x)$에 속하지 않는 원소 $x \in X$들의 집합

$$S=\{x \in X \mid x \notin f(x)\}$$

를 생각하자. 그러면 $S \subseteq X$이므로 $S \in P(X)$이다.

$f: X \approx P(X)$이므로 적당한 원소 $p \in X$가 존재하여 $f(p)=S$이다. 이때 $p \in S$이거나 $p \notin S$이다. 그러면 먼저 $p \in S$인 경우 S의 정의에 의하여 $p \notin f(p)$이다. 하지만 $f(p)=S$이므로 $p \notin S$가 되어 모순이다.

그리고 또 $p \notin S$인 경우는 $f(p)=S$이므로 $p \notin f(p)$이다. 그러나 S의

정의에 의하여 $p \in S$이므로 모순이 된다. 따라서 어느 경우나 모순이며 $X \not\approx P(X)$이고 $^{\#}X \neq {}^{\#}P(X)$이다.

즉 $^{\#}X < {}^{\#}P(X)$이다.

한편, **칸토르 정리**(Cantor's Theorem)에서 $^{\#}\mathbb{N} < x < {}^{\#}P(\mathbb{N})$을 만족하는 어떤 기수 x가 존재 하는가 하는 자연스러운 의문이 생기는데 이것을 **연속체 문제**(continuum problem)라고 하며 이 의문이 오랫동안 칸토르와 다른 수학자들의 관심사였다. 그러나 이들은 실제의 집합에서 그러한 기수를 찾을 수 없었으며 따라서 다음과 같은 연속체 가설을 내 놓게 되었다.

정리 2.2 **연속체 가설**(continuum hypothesis)

두 초한기수 $\aleph_0$와 $\varsigma(=2^{\aleph_0})$에 대하여 $\aleph_0 < x < \varsigma$를 만족하는 기수 x는 존재하지 않는다.

위 연속체 가설을 확장하여 더 일반화한 일반 연속체 가설(generalized continuum hypothesis)

"임의의 초한기수 a에 대하여 $a < x < 2^a$를 만족하는 기수 x는 존재하지 않는다."

가 제기되었다.

독일의 수학자 **힐버트**(Hilbert : 1862~1943)는 1900년 초 파리 국제수학자대회에서 지금까지 수학자들이 해결하지 못한 미해결 문제 23개를 발표하면서 맨 처음 연속체 가설을 제기했다. 1938년 오스트리아의 논리학자인 **궤델**(Godel)은 일반 연속체 가설이 집합론의 공리와는 독립적으로 별개의 것이라 하였다. 즉 집합론의 공리에 모순되지 않음을 증명하였다.

마침내 1963년 미국 스탠포드대학의 Cohen은 연속체 가설이 거짓이라고 가정을 해도 집합론에 아무런 모순도 생기지 않는다는 것을 증명함으로써 이 문제가 해결되었다. 즉 "일반 연속체 가설은 기존 집합론의 공리 안에서는 성립하거나 성립하지 않는다는 것을 증명할 수 없다는 것"을 의미한다. 이는 연속체 가설을 집합론의 다른 공리로부터 유도할 수 없는 독립된 공리로 인정할 수 있다는 것이다. 추가로 언급하면 집합론에서 일반 연속체 가설은 Euclid 기하학에서 "평행선의 공리"와 같은 입장과 역할을 하는 것이다. 따라서 연속체 가설을 집합론의 하나의 공리로 인정하거나 인정하지 않을 수 있으며 이때 어떻게 하든 두 경우 모두 모순이 되지 않는 수학적 이론의 구성을 할 수 있다는 것이다.

연습문제 8.2

1. 가장 큰 기수는 존재하지 않음을 보여라.

2. 집합 A, B에 대하여 $A \sim B$이면 $^{\#}P(A) = {}^{\#}P(B)$임을 보여라.

3. 임의의 가부번집합 A에 대하여 A의 멱집합 $P(A)$는 비가부번임을 보여라.

4. 자연수가 아닌 기수를 3가지 말하여라.

3. 기수의 연산

실수에 대한 연산과 같이 기수에 대한 연산도 가능하다. 유한기수의 경우 통상적인 연산을 생각해서 두 기수 m과 n에 대하여 $m+n$, mn과 같은 의미를 둔다. 이제 이 의미를 초한기수에 대해서도 그대로 성립하도록 일반화하자.

정의 3.1

서로소인 두 집합 A, B의 기수를 각각 a, b라고 할 때 **기수합**(cardnal sum) $a+b$는 다음과 같이 정의한다.

$$a+b={}^{\#}(A\cup B)$$

정리 3.2 임의의 두 기수 a, b에 대하여

(1) ${}^{\#}A=a$, ${}^{\#}B=b$이고 $A\cap B=\varnothing$을 만족하는 집합 A와 B가 존재한다.

(2) 집합 A, B, C, D에 대하여 ${}^{\#}A={}^{\#}C$, ${}^{\#}B={}^{\#}D$, $A\cap B=\varnothing$, $C\cap D=\varnothing$이면 ${}^{\#}(A\cup B)={}^{\#}(C\cup D)$이다.

【증명】 (1) 기수의 성질 [1]에 의하여 ${}^{\#}X=a$, ${}^{\#}Y=b$를 만족하는 집합 X, Y가 존재한다. 여기서 $X\cap Y=\varnothing$는 아니다. 이때 $A=X\times\{0\}$이고 $B=Y\times\{1\}$이라 하자. 그러면 $X\sim X\times\{0\}$, $Y\sim Y\times\{1\}$이므로 $A\sim X$, $B\sim Y$이고 $A\cap B=\varnothing$이다. 따라서 ${}^{\#}A={}^{\#}X=a$, ${}^{\#}B={}^{\#}Y=b$이고 $A\cap B=\varnothing$이다.

(2) ${}^{\#}A={}^{\#}C$이므로 $A\sim C$이고 ${}^{\#}B={}^{\#}D$이므로 $B\sim D$이다.
그리고 $A\cap B=\varnothing$, $C\cap D=\varnothing$이므로 5장 (정리 1.3)에 의해 $(A\cup B)\approx(C\cup D)$이므로 ${}^{\#}(A\cup B)={}^{\#}(C\cup D)$이다.

예제 1 유한기수 3과 5의 기수합 $3+5$를 구해보자.

풀이 $^{\#}\{1, 2, 3\}=3$, $^{\#}\{4, 5, 6, 7, 8\}=5$이고

$\{1, 2, 3\}\cap\{4, 5, 6, 7, 8\}=\varnothing$ 이므로

$$3+5={}^{\#}(\{1, 2, 3,\}\cup\{4, 5, 6, 7, 8\})$$
$$={}^{\#}\{1, 2, 3, 4, 5, 6, 7, 8\}=8$$

이다. 이는 두 자연수 3과 5의 합과 같다.

위 (문제 1)에서 확인한 바와 같이 유한기수의 합은 자연수의 합과 같다. 또한 두 집합의 합집합에 대하여 교환법칙과 결합법칙이 성립하므로 각각 상응하는 기수합의 성질을 알아보자.

정리 3.3 임의의 기수 x, y, z에 대하여 다음이 성립한다.

(1) 교환법칙 : $x+y=y+x$

(2) 결합법칙 : $(x+y)+z=x+(y+z)$

【증명】 (1) $^{\#}A=x$, $^{\#}B=y$이고 $A\cap B=\varnothing$를 만족하는 집합 A, B가 존재한다. 따라서

$$x+y={}^{\#}(A\cup B)={}^{\#}(B\cup A)=y+x$$

이다.

(2) $^{\#}A=x$, $^{\#}B=y$, $^{\#}C=z$이고 $A\cap B\cap C=\varnothing$를 만족하는 집합 A, B, C가 존재한다. 따라서

$$(x+y)+z={}^{\#}(A\cup B)+{}^{\#}C={}^{\#}((A\cup B)\cup C)$$
$$={}^{\#}(A\cup(B\cup C))={}^{\#}(A)\cup{}^{\#}(B\cup C)=x+(y+z)$$

칸토르에 의하여 두 기호 $\aleph_0$와 ς는 각각 가부번집합과 실수의 집합인 연속체의 기수를 나타내는데 사용되어 왔다. 즉, $\aleph_0={}^{\#}\mathbb{N}$, $\varsigma={}^{\#}R$이다. 특히 $\aleph$는

히브리어 자모의 첫째 글자로서 알레프(aleph)라고 읽으며 $\aleph_0$는 **알레프 제로** (zero) 또는 **알레프 널**(mull)이라고 읽는다.

예제 2 $\aleph_0+\aleph_0=\aleph_0$임을 보여라.

풀이 $\mathbb{N}_e$와 $\mathbb{N}_o$를 각각 짝수인 자연수들의 집합과 홀수인 자연수들의 집합이라 하자. 그러면 $\mathbb{N}_e\cap\mathbb{N}_o=\varnothing$이고 $\mathbb{N}_e\cup\mathbb{N}_o=\mathbb{N}$이며 $\mathbb{N}_e$와 $\mathbb{N}_o$는 모두 $\mathbb{N}$의 가부번부분집합으로

$$^{\#}\mathbb{N}_e=\aleph_0, \quad ^{\#}\mathbb{N}_o=\aleph_0$$

이다. 따라서 (정의 3.1)에 의하여

$$\aleph_0+\aleph_0={}^{\#}\mathbb{N}_e+{}^{\#}\mathbb{N}_o={}^{\#}(\mathbb{N}_e\cup\mathbb{N}_o)={}^{\#}\mathbb{N}=\aleph_o$$

이다.

위 (예제 2)의 결과는 초한기수의 특별한 성질이다. 유한기수의 경우는 성립하지 않는다. 왜냐하면 유한기수 m, n에 대하여 $m+n=m$인 경우는 $n=0$일 때만 성립하기 때문이다.

예제 3 $\varsigma+\varsigma=\varsigma$ 임을 보여라.

풀이 $\varsigma={}^{\#}(0,\ 1)$, $\varsigma={}^{\#}(2,\ 4)$, $(0,\ 2)\cap(2,\ 4)=\varnothing$ 이고 $(0,\ 1)\cup(2,\ 4)\subseteq(0,\ 4)\approx(0,\ 1)$이므로

$$\varsigma+\varsigma={}^{\#}((0,\ 1)\cup(2,\ 4))\le{}^{\#}(0,\ 4)=\varsigma$$

이고 또한 $(0,\ 1)\subseteq(0,\ 1)\cup(2,\ 4)$ 이므로

$$\varsigma={}^{\#}(0,\ 1)\le{}^{\#}((0,\ 1)\cup(2,\ 4))\le{}^{\#}(0,\ 1)+{}^{\#}(2,\ 4)=\varsigma+\varsigma$$

이다. 따라서 슈레더-베른스타인의 정리에 의해 $\varsigma+\varsigma=\varsigma$이다.

예제 4 $\aleph_0 + \varsigma = \varsigma$ 임을 보여라.

풀이1 $(0, 1) \approx R$이므로 $^{\#}(0, 1) = {}^{\#}R = \varsigma$이다. 이제 $S = \mathbb{N} \cup (0, 1)$이라 하자. 그러면 $\mathbb{N} \cap (0, 1) = \varnothing$이므로

$$^{\#}S = {}^{\#}(\mathbb{N} \cup (0, 1)) = {}^{\#}\mathbb{N} + {}^{\#}(0, 1) = \aleph_0 + \varsigma$$

가 된다. 한편 $R \approx (0, 1) \subset S$이고 $S \approx S \subset R$이므로 슈뢰더-베른슈타인의 정리에 의하여 $S \approx R$이다. 그러므로 $^{\#}S = \varsigma$이고 따라서 $\aleph_0 + \varsigma = \varsigma$이다.

풀이2 $\aleph_0 = {}^{\#}\mathbb{N}$, $\varsigma = {}^{\#}(0, 1)$, $\mathbb{N} \cap (0, 1) = \varnothing$ 이다. 그리고 $\mathbb{N} \cup (0, 1) \subseteq R$이므로

$$\aleph_0 + \varsigma = {}^{\#}\mathbb{N} + {}^{\#}(0, 1) = {}^{\#}(\mathbb{N} \cup (0, 1)) \leq {}^{\#}R = \varsigma$$

이고 또한

$$\varsigma = {}^{\#}(0, 1) \leq {}^{\#}(\mathbb{N} \cup (0, 1)) = {}^{\#}\mathbb{N} + {}^{\#}(0, 1) = \aleph_0 + \varsigma$$

이다. 따라서 $\aleph_0 + \varsigma = \varsigma$ 이다.

정의 3.4

집합 A, B의 기수를 각각 a, b라고 할 때 **기수 곱**(cardinal product) ab는 $ab = {}^{\#}(A \times B)$로 정의한다.

(정의 3.4)는 대표로 택한 집합 A, B와는 독립적으로 무관하다. 왜냐하면 X, Y를 각각 $A \approx X$이고 $B \approx Y$인 집합이라 할 때 5장 (정리 1.4)에 의하여 $A \times B \approx X \times Y$이므로 $^{\#}(A \times B) = {}^{\#}(X \times Y)$이기 때문이다. 또 이 정의는 a, b가 유한기수일 때에도 적용된다. 이 경우 음이 아닌 정수의 곱셈에 관해서는 잘 알고 있으므로 두 초한기수의 곱과 유한기수와 초한기수의 곱에 관하여 주로 알아보자. 먼저 (정의 3.4)에 관련된 성질을 알아보자.

정리 3.5 임의의 기수 x, y, z에 대하여 다음이 성립한다.

(1) 교환법칙(commutativity) : $xy=yx$

(2) 결합법칙(Associativity) : $(xy)z=x(yz)$

(3) 배분법칙(distributivity) : $x(y+z)=xy+xz$

【증명】 (1) 기수의 성질 [1]에 의하여 임의의 기수 x, y에 대하여 $^{\#}A=x$, $^{\#}B=y$인 집합 A, B가 존재한다. 그러면 (정의 3.4)에 의하여

$$xy={}^{\#}A\cdot{}^{\#}B={}^{\#}(A\times B)={}^{\#}(B\times A)={}^{\#}B\cdot{}^{\#}A=yx$$

이다.

(2) 같은 방법으로 한다.

(3) 같은 방법으로 임의의 기수 x, y, z에 대하여 $^{\#}A=x$, $^{\#}B=y$, $^{\#}C=z$이고 $B\cap C=\varnothing$인 집합 A, B, C가 존재한다. 그러면(정의 3.1과 3.4)에 의하여

$$\begin{aligned}x(y+z)&={}^{\#}A({}^{\#}B+{}^{\#}C)={}^{\#}A({}^{\#}(B\cup C))\\&={}^{\#}(A\times(B\cup C))={}^{\#}((A\times B)\cup(A\times C))\\&={}^{\#}(A\times B)+{}^{\#}(A\times C)={}^{\#}A\cdot{}^{\#}B+{}^{\#}A\cdot{}^{\#}C\\&=xy+xz\end{aligned}$$

이다.

예제 5 임의의 기수 x에 대하여 다음을 구하여라.

(1) $1x$　　(2) $0x$　　(3) $\aleph_0\aleph_0$

풀이 (1) $\{1\}\times A\approx A$이므로 $^{\#}(\{1\}\times A)={}^{\#}A$이다. 그러면 $1={}^{\#}\{1\}$, $x={}^{\#}A$이므로 $1\cdot x={}^{\#}(\{1\}\times A)={}^{\#}A=x$이다.

(2) $\varnothing\times A=\varnothing$이므로 $^{\#}(\varnothing\times A)={}^{\#}\varnothing$이다. 그러면 $0={}^{\#}\varnothing$, $x={}^{\#}A$이므로 $0\cdot x={}^{\#}(\varnothing\times A)={}^{\#}\varnothing=0$이다.

(3) $\mathrm{N}\times\mathrm{N}\approx\mathrm{N}$이므로 $^{\#}(\mathrm{N}\times\mathrm{N})={}^{\#}\mathrm{N}$이다. 그러면 $\aleph_0={}^{\#}\mathrm{N}$이므

로 $\aleph_0 \cdot \aleph_0 = {}^{\#}(\mathbb{N} \times \mathbb{N}) = {}^{\#}\mathbb{N} = \aleph_0$이다.

예제 6 ${}^{\#}R = \varsigma$일 때 $\varsigma\varsigma = \varsigma$임을 보여라.

풀이 실수 R과 단위 개구간 $(0, 1)$의 기수는 모두 ς이다. 먼저 $\varsigma\varsigma \le \varsigma$임을 보이자. 이를 보이기 위해 $(0, 1)\times(0, 1)$에서 $(0, 1)$로의 단사함수가 존재함을 밝히면 된다. 각 원소 $x \in (0, 1)$를 무한 소수로 나타내자. 예를 들면 $\frac{1}{2}$은 0.5가 아니고 $0.4999, \cdots$로 나타내고 0.27은 $0.26999, \cdots$로 나타낸다. 이와 같이 구간 $(0, 1)$에 속하는 각 수를 일의적으로 나타냄으로서 함수 $f : (0, 1)\times(0, 1) \to (0, 1)$를

$$f(0.x_1x_2x_3\cdots,\ 0.y_1y_2y_3\cdots) = 0.x_1y_1x_2y_2x_3y_3\cdots$$

로 정의하면 함수 f는 단사이다. 즉

$$(0, 1)\times(0, 1) \approx f((0, 1)\times(0, 1)) \subset (0, 1)$$

이고 그러므로

$$\varsigma\varsigma = {}^{\#}((0, 1)\times(0, 1)) \le {}^{\#}(0, 1) = \varsigma \qquad (1)$$

이다. 한편 함수 $g : (0, 1) \to (0, 1)\times(0, 1)$를 임의의 $x \in (0, 1)$에 대하여 $g(x) = \left(x, \frac{1}{3}\right)$로 정의하면 역시 g는 단사함수이다. 즉

$$(0, 1) \approx g((0, 1)) \subset ((0, 1)\times(0, 1))$$

이다. 그러므로

$$\varsigma = {}^{\#}(0, 1) \le {}^{\#}((0, 1)\times(0, 1)) = \varsigma\varsigma \qquad (2)$$

이다. 따라서 (1), (2)에 의하여 $\varsigma\varsigma = \varsigma$이다.

기수에서는 자연수의 가법과 승법의 모든 성질이 일반적으로 성립하지 않는다.

예를 들면 유한기수에서는 다음이 성립한다.

$$x+y=x+z \text{이면 } y=z$$
$$xy=xz \text{이면 } y=z\,(x\neq 0)$$

그러나 초한기수에서는 위의 성질이 성립하지 않음을 다음에서 알 수 있다.

$$\aleph_0+\aleph_0=\aleph_0=1+\aleph_0 \text{이지만 } \aleph_0\neq 1$$
$$\aleph_0\aleph_0=\aleph_0=1\aleph_0 \text{이지만 } \aleph_0\neq 1$$

연습문제 8.3

1. 임의의 기수 x에 대하여 $x+0=x$ 임을 보여라.

2. 임의의 유한기수 n에 대하여 다음 사실이 성립함을 증명하여라.
   (1) $n+\aleph_0=\aleph_0$ (2) $n+\varsigma=\varsigma$

3. $x+1=x$이면 x가 초한기수임을 보여라.

4. 임의의 기수 x, y, z에 대하여 $x\leq y$이면 $x+z\leq y+z$ 이다.

5. 위 문제 4에서 " $\leq$ "을 "<"로 바꾸면 성립되지 않을 수 있다. 성립되지 않는 경우를 예를 들어보자.

6. 기수 x, y에 대하여 $x+y=x+z \Rightarrow y=z$가 성립되지 않는 예를 들어라.

7. 세 집합 X, Y, Z에 대하여 $Y\cap Z=\varnothing$일 때 $(X\times Y)\cap(X\times Z)=\varnothing$임을 보여라.

8. 유한기수 n과 임의의 기수 a에 대하여 $a+a+\cdots+a=na$가 됨을 보여라.(수학적 귀납법 사용)

9. 기수 x, y, z 에 대하여 $zx=zy \Rightarrow x=y$ 가 성립하지 않는 예를 들어라.

10. 유한기수 n과 임의의 기수 a에 대하여 $a \cdot a \cdot a \cdots \cdot a=a^n$가 됨을 보여라.(수학적 귀납법 사용)

11. 기수 x, y, z에 대하여 $x \leq y$이면 $xz \leq yz$임을 보여라.

12. 임의의 기수 x, y, z에 대하여 $x < y$이고 $z \neq 0$이면 $xz < yz$이 성립되는지의 여부를 알아보아라.

13. 유한기수 n에 대하여 $n\aleph_0=\aleph_0$임을 보여라.

14. 기수 x, y에 대하여 다음을 증명하여라.
   (1) $xy=0$ 이면 $x=0$ 또는 $y=0$ 이다.
   (2) $xy=1$ 이면 $x=1$ 이고 $y=1$ 이다.

4. 기수의 지수

집합 A, B에 대하여 A에서 B로 가는 함수 전체의 집합을 B^A로 나타낸다. 즉 $B^A = \{f \mid f : A \to B\}$이다. 특히 $B = \{0, 1\}$일 때 $\{0, 1\}^A$를 2^A로 나타낸다.

또한 $^{\#}A = m$, $^{\#}B = n$이면 $^{\#}\{f \mid f : A \to B\} = {}^{\#}(B^A) = n^m$ 이다.

즉 A에서 B로 가는 함수들의 수가 n^m개이다.

정리 4.1 집합 A, B, X, Y에 대하여 $A \approx X$, $B \approx Y$이면 $B^A \approx Y^X$이다.

【증명】 가정에 의하여 함수 $f : A \to X$와 함수 $g : B \to Y$가 각각 전단사라 하자. 그리고 함수 $\psi : B^A \to Y^X$를 다음과 같이 정의하자.

$$\forall h \in B^A, \quad \psi(h) = g \circ h \circ f^{-1}$$

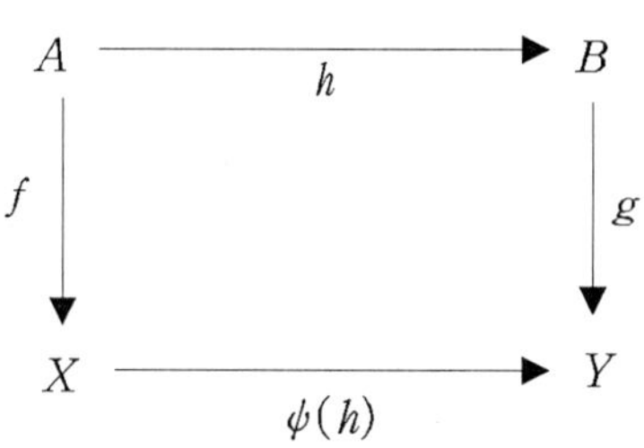

그러면 ψ는 단사함수이다. 왜냐하면 f와 g가 전단사이므로

$$\begin{aligned}
\psi(h) = \psi(t) \ &\Rightarrow \ g \circ h \circ f^{-1} = g \circ t \circ f^{-1} \\
&\Rightarrow \ g^{-1} \circ (g \circ h \circ f^{-1}) = g^{-1} \circ (g \circ t \circ f^{-1}) \\
&\Rightarrow \ (g^{-1} \circ g) \circ (h \circ f^{-1}) = (g^{-1} \circ g) \circ (t \circ f^{-1}) \\
&\Rightarrow \ I_A \circ (h \circ f^{-1}) = I_A \circ (t \circ f^{-1}) \\
&\Rightarrow \ h \circ f^{-1} = t \circ f^{-1} \\
&\Rightarrow \ (h \circ f^{-1}) \circ f = (t \circ f^{-1}) \circ f
\end{aligned}$$

$$\Rightarrow\ h\circ(f^{-1}\circ f)=t\circ(f^{-1}\circ f)$$
$$\Rightarrow\ h\circ I_A=t\circ I_A$$
$$\Rightarrow\ h=t$$

이기 때문이다. 또한 ϕ는 전사함수이다. 왜냐하면 임의의 $k\in Y^X$에 대하여 $g^{-1}\circ k\circ f\in B^A$가 존재하여

$$\phi(g^{-1}\circ k\circ f)=g\circ(g^{-1}\circ k\circ f)\circ f^{-1}=k$$

이기 때문이다. 따라서 ϕ는 전단사이고 $B^A\approx Y^X$이다. 또한

$$^{\#}B^A\approx {}^{\#}Y^X$$

이다.

정리 4.2 집합 X에 대하여 $^{\#}P(X)=2^{\#X}$이다.

【증명】 $Y=\{0,\ 1\}$이라고 하자. 함수 $\phi: P(X)\to Y^X$를 B에 대한 B의 특성함수를 대응시키는 함수로 정의하자. 즉 $\phi(B)=\chi_B$. 그러면 ϕ는 단사이다.

$$\phi(A)=\phi(B)\ \Rightarrow\ \chi_A=\chi_B\ \Rightarrow\ \forall x\in X,\ \chi_A(x)=\chi_B(x)$$

그러면

$$x\in A\ \Leftrightarrow\ \chi_A(x)=1\ \Leftrightarrow\ \chi_B(x)=1\ \Leftrightarrow\ x\in B$$

따라서 $A=B$이다. 또한 ϕ는 전사이다. 함수 $f\in Y^X$에 대하여

$A=\{x\in X\mid f(x)=1\}$라 하면 $A\in P(X)$이다. 그리고

$$\chi_A(a)=1\ \Leftrightarrow\ a\in A\ \Leftrightarrow\ f(a)=1$$

이므로 $\chi_A=f$이다. 그러므로 $\phi(A)=\chi_A=f$가 되고 ϕ는 전사이다.

따라서 ϕ는 전단사이고 $^{\#}P(X) = {}^{\#}Y^X = 2^{\#X}$ 이다.

정리 4.3 기수 a, x, y에 대하여 다음이 성립한다.

$$a^x \cdot a^y = a^{x+y}$$

【증명】 집합 A, X, Y에 대하여 $a = {}^{\#}A$, $x = {}^{\#}X$, $y = {}^{\#}Y$이고 $X \cap Y = \emptyset$가 성립한다고 하자. 그러면 $^{\#}(X \cup Y) = x + y$이다. 그리고 $f \in A^X$, $g \in A^Y$, $f \circ g \in A^{X \cup Y}$라 하자. 이제

$$A^X \times A^Y \approx A^{X \cup Y}$$

가 성립됨을 보이면 된다. 함수 $\phi : A^X \times A^Y \to A^{X \cup Y}$를 $\phi(f, g) = f \cup g$로 정의하자 그리고 $\phi(f, g) = \phi(h, i)$라 가정하자. 그러면 $f \cup g = h \cup i$이다. 그러므로 $f = h$이고 $g = i$가 되어 $(f, g) = (h, i)$이다. 따라서 함수 ϕ는 단사이다.
그리고 $r : X \cup Y \to A$를 함수라 하자. 즉 $r \in A^{X \cup Y}$에 대하여 $x \in X$일 때 $r(x) = s(x)$이고

$$x \in Y\text{일 때 } r(x) = t(x)$$

이다. 그러므로 $(s, t) \in A^X \times A^Y$가 존재해서 $\phi(s, t) = r$가 된다. 따라서 함수 ϕ는 전사이다.

정리 4.4 기수 x, y, z에 대하여 다음이 성립한다.

$$(z^y)^x = z^{yx}$$

【증명】 집합 X, Y, Z에 대하여 $x = {}^{\#}X$, $y = {}^{\#}Y$, $z = {}^{\#}Z$라 하자.
그리고 $a \in X$에 대하여 $f : Y \times X \to Z$를 함수라 하자. 그러면 $f^a(b) = f(b, a)$로 정의되는 함수 $f^a : Y \to Z$가 존재한다. 이제 함수

$\phi : Z^{Y\times X} \to (Z^Y)^X$를 $\phi(f) = e_f$로 정의하자. 단, $e_f : X \to Z^Y$는 $e_f(a) = f^a$로 정의되는 함수이다. 그러면 ϕ는 전단사함수이다. 이를 알아보자.

$$\phi(f) = \phi(g) \Rightarrow e_f = e_g \in (Z^Y)^X. \text{ 즉 } e_f = e_g : X \to Z^Y$$

이다. 그러면

$$\begin{aligned}\forall a \in X,\ f^a = g^a &\Rightarrow \forall a \in X,\ \forall b \in Y,\ f^a(b) = g^a(b)\\ &\Rightarrow \forall a \in X,\ \forall b \in Y,\ f(b,\ a) = g(b,\ a)\\ &\Rightarrow \forall (b,\ a) \in Y \times X,\ f(b,\ a) = g(b,\ a)\\ &\Rightarrow f = g\end{aligned}$$

가 되어 ϕ는 단사이다. 또한 $h \in (Z^Y)^X$라 하자. 이제 함수 $f : Y \times X \to Z$를 $f(b,\ a) = h(a)(b)$로 정의하면 함수 $f \in Z^{Y\times X}$가 존재해서 $\phi(f) = h$이다. 왜냐하면

$$\phi(f) = e_f : X \to Z^Y \text{이고 } h : X \to Z^Y$$

이므로 $\forall a \in X,\ \forall b \in Y,$

$$\phi(f)(a)(b) = e_f(a)(b) = f^a(b) = f(b,\ a) = h(a)(b)$$

이다. 그러면 $\forall a \in X,\ \ \phi(f)(a) = h(a)$이기 때문이다. 그러므로 ϕ는 전사함수이다. 따라서 $Z^{Y\times X} \approx (Z^Y)^X$이고

$$z^{yx} = {}^{\#}(Z^{Y\times X}) = {}^{\#}((Z^Y)^X) = (z^y)^x$$

이다.

정리 4.5 기수 $a,\ b,\ x$에 대하여 다음이 성립한다.

$$(a\,b)^x = a^x \cdot b^x$$

【증명】 집합 A, B, X에 대하여 $a={}^{\#}A$, $b={}^{\#}B$, $x={}^{\#}X$라 하자. 그리고 $(A\times B)^X \approx A^X\times B^X$임을 보이자. 우선 함수

$$\psi : (A\times B)^X \to A^X\times B^X \text{를 } \psi(f)=(\pi_A\circ f,\ \pi_B\circ f)$$

로 정의하면 ψ는 전단사함수이다.

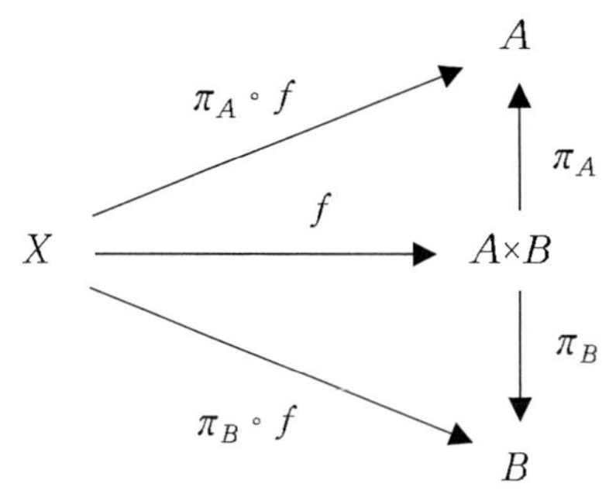

$$\begin{aligned}\psi(f)=\psi(g) &\Rightarrow (\pi_A\circ f,\ \pi_B\circ f)=(\pi_A\circ g,\ \pi_B\circ g)\\ &\Rightarrow \pi_A\circ f=\pi_A\circ g \wedge \pi_B\circ f=\pi_B\circ g\\ &\Rightarrow f=g\end{aligned}$$

그러므로 ψ는 단사함수이다. 그리고 또한 $(f,\ g)\in A^X\times B^X$라 하자. 함수 $h: X\to A\times B$를

$$h(x)=(f(x),\ g(x))$$

로 정의하면 함수 $h\in(A\times B)^X$가 존재해서 $\psi(h)=(f,\ g)$이다. 그러므로 함수 ψ는 전사이다. 따라서 ψ가 전단사함수가 되므로

$$(A\times B)^X \approx A^X\times B^X$$

가되고

$$(ab)^x={}^{\#}(A\times B)^X = {}^{\#}(A^X\times B^X)=a^x\cdot b^x$$

이다.

정리 4.6 $2^{\aleph_0} = \varsigma$

【증명】 함수 $f : R \to P(Q)$를 $f(r) = \{x \in Q \mid x < r\}$로 정의하면 f는 단사함수이다. $r \neq r'$라고 하자. 그러면 $r < r'$이거나 또는 $r' < r$이다. (여기서는 $r < r'$이라 하자) 그러면 유리수 $q \in Q$가 존재해서 $r < q < r'$이 성립한다. 그러므로 $q \notin f(r)$이고 $q \in f(r')$이므로 $f(r) \neq f(r')$이다. 따라서 f는 단사함수이다. 그러면 ${}^{\#}R \leq {}^{\#}P(Q)$이고 따라서 $\varsigma \leq 2^{\aleph_0}$이다.

역으로 $\phi : \{0, 1\}^{\mathbb{N}} \to R$을 $\phi(f) = 0.f(1)f(2)f(3)\cdots$ 로 정의하면 ϕ는 단사함수이다. 그러므로 ${}^{\#}\{0,1\}^{\mathbb{N}} \leq {}^{\#}R$이 되며 따라서 $2^{\aleph_0} \leq \varsigma$이다. 즉 $2^{\aleph_0} = \varsigma$이다.

[예 1] $\aleph_0 < \varsigma$이다.

왜냐하면 $\aleph_0 = {}^{\#}\mathbb{N} < {}^{\#}P(\mathbb{N}) = 2^{\aleph_0} = \varsigma$이기 때문이다.

[예 2] $\varsigma \cdot \varsigma = \varsigma$이다.

왜냐하면 $\varsigma \cdot \varsigma = 2^{\aleph_0} \cdot 2^{\aleph_0} = 2^{\aleph_0 + \aleph_0} = 2^{\aleph_0} = \varsigma$이기 때문이다.

[예 3] ${}^{\#}R^2 = {}^{\#}(R \times R) = \varsigma \cdot \varsigma = \varsigma$이므로 $R^2 \approx R$이다. 나아가 ${}^{\#}R^3 = {}^{\#}R^4 = \cdots = {}^{\#}R^n = \varsigma$이다. 그러므로 $\forall n, R^n \approx R$이다.

[예 4] ${}^{\#}\{f \mid f : R \to R\} = {}^{\#}R^R = \varsigma^{\varsigma} = \{2^{\aleph_0}\}^{\varsigma} = 2^{\aleph_0 \cdot \varsigma} = 2^{\varsigma} > \varsigma$이다.

그런데 ${}^{\#}R = \varsigma$ 이므로 ${}^{\#}\{f \mid f : R \to R\} > {}^{\#}R$이 성립한다.

예제 5 $C(R, R) = \{f \mid f : R \to R,\ f$는 연속함수$\}$,

$C(Q, R) = \{f \mid f : Q \to R,\ f$는 연속함수$\}$,

$K(R, R) = \{f \mid f : R \to R,\ f$는 상수함수$\}$라 하자. 그러면

${}^{\#}C(R, R) = {}^{\#}C(Q, R) = {}^{\#}K(R, R) = \varsigma$이다.

풀이 각 함수 $f:R \to R$에 대하여 $f|_Q(x)=f(x)$로 정의되는 정의역을 축소한 축소함수 $f|_Q : Q \to R$이 존재한다. 그러면 $\phi(f)=f|_Q$로 정의되는 함수 $\phi : C(R, R) \to C(Q, R)$이 존재한다.

그러면 ϕ는 단사함수이다. 즉 $f, g \in C(R, R)$에 대하여

$$\begin{aligned} \phi(f)=\phi(g) &\Rightarrow f|_Q = g|_Q \Rightarrow \forall x \in Q,\ f|_Q(x) = g|_Q(x) \\ &\Rightarrow \forall x \in Q,\ f(x) = g(x) \Rightarrow \forall x \in R,\ f(x) = g(x) \\ &\Rightarrow f = g \end{aligned}$$

(∵ 조밀집합에서 함수값이 같은 연속함수는 전체집합에서도 같은 함수값을 가지므로 같은 함수가 되어 성립)

이다. 그러므로 ϕ는 단사함수이다. ϕ가 단사함수이므로

$$\begin{aligned} {}^{\#}C(R, R) &\le {}^{\#}C(Q, R) \\ &\le {}^{\#}R^Q = \varsigma^{\aleph_0} = (2^{\aleph_0})^{\aleph_0} = 2^{\aleph_0 \cdot \aleph_0} = 2^{\aleph_0} = \varsigma \end{aligned}$$

또한 $\forall a \in R$, $f_a : R \to R$를 $f_a(x)=a$로 정의하면 f_a는 상수함수이다. 그리고 $a \ne b \Rightarrow f_a \ne f_b$이므로

$$\varsigma = {}^{\#}R \le {}^{\#}K(R, R)$$

한편 모든 상수함수는 연속이므로 $K(R, R) \subseteq C(R, R)$이다.

그러므로

$${}^{\#}K(R, R) \le {}^{\#}C(R, R)$$

이다. 위의 결과들에 의해

$${}^{\#}C(R, R) \le {}^{\#}C(Q, R) \le \varsigma \le {}^{\#}K(R, R) \le {}^{\#}C(R, R)$$

이며 슈레더-베른스타인 정리에 의해

$${}^{\#}C(R, R) = {}^{\#}C(Q, R) = {}^{\#}K(R, R) = \varsigma$$

이다.

[예 6] $D(R,\ R)=\{f \mid f: R \rightarrow R,\ f$는 미분가능함수$\}$의 기수는 $^{\#}D(R,\ R)=\varsigma$이다. 왜냐하면 모든 상수함수가 미분가능이므로 $K(R,\ R) \subseteq D(R,\ R)$이고 또한 미분가능한 함수는 연속이므로 $D(R,\ R) \subseteq C(R,\ R)$이다. 따라서

$$k(R,\ R) \subseteq D(R,\ R) \subseteq C(R,\ R)$$

이기 때문이다.

[예 7] $^{\#}Q^c=\varsigma$이다. 왜냐하면 $Q^c \subseteq R$이므로 $^{\#}Q^c \leq {}^{\#}R=\varsigma$이고 또한 $^{\#}Q^c \geq \aleph_0$이다. 만일 $^{\#}Q^c=\aleph_0$라 하면

$$\varsigma={}^{\#}R \leq {}^{\#}(Q \cup Q^c)={}^{\#}(Q)+{}^{\#}Q^c=\aleph_0+\aleph_0=\aleph_0$$

가 되어 모순이 되기 때문이다. 따라서 $^{\#}Q^c=\varsigma$이다.

[예 8] $\aleph_0^{\aleph_0}=2^{\aleph_0}=\varsigma$이다. 왜냐하면

$$\{f \mid f: \mathbb{N} \rightarrow \{0,\ 1\}: f\text{는 함수}\} \subseteq \{f \mid f: \mathbb{N} \rightarrow \mathbb{N},\ f\text{는 함수}\}$$
$$\subseteq \{f \mid f \subseteq \mathbb{N} \times \mathbb{N}\}=P(\mathbb{N} \times \mathbb{N})$$

이므로 $2^{\aleph_0} \leq \aleph_0^{\aleph_0} \leq 2^{\aleph_0 \cdot \aleph_0}=2^{\aleph_0}$ 이기 때문이다. 따라서 $\aleph_0^{\aleph_0}=2^{\aleph_0}=\varsigma$이 성립한다.

[예 9] 다음이 성립한다.

(1) $\aleph_0 \cdot \varsigma \cdot \varsigma=\aleph_0 \cdot \varsigma=\varsigma$

(2) $\varsigma \cdot \varsigma \cdot \varsigma=\varsigma$

(3) $\aleph_0+5=\aleph_0$이고 $5+\aleph_0=\aleph_0$

(4) $2 \cdot \varsigma=\varsigma$,

(5) $\varsigma+2=\varsigma$ 이고 $2+\varsigma=\varsigma$

(6) $\aleph_0+\varsigma=\varsigma$

(7) $\aleph_0+\aleph_0=\aleph_0$ 이고 $\varsigma+\varsigma=\varsigma$

(8) $\aleph_0 \cdot \aleph_0=\aleph_0$

(9) $\varsigma^{\varsigma}=(2^{\aleph_0})^{\varsigma}=2^{\aleph_0 \cdot \varsigma}=2^{\varsigma}=\varsigma$

(10) $5 \cdot \aleph_0=\aleph_0$

(11) $\varsigma^{\aleph_0} = (2^{\aleph_0})^{\aleph_0} = 2^{\aleph_0 \cdot \aleph_0} = 2^{\aleph_0} = \varsigma$

[예 10] $\aleph_0^{\varsigma} = 2^{\varsigma}$ 이다. 왜냐하면

$\{0, 1\}^R \subseteq \{f \mid f : \mathbb{N} \to \mathbb{N},\ f$는 함수$\} \subseteq \{f \mid f \subseteq P(R \times \mathbb{N})\} = P(R \times \mathbb{N})$

이므로 $2^{\varsigma} \leq \aleph_0^{\varsigma} \leq 2^{\varsigma \cdot \aleph_0} = 2^{\varsigma}$이기 때문이다.

[예 11] (1) $2^{\aleph_0} = 3^{\aleph_0} = \cdots = \aleph_0^{\aleph_0} = \varsigma^{\aleph_0} = \varsigma$

(2) $2^{\varsigma} = 3^{\varsigma} = \cdots = \aleph_0^{\varsigma} = \varsigma^{\varsigma}$

(3) $\varsigma(\aleph_0 + \varsigma + 2^{\aleph_0} + 2^{\varsigma}) = \varsigma(\aleph_0 + 2^{\aleph_0} + 2^{\aleph_0} + 2^{\varsigma}) = \varsigma \cdot 2^{\varsigma} = 2^{\varsigma}$

(4) $\varsigma^{\aleph_0}(\aleph_0 + \varsigma + 2^{\aleph_0} + 2^{\varsigma}) = \varsigma^{\aleph_0}(2^{\aleph_0} + 2^{\varsigma} + 2^{\aleph_0} + 2^{\varsigma})$

$= c^{\aleph_0} \cdot 2^{\varsigma} = \varsigma \cdot 2^{\varsigma} = 2^{\varsigma}$

연습문제 8.4

1. 임의의 기수 x에 대하여 $x^0 = 1$, $x^1 = x$, $1^x = 1$이고 또 $x \neq 0$이면 $0^x = 0$임을 보여라.

2. 임의의 기수 x에 대하여 $x < 2^x$임을 보여라.

3. 기수 a, b, x, y에 대하여 $a \leq b$, $x \leq y$이면 $a^x \leq b^y$임을 보여라.

4. 임의의 유한기수 $n \geq 2$에 대하여 $n^{\aleph_0} = \varsigma = \aleph_0^{\aleph_0}$임을 보여라.

5. 임의의 유한기수 $n \geq 1$에 대하여 $\varsigma^{\aleph_0} = \varsigma = \varsigma^n$임을 보여라.

6. $\aleph_0 \varsigma = \varsigma$임을 보여라.

7. 모든 복소수의 집합 $\mathbb{C}$에 대하여 $^{\#}\mathbb{C} = \varsigma$임을 보여라.

Chapter 9 순서수

현대 집합론에서는 무한기수를 유한기수와 다르게 다루는 것과 마찬가지로 무한 순서수가 기수와는 달리 다루어지고 있다. 따라서 순서를 나타내는 순서수의 성질을 알아보고자 한다.

1. 순서수의 개념

정의 1.1

순서수(ordinal number)는 다음의 4가지 성질을 갖는 수이다.

[1] 모든 정렬집합 A에 대하여 순서수가 존재하며 또한 모든 순서수 α에 대하여 $o(A)=\alpha$인 정렬집합 A가 존재한다.

[2] $A \approx B \Leftrightarrow o(A)=o(B)$

[3] $A=\varnothing \Leftrightarrow o(A)=0$

[4] $A \approx \{1,2,3,\cdots,k\} \Leftrightarrow o(A)=k$

여기서 집합 X에 대한 순서수를 $o(X)$로 나타낸다. 그리고 유한정렬집합의 순서수를 **유한순서수**(finite ordinal), 무한정렬집합의 순서수를 **무한순서수**(infinite ordinal), 또는 **초한순서수**(transfinite ordinal)라 한다.

정의 1.2

자연수 집합 $\mathbb{N}$의 순서수를 ω(omega)로 나타낸다. 즉

$$o(\mathbb{N})=\omega$$

한 집합에 대한 기수는 단 하나만 존재한다. 그러나 하나의 집합에 대한 순서수는 정렬에 따라 여러 가지 있을 수 있다. 다음 [예 1]에서 알아보자.

[예 1] $o(\mathbb{N})=o(\{1, 2, 3, \cdots\})=\omega$, $o(\{1, 3, 5, \cdots, 2, 4, 6, \cdots\})\neq\omega$

2. 순서수의 순서

정렬집합 A와 B에 대하여 $o(A)=\alpha$, $o(B)=\beta$일 때 A가 B의 절편과 순서동형이면 α는 β보다 작거나 같다고 하며 $\alpha \leqslant \beta$로 나타내고 이때 특히 $\alpha \neq \beta$이면 $\alpha < \beta$로 나타낸다.

[예 1] $A=\{1, 2, 3, 4\}$이고 $B=\{1, 2, 3, \cdots, 7\}$일 때 A가 B의 절편과 순서동형이기 때문에 $o(A)=4 \leqslant 7=o(B)$이다. 특히 $4 \neq 7$이므로 $4<7$이다.

[예 2] $A=\{1, 2, 3, \cdots\}$이고 $B=\{1, 3, 5, \cdots ; 2, 4, 6, \cdots\}$일 때 A가 B의 절편과 순서동형이기 때문에 $o(A) \leqslant o(B)$이다.

[예 3] 순서수에 대한 관계 " $\leqslant$ "은 반사법칙과 추이법칙을 만족한다. 즉 α, β, γ가 순서수일 때

(1) $\alpha \leqslant \alpha$　　　　　(2) $\alpha \leqslant \beta$이고 $\beta \leqslant \gamma \Rightarrow \alpha \leqslant \gamma$

가 성립한다. 왜냐하면 집합 A, B, C에 대하여 각각 $o(A)=\alpha$, $o(B)=\beta$, $o(C)=\gamma$라 할 때 단사함수 $f: A \rightarrow A$가 존재하므로 $\alpha \leqslant \alpha$가 성립하며 또 $\alpha \leqslant \beta$이고 $\beta \leqslant \gamma$이면 단사함수 $f: A \rightarrow B$와 $g: B \rightarrow C$가 존재하여 $g \circ f: A \rightarrow C$도 단사가 되기 때문이다. 따라서 $\alpha \leqslant \gamma$이다.

정리 2.1 임의의 순서수 α, β에 대하여

$$\alpha \leqslant \beta \wedge \beta \leqslant \alpha \Rightarrow \alpha=\beta$$

이다.

정리 2.2 순서수에 대한 관계 " $\leqslant$ "은 전순서이다. 즉 임의의 순서수 α, β에 대하여 $\alpha \leqslant \beta$이거나 $\beta \leqslant \alpha$이다.

순서수에 대한 관계 " $\leqslant$ "은 반사법칙과 추이법칙이 성립하고 위 (정리 2.1)에

의해 반대칭법칙도 성립함을 알 수 있다. 따라서 순서수들의 집합을 $\boldsymbol{O}$라 하면 $(\boldsymbol{O}, \leqslant)$는 다시 순서집합이 된다. 나아가 (정리 2.2)에 의해 $(\boldsymbol{O}, \leqslant)$는 전순서집합이 된다.

정리 2.3 임의의 두 순서수 α, β에 대하여 다음 중 하나가 성립한다.

(1) $\alpha < \beta$ (2) $\alpha = \beta$ (3) $\alpha > \beta$

연습문제 9.2

1. 정렬집합에서 A가 B의 절편이고 B가 C의 절편이면 A는 C의 절편임을 보여라.

2. $o\{1, 3, 5, \cdots ; 2, 4, 6, \cdots\} > o\{1, 2, 3, \cdots\}$ 임을 보여라.

3. 가장 작은 무한순서수를 구하여라.

4. 임의의 자연수 n에 대하여 $o\{n, n+1, n+2, \cdots\} = \omega$임을 보여라.

3. 순서수의 합과 곱

자연수와 마찬가지로 순서수에 대한 합과 곱에 대하여 알아보자.

정의 3.1

순서수 α, β에 대하여 $o(A)=\alpha$, $o(B)=\beta$일 때 **순서수의 합**(ordinal sum) $\alpha+\beta$는

$$\alpha+\beta=o(A\cup B)$$

이다. (단, $A\cap B=\varnothing$)

예제 1 정렬집합 A와 B가 서로소가 아닌 경우 각각 이와 순서동형이면서 서로소인 집합이 존재한다.

풀이 정렬집합 $(A, \leq)$에 대하여 집합 $(A\times\{0\}, \leq_0)$를

$$a\leq b \Leftrightarrow (a, 0)\leq_0(b, 0)$$

로 정의하고 정렬집합 $(B, \leq')$에 대하여 $(B\times\{1\}, \leq_1)$을

$$a\leq' b \Leftrightarrow (a, 1)\leq_1(b, 1)$$

로 정의하면 $A\times\{0\}$과 $B\times\{1\}$은 서로소이고

$$(A, \leq)\simeq(A\times\{0\}, \leq_0)$$
$$(B, \leq')\simeq(B\times\{1\}, \leq_1)$$

이다.

[예 2] 유한순서수 5와 7의 합은 $5+7=12$이다. 왜냐하면

$5=o(\{1, 2, 3, 4, 5\})$, $7=o(\{6, 7, 8, 9, 10, 11, 12\})$이므로

$5+7=o(\{1,\ 2,\ 3,\ \cdots,\ 12\})=12$이기 때문이다.

[예 3] 순서수 $\alpha,\ \beta$에 대하여 $\alpha+\beta\neq\beta+\alpha$이다. 즉 순서수의 합에 대하여 교환법칙이 성립하지 않는다. 예를 들어 k를 0이 아닌 임의의 유한순서수라할 때

$$k+\omega=\omega \text{이지만 } \omega+k\neq\omega$$

이다. 왜냐하면

$$k=o(\{1,\ 2,\ 3,\ \cdots,\ k\}),\quad \omega=o(\{k+1,\ k+2,\ k+3,\ \cdots\})$$

이므로

$$k+\omega=o(\{1,\ 2,\ 3,\ \cdots,\ k,\ k+1,\ \cdots\})=\omega$$

이지만

$$\omega+k=o(\{k,\ k+1,\ k+2,\ \cdots,\ 1,\ 2,\ 3,\ \cdots,\ k\})\geqslant\omega$$

이기 때문이다. [다른 예 : $1+\omega=\omega<\omega+1$]

정의 3.2

순서수 α,β에 대하여 $o(A)=\alpha,\ o(B)=\beta$일 때 두 순서수의 곱(ordinal product) $\beta\alpha$는

$$\beta\alpha=o(A\times B,\ \leq)$$

이다.(단, $\leq$는 $A\times B$상의 사전식순서이다.)

[예 4] $2\cdot 3=6$이다. 왜냐하면

$$2=o(\{1,\ 2\},\ \leq),\quad 3=o(\{1,\ 2.\ 3\},\ \leq')$$

이고

$$
\begin{aligned}
2 \cdot 3 &= o(\{1,\ 2,\ 3\} \times \{1,\ 2\},\ \le^*) \\
&= o(\{(1,\ 1),\ (1,\ 2),\ (2.\ 1),\ (2,\ 2),\ (3,\ 1),\ (3,\ 2)\}\},\ \le^*) \\
&= 6
\end{aligned}
$$

[예 5] $2\omega \neq \omega 2$이다. 즉 순서수에 대한 곱하기도 더하기와 마찬가지로 교환법칙이 성립하지 않는다. 왜냐하면

$$
\begin{aligned}
\omega \cdot 2 &= o(\{1,\ 2\} \times \{1,\ 2,\ 3,\ \cdots\},\ \le^*) \\
&= o(\{(1,\ 1),\ (1,\ 2),\ (1,\ 3),\ \cdots,\ (2.\ 1),\ (2,\ 2),\ (2,\ 3),\ \cdots\},\ \le^*) \\
&= \omega + \omega > \omega \\
2 \cdot \omega &= o(\{1,\ 2.\ 3,\ \cdots\} \times \{1,\ 2\},\ \le^*) \\
&= o(\{(1,\ 1),\ (1,\ 2),\ (2.\ 1),\ (2,\ 2),\ (3,\ 1),\ (3,\ 2),\ \cdots\},\ \le^*) \\
&= \omega
\end{aligned}
$$

이기 때문이다.

정리 3.3 임의의 순서수 $\alpha,\ \beta,\ \gamma$에 대하여 다음이 성립한다.

(1) $\alpha = \beta$인 경우 $\alpha + \gamma = \beta + \gamma$이며 $\alpha\gamma = \beta\gamma$이다.

(2) $\alpha + \beta = \alpha + \gamma \Rightarrow \beta = \gamma$ (좌소거법칙)

(3) $\gamma > 0$이면 $\gamma\alpha = \gamma\beta \Rightarrow \alpha = \beta$ (좌소거법칙)

【증명】 (2) 결론을 부정하여 $\beta \neq \gamma$라고 가정하자. 그러면 (정리 2.3)에 의하여 $\beta < \gamma$이거나 $\gamma < \beta$이다. 여기서 $\beta < \gamma$라 하자.($\gamma < \beta$인 경우 같은 방법으로 증명) 그러면 (정리 3.5)의 (1)에 의하여 $\gamma + \alpha < \gamma + \beta$이 된다. 이는 가정에 모순이므로 $\beta = \gamma$이다.

(3) 결론을 부정하여 순서수 $\alpha,\ \beta,\ \gamma$가 존재하여 $\alpha \neq \beta$라고 가정하자. 그러면 (정리 2.3)에 의하여 $\alpha < \beta$이거나 $\beta < \alpha$이다. 여기서 $\alpha < \beta$라 하자. 그러면 (정리 3.5)의 (4)에 의하여 $\gamma\alpha < \gamma\beta$가 된다.

이는 가정에 모순이므로 $\alpha=\beta$ 이다.

[예 6] 우소거법칙은 성립하지 않는다. 즉

$$\beta+\alpha=\gamma+\alpha \not\Rightarrow \beta=\gamma$$

$$\alpha\gamma=\beta\gamma \not\Rightarrow \alpha=\beta$$

이다. 왜냐하면

$$5+\omega=\omega=6+\omega \text{ 이지만 } 5\neq 6$$

이고

$$2\omega=3\omega \text{ 이지만 } 2\neq 3 \qquad ①$$

이기 때문이다. 또한 ①에 의해 $2<3$이지만 $2\omega=3\omega$이기도 하다. 즉 $\alpha<\beta \not\Rightarrow \alpha\gamma<\beta\gamma$ 이다.

정리 3.4 임의의 순서수 α, β, γ에 대하여 다음이 성립한다.

(1) $(\alpha+\beta)+\gamma=\alpha+(\beta+\gamma)$ 결합법칙(associative law)

(2) $\alpha(\beta\gamma)=(\alpha\beta)\gamma$

(3) $\alpha(\beta+\gamma)=\alpha\beta+\alpha\gamma$

[예 7] $(3+4)+5=12$이고 $3+(4+5)=12$ 이다.

정리 3.5 임의의 순서수 α, β, γ에 대하여 다음이 성립한다.

(1) $\alpha<\beta \Rightarrow \gamma+\alpha<\gamma+\beta$

(2) $\gamma+\alpha<\gamma+\beta \Rightarrow \alpha<\beta$

(3) $\alpha+\gamma<\beta+\gamma \Rightarrow \alpha<\beta$

(4) $\alpha<\beta \Rightarrow \gamma\alpha<\gamma\beta$

(5) $\alpha\leqslant\beta \Rightarrow \alpha\gamma\leqslant\beta\gamma$

(6) $\gamma\alpha<\gamma\beta \Rightarrow \alpha<\beta$

(7) $\alpha\gamma<\beta\gamma \Rightarrow \alpha<\beta$

【증명】 (1) $\alpha<\beta$ 라 가정하자. 그러면 이것은 $\beta=\alpha+\delta$ 가 되는 $\delta>0$가 존재한다는 것을 가정하는 것과 같다.

$$\gamma+\beta=\gamma+(\alpha+\delta)=(\gamma+\alpha)+\delta>\gamma+\alpha$$

(2) $\gamma+\alpha<\gamma+\beta$ 이라 하자. 만일 $\alpha=\beta$ 이면 $\gamma+\alpha=\gamma+\beta$ 이다. 또 $\beta<\alpha$ 이면 $\gamma+\beta<\gamma+\alpha$ 이다. 따라서 $\alpha<\beta$ 이다.

(3) $\alpha+\gamma<\beta+\gamma$ 라 하자. $\alpha=\beta$ 이면 $\alpha+\gamma=\beta+\gamma$ 이다. 또 $\beta<\alpha$ 이면 $\beta+\gamma<\alpha+\gamma$ 이다. 따라서 $\alpha<\beta$ 이다.

(4) $\alpha<\beta$ 이므로 $\gamma\beta=\gamma(\alpha+\delta)=\gamma\alpha+\gamma\delta>\gamma\alpha$ 이다.

(6) $\gamma\alpha<\gamma\beta$ 라 하자. $\alpha=\beta$ 이면 $\gamma\alpha=\gamma\beta$ 이다. 또 $\beta<\alpha$ 이면 $\gamma\beta<\gamma\alpha$ 이다. 따라서 $\alpha<\beta$ 이다.

[예 8] $\alpha<\beta \Rightarrow \gamma+\alpha<\gamma+\beta$ 가 성립됨을 예를 들어 알아보자.

$$5<6 \Rightarrow 2+5<2+6, \qquad 5<6 \Rightarrow \omega+5<\omega+6$$

[예 9] $\alpha<\beta \Rightarrow \alpha+\gamma<\beta+\gamma$ 는 성립하지 않는다.

왜냐하면 $5<6$ 이지만 $5+\omega=\omega=6+\omega$ 이기 때문이다.

[예 10] $\beta+\gamma=\alpha+\gamma \Rightarrow \beta=\alpha$ (우소거법칙)는 성립하지 않는다.

왜냐하면 $5+\omega=\omega=6+\omega$ 이지만 $5\neq 6$ 이기 때문이다.

[예 11] 임의의 순서수 α 에 대하여 $\beta<\alpha$ 인 모든 순서수 β 들의 집합 $\{\beta\mid\beta<\alpha\}$ 는 순서수가 α 인 정렬집합이다. 즉 순서수 0, 1, 2, $\cdots$ 에 대하여

$$o(\{\alpha\mid\alpha<3\})=o(\{0,\ 1,\ 2\})=3$$
$$o(\{\alpha\mid\alpha<1000\})=o(\{0,\ 1,\ 2,\ \cdots,\ 999\})=1000$$

이다.

즉 $\alpha=o(\{\beta\mid\beta<\alpha\})$ 이다. 그러므로 집합 $\{\beta\mid\beta<\alpha\}$ 를 순서수 α 와 동일시할 수 있는데 이를 이용하여 순서수들의 순서를 알아보자.

$$
\begin{aligned}
&0 \equiv \varnothing \\
&1 \equiv \{\alpha \mid \beta < 1\} = \{0\} \\
&2 \equiv \{\alpha \mid \beta < 2\} = \{0,\ 1\} \\
&3 \equiv \{\alpha \mid \beta < 3\} = \{0,\ 1,\ 2\} \\
&\qquad \vdots \\
&\omega \equiv \{0, 1, 2, \cdots\} \\
&\omega + 1 \equiv \{0,\ 1,\ 2,\ \cdots,\ \omega\} \\
&\omega + 2 \equiv \{0,\ 1,\ 2,\ \cdots,\ \omega,\ \omega+1\} \\
&\qquad \vdots \\
&\omega + \omega \equiv \{0,\ 1,\ 2,\ \cdots,\ \omega,\ \omega+1,\ \omega+2,\ \cdots\} = \omega \cdot 2 \\
&\omega \cdot 2 + 1 \equiv \{0,\ 1,\ 2,\ \cdots,\ \omega,\ \omega+1,\ \omega+2,\ \cdots,\ \omega+\omega\} \\
&\qquad \vdots \\
&\omega \cdot 3,\ \ \omega \cdot 3 + 1,\ \cdots.\ \omega \cdot 3 + \omega = \omega \cdot 4,\ \cdots,\ \omega \cdot \omega = \omega^2, \\
&\omega^2 + 1,\ \cdots,\ \omega^2 + \omega,\ \cdots,\ \omega^2 + \omega \cdot 2,\ \cdots,\ \omega^2 + \omega \cdot 3, \\
&\cdots,\ \omega^2 + \omega^2 = \omega^2 \cdot 2,\ \cdots,\ \omega^2 \cdot 3,\ \cdots,\ \omega^3,\ \cdots,\ \omega^4,\ \cdots,\ \omega^\omega, \\
&\cdots,\ (\omega^\omega)^\omega,\ \cdots
\end{aligned}
$$

기수는 순서수의 특별한 경우로 순서수의 개념은 기수를 포함하는 넓은 개념이다. 또한 순서수의 집합은 모두 정렬집합이다.

정리 3.6 순서수의 집합은 모두 정렬집합이다.

【증명】 정렬집합이 아닌 순서수의 집합 A가 존재한다고 가정하자. 그러면 집합 A의 어떤 부분집합 B는 최소원소를 갖지 않는다. 그러므로 B는 순서수의 무한감소수열

$$\alpha_1 > \alpha_2 > \alpha_3 > \cdots$$

을 포함한다. 그런데 이 수열은 집합 $\{\beta \mid \beta < \alpha_1\}$에 포함되므로 $\{\beta \mid \beta < \alpha_1\}$은 정렬집합이 아니다. 따라서 가정에 모순이다.

순서수를 집합과 동일시 할 경우 자연수의 집합 ℕ과 동등인 모든 순서수 α(α 자신도 집합이다.)의 집합 N에는 다음과 같은 원소들이 있다.

$$\omega,\ \omega+1,\ \cdots,\ \omega 2,\ \omega 2+1,\ \cdots,\ \omega 3,\ \cdots,\ \omega 4,\ \cdots,\ \omega^2,$$
$$\cdots,\ \omega^3,\ \cdots,\ \omega^{\omega},\ \cdots,\ \omega^{\omega^{\omega}},\ \cdots$$

이 모든 순서수 다음에 순서수 ε_0를 얻는다. 그리고 다음이 ε_0+1이다.

(정리 3.6)에 의해 집합 N은 정렬집합이다. 그러므로 ℕ과 동등한 가장 작은 순서수가 유일하게 존재한다. 이 순서수를 집합 N의 **초기순서수**(initial ordinal)라고 하며 실제로 이 초기순서수는 ω이다.

모든 집합의 집합이 존재하지 않는 것처럼 "모든 순서수의 집합"은 존재하지 않는다. 그러나 그러한 집합의 존재성을 가정한다면 모순이 생기게 된다.

정리 3.7 모든 순서수의 집합은 존재하지 않는다.

【증명】 모든 순서수의 집합 O가 존재한다고 가정하자. 그러면 정리 3.6에 의해 O는 정렬집합이다. O의 순서수가 α이면 $\alpha \in O$이다. 그리고 [예 11]에 의하여

$$\alpha = o\{\beta \in O \mid \beta < \alpha\} = o(O_\alpha) < o(O) = \alpha$$

이다. 그러므로 $\alpha < \alpha$가 되어 $\alpha = \alpha$에 모순이다.

연습문제 9.3

1. 임의의 순서수 α에 대하여 $\alpha+0=\alpha=0+\alpha$임을 보여라.

2. 임의의 순서수 $\alpha,\ \beta,\ \gamma$에 대하여 $(\alpha+\beta)+\gamma=\alpha+(\beta+\gamma)$이 성립함을 보여라. (결합법칙)

3. 임의의 순서수 α, β에 대하여 $\alpha+1 \leqslant \beta$일 때에만 $\alpha < \beta$임을 보여라.

4. $\alpha \leqslant \beta$이면 $\alpha+\gamma=\beta$인 순서수 γ가 유일하게 존재함을 보여라.

5. 임의의 순서수 α, β, γ에 대하여 $\alpha(\beta\gamma)=(\alpha\beta)\gamma$ (결합법칙) 임을 보여라.

6. 임의의 순서수 α, β, γ에 대하여 $\alpha(\beta+\gamma)=\alpha\beta+\alpha\gamma$ (좌분배법칙)임을 보여라.

7. 임의의 순서수 α, β, γ에 대하여 $(\beta+\gamma)\alpha=\beta\alpha+\gamma\alpha$ (우분배법칙) 가 항상 성립되는 것은 아니다. 반례를 찾아보자.

8. 임의의 순서수 α에 대하여 $0\alpha=0=\alpha 0$, $1\alpha=\alpha=\alpha 1$임을 보여라.

9. $\alpha=0$ 또는 $\beta=0$ $\Leftrightarrow$ $\alpha\beta=0$임을 보여라.

10. $\omega 2=\omega+\omega$임을 보여라.

11. 임의의 순서수 $\alpha(\neq 0)$에 대하여 $\alpha\omega=\omega$ 임을 보여라.

12. 모든 순서수보다 큰 순서수가 존재하는지 알아보아라.

13. 순서수 α, β, γ에 대하여 $\alpha\gamma=\beta\gamma$ 이지만 $\alpha\neq\beta$가 되는 예를 찾아 보아라.

14. 순서수 α, β, γ에 대하여 $\alpha<\beta$ 이고 $\gamma>0$ 이면 $\alpha\gamma \leqslant \beta\gamma$ 임을 보여라.

15. 순서수 α, β, γ에 대하여 $\alpha<\beta$ 이고 $\gamma>0$ 이지만 $\alpha\gamma<\beta\gamma$이 성립되지 안을 수도 있음을 예를 들어 보여라.

16. 순서수 α, β, γ에 대하여 $\gamma\alpha<\gamma\beta$ 이고 $\gamma>0$ 이면 $\alpha<\beta$ 임을 보여라.

17. 임의의 순서수 α에 대하여 $\alpha+1>\alpha$ 임을 보여라.

연습문제 풀이

◀연습문제 2.1▶

1. 명제 - (2), (3), (4), (5)　　명제 아님 - (1)
2. (2) T (3) F (4) 확인한 뒤에 자리수가 7이면 T, 아니면 F (5) F
3. (1) 그는 부자이거나 행복하다. (2) 그는 부자이고 그리고 행복하다.
   (3) 그가 부자이면 행복하다.　(6) 그는 부자이거나 행복하지않다.
4. (1) $\sim p \wedge \sim q$　(2) $\sim p \wedge q$　(3) $\sim p \rightarrow q$　(4) $q \rightarrow p$　(5) $p \rightarrow \sim q$
5. (1) $\sim p \wedge \sim q$

$\sim p$	$\wedge$	$\sim q$
F	F	F
F	F	T
T	F	F
T	T	T

(2) $p \rightarrow (\sim p \vee q)$

p	$\rightarrow$	$\sim p$	$\vee$	q
T	T	F	T	T
T	F	F	F	F
F	T	T	T	T
F	T	T	T	F

(3) $p \vee \sim q$

p	$\vee$	$\sim q$
T	T	F
T	T	T
F	F	F
F	T	T

(4) $\sim (p \wedge \sim q)$

p	q	$\sim q$	$p \wedge \sim q$	$\sim (p \wedge \sim q)$
T	T	F	F	T
T	F	T	T	F
F	T	F	F	T
F	F	T	F	T

(5) $\sim (\sim p)$

p	$\sim p$	$\sim (\sim p)$
T	F	T
F	T	F

(6) $p \vee \sim p$

p	$\vee$	$\sim p$
T	T	F
F	T	T

ㄴ

6. (1) $p \wedge (q \wedge r)$

p	$\wedge$	q	$\wedge$	r
T	T	T	T	T
T	F	T	F	F
T	F	F	F	T
T	F	F	F	F
F	F	T	T	T
F	F	T	F	F
F	F	F	F	T
F	F	F	F	F

(2) $(p \vee q) \to \sim r$

p	$\vee$	q	$\to$	$\sim r$
T	T	T	F	F
T	T	T	T	T
T	T	F	F	F
T	T	F	T	T
F	T	T	F	F
F	T	T	T	T
F	F	F	T	F
F	F	F	T	T

(3) $(p \vee \sim q) \wedge r$

p	$\vee$	$\sim q$	$\wedge$	r
T	T	F	T	T
T	T	F	F	F
T	T	T	T	T
T	T	T	F	F
F	F	F	F	T
F	F	F	F	F
F	T	T	T	T
F	T	T	F	F

(4) $(p \wedge q) \to (p \vee q)$

p	q	$p \wedge q$	$\to$	$p \vee q$
T	T	T	T	T
T	F	F	T	T
F	T	F	T	T
F	F	F	T	F

(5) $\sim(p \wedge q) \vee \sim(q \leftrightarrow p)$

$\sim(p \wedge q)$		$\sim(q \leftrightarrow p)$
F	F	F
T	T	T
T	T	T
T	T	F

7. 각 논리적 가능성에 대하여 양쪽 명제의 진리값이 같음을 보인다.

(1) $(p \to \sim q) \equiv (q \to \sim p)$

p	$\to$	$\sim q$	q	$\to$	$\sim p$
T	F	F	T	F	F
T	T	T	T	T	T
F	T	F	F	T	F
F	T	T	F	T	T

결과가 같다!

(2) $p \wedge (q \vee r) \equiv (p \wedge q) \vee (p \wedge r)$

p	$\wedge$	q	$\vee$	r	p	$\wedge$	q	$\vee$	p	$\wedge$	r
T	T	T	T	T	T	T	T	T	T	T	T
T	T	T	T	F	T	T	T	T	T	F	F
T	T	F	T	T	T	F	F	T	T	T	T
T	F	F	F	F	T	F	F	F	T	F	F
F	F	T	T	T	F	F	T	F	F	F	T
F	F	T	T	F	F	F	T	F	F	F	F
F	F	F	T	T	F	F	F	F	F	F	T
F	F	F	F	F	F	F	F	F	F	F	F

결과가 같다!

(3) $(p \to q) \equiv \sim(p \wedge \sim q)$

p	$\to$	q	$\sim(p \wedge \sim q)$	p	$\wedge$	$\sim q$
T	T	T	T	T	T	F
T	F	F	F	T	T	T
F	T	T	T	F	F	F
F	T	F	T	F	F	T

(4) $\sim(\sim p) \equiv p$

p	$\sim p$	$\sim(\sim p)$
T	F	T
F	T	F

결과가 같다!

◀연습문제 2.2▶

1. 다음 명제를 진리표를 사용하여 증명하여라.

(1) $\sim(p \to q) \equiv p \wedge \sim q$

$\sim(p \to q)$	$p \to q$	p	$\wedge$	$\sim q$
F	T	T	F	F
T	F	T	T	T
F	T	F	F	F
F	T	F	F	T

(2) $\sim(p \to q) \equiv p \leftrightarrow \sim q \equiv \sim p \leftrightarrow q$

$\sim(p \leftrightarrow q)$	$p \leftrightarrow q$	$p \leftrightarrow \sim q$	$\sim p \leftrightarrow q$
F	T	F	F
T	F	T	T
T	F	T	T
F	T	F	F

(3) $p \vee q \Leftrightarrow \sim(\sim p \wedge \sim q)$

p	$\vee$	q	$\sim(\sim p \wedge \sim q)$	$\sim p$	$\wedge$	$\sim q$
T	T	T	T	F	F	F
T	T	F	T	F	F	T
F	T	T	T	T	F	F
F	F	F	F	T	T	T

(4) $p \to (q \wedge r) \Leftrightarrow (p \to q) \wedge (p \to r)$

p	$\to$	q	$\wedge$	r	p	$\to$	q	$\wedge$	p	$\to$	r
T	T	T	T	T	T	T	T	T	T	T	T
T	F	T	F	F	T	T	T	F	T	F	F
T	F	F	F	T	T	F	F	F	T	T	T
T	F	F	F	F	T	F	F	F	T	F	F
F	T	T	T	T	F	T	T	T	F	T	T
F	T	T	F	F	F	T	T	T	F	T	F
F	T	F	F	T	F	T	F	T	F	T	T
F	T	F	F	F	F	T	F	T	F	T	F

(5) $(p \to q) \Rightarrow (p \wedge r \to q \wedge r)$

p	$\to$	q	$\Rightarrow$	p	$\wedge$	r	$\to$	q	$\wedge$	r
T	T	T	T	T	T	T	T	T	T	T
T	F	F	T	T	F	F	T	F	F	F
F	T	T	T	F	F	T	T	T	T	T
F	T	F	T	F	F	F	T	F	F	F

(6) $(p \to q) \Rightarrow (p \vee r \to q \vee r)$

p	$\to$	q	$\Rightarrow$	p	$\vee$	r	$\to$	q	$\vee$	r
T	T	T	T	T	T	T	T	T	T	T
T	F	F	T	T	T	F	T	F	T	F
F	T	T	T	F	T	T	T	T	T	T
F	T	F	T	F	F	F	T	F	F	F

(7) $(p \leftrightarrow q) \equiv (p \wedge q) \vee (\sim p \wedge \sim q)$

p	$\leftrightarrow$	q	p	$\wedge$	q	$\vee$	$\sim p$	$\wedge$	$\sim q$
T	T	T	T	T	T	T	F	F	F
T	F	F	T	F	F	F	F	F	T
F	F	T	F	F	T	F	T	F	F
F	T	F	F	F	F	T	T	T	T

(8) $\sim(p \wedge q \wedge r) \equiv \sim p \vee \sim q \vee \sim r$

$\sim(p \wedge q \wedge r)$	$p \wedge q \wedge r$	p	q	r	$\sim p$	$\sim q$	$\sim r$	$\sim p \vee \sim q \vee \sim r$
F	T	T	T	T	F	F	F	F
T	F	T	T	F	F	F	T	T
T	F	T	F	T	F	T	F	T
T	F	T	F	F	F	T	T	T
T	F	F	T	T	T	F	F	T
T	F	F	T	F	T	F	T	T
T	F	F	F	T	T	T	F	T
T	F	F	F	F	T	T	T	T

(9) $\sim(p \vee q \vee r) \equiv \sim p \wedge \sim q \wedge \sim r$

$\sim(p \vee q \vee r)$	$p \vee q \vee r$	p	q	r	$\sim p$	$\sim q$	$\sim r$	$\sim p \wedge \sim q \wedge \sim r$
F	T	T	T	T	F	F	F	F
F	T	T	T	F	F	F	T	F
F	T	T	F	T	F	T	F	F
F	T	T	F	F	F	T	T	F
F	T	F	T	T	T	F	F	F
F	T	F	T	F	T	F	T	F
F	T	F	F	T	T	T	F	F
T	F	F	F	F	T	T	T	T

2. (1) $\sim p \wedge q$

(2) $\sim(p \wedge \sim q) \equiv \sim p \vee q \equiv p \rightarrow q$

(3) $\sim(\sim p \leftrightarrow q) \equiv \sim((\sim p \rightarrow q) \wedge (q \rightarrow \sim p)) \equiv \sim(\sim p \rightarrow q) \vee \sim(q \rightarrow \sim p)$

$\equiv \sim(p \vee q) \vee \sim(\sim q \vee \sim p) \equiv (\sim p \wedge \sim q) \vee (q \wedge p)$

$\equiv (\sim p \vee q) \wedge (\sim q \vee q) \wedge (\sim p \vee p) \wedge (\sim q \vee p)$

$\equiv (\sim p \vee p) \wedge (\sim q \vee p) \equiv (p \rightarrow q) \wedge (q \rightarrow p) \equiv p \leftrightarrow q$

(4) $\sim(\sim p \wedge \sim q) = p \vee q$

(5) $\sim(\sim p \rightarrow \sim q) \equiv \sim(q \rightarrow p) \equiv \sim(\sim q \vee p) \equiv q \wedge \sim p$

3. $(p \wedge q) \Rightarrow (p \leftrightarrow q)$가 항진명제임을 확인하면 함의이다.

4. (1) $p \wedge (p \vee r) \equiv p$

p	$\wedge$	p	$\vee$	r	p
T	T	T	T	T	T
T	T	T	T	F	T
F	F	F	T	T	F
F	F	F	F	F	F

(2) $p \vee (p \wedge q) \equiv p$

p	$\vee$	p	$\wedge$	q	p
T	T	T	T	T	T
T	T	T	F	F	T
F	F	F	F	T	F
F	F	F	F	F	F

5. (1) F (2) F (3) F (4) F

6. (1) 그는 부자이거나 행복하다.

(2) 비가 오고 우산이 팔리지 않는다.

(3) 민근이나 평근이는 공부를 열심히 하지 않는다.

(4) 그는 눈이 크지 않고 입이 크지 않다.

(5) 아버지가 건강하시고 아들이나 딸은 건강하지 않다.

7. 1) $p \wedge q \Rightarrow p$

p	$\wedge$	q	$\Rightarrow$	p
T	T	T	T	T
T	F	F	T	T
F	F	T	T	F
F	F	F	T	F

$p \wedge q \Rightarrow q$

p	$\wedge$	q	$\Rightarrow$	q
T	T	T	T	T
T	F	F	T	F
F	F	T	T	T
F	F	F	T	F

2) $p \Rightarrow p \vee q$

q	$\Rightarrow$	p	$\vee$	q
T	T	T	T	T
T	T	F	T	T
F	T	T	T	F
F	T	F	F	F

$q \Rightarrow p \vee q$

p	$\Rightarrow$	p	$\vee$	q
T	T	T	T	T
T	T	T	T	F
F	T	F	T	T
F	T	F	F	F

8. (2) $p \vee c \Leftrightarrow p$

p	$\wedge$	c	$\Leftrightarrow$	c
T	T	F	T	F
F	F	F	T	F

$p \wedge c \Leftrightarrow c$

p	$\vee$	c	$\Leftrightarrow$	p
T	T	F	T	T
F	F	F	T	F

9 (1) $p \vee p \equiv p$

p	p∨p	↔	p
T	T	T	T
F	F	T	F

(2) $p \wedge q \equiv q \wedge p$

p	q	p∧q	↔	q∧p
T	T	T	T	T
T	F	F	T	F
F	T	F	T	F
F	F	F	T	F

(5) $p \vee \sim p \equiv t$

p	p∨~p	↔	t
T	T	T	T
F	T	T	T

(6) $\sim(\sim p) \equiv p$

p	~p	~(~p)	↔	p
T	F	T	T	T
F	T	F	T	F

p	q	~q	p→q	p→~q	p∧(p→q)∧(p→~q)	↔	c
T	T	F	T	F	F	T	F
T	F	T	F	T	F	T	F
F	T	F	T	T	F	T	F
F	F	T	T	T	F	T	F

12. (1) $(p \to q) \wedge p \Rightarrow q$

p	→	q	∧	$\sim q$	⇒	$\sim p$
T	T	T	F	F	T	F
T11.	F	F	F	T	T	F
F	T	T	F	F	T	T
F	T	F	T	T	T	T

(2) $(p \to q) \wedge \sim q \Rightarrow \sim p$

p	→	q	∧	p	⇒	q
T	T	T	T	T	T	T
T	F	F	F	T	T	F
F	T	T	F	F	T	T
F	T	F	F	F	T	F

(3) $(p \to q) \Leftrightarrow (p \wedge \sim q \to q \wedge \sim q)$

p	→	q	⇔	p	∧	$\sim q$	→	q	∧	$\sim q$
T	T	T	T	T	F	F	T	T	F	F
T	F	F	T	T	T	T	F	F	F	T
F	T	T	T	F	F	F	T	T	F	F
F	T	F	T	F	F	T	T	F	F	T

13. (1) $(p \to q) \land (r \to s) \Rightarrow (p \lor r \to q \lor s)$

p	$\to$	q	$\land$	r	$\to$	s	$\Rightarrow$	p	$\lor$	r	$\to$	q	$\lor$	s
T	T	T	T	T	T	T	T	T	T	T	T	T	T	T
T	T	T	F	T	F	F	T	T	T	T	T	T	T	F
T	T	T	T	F	T	T	T	T	T	F	T	T	T	T
T	T	T	T	F	T	F	T	T	T	F	T	T	T	F
T	F	F	F	T	T	T	T	T	T	T	T	F	T	T
T	F	F	F	T	F	F	T	T	T	T	F	F	F	F
T	F	F	F	F	T	T	T	T	T	F	T	F	T	T
T	F	F	F	F	T	F	T	T	T	F	F	F	F	F
F	T	T	T	T	T	T	T	F	T	T	T	T	T	T
F	T	T	F	T	F	F	T	F	T	T	T	T	T	F
F	T	T	T	F	T	T	T	F	F	F	T	T	T	T
F	T	T	T	F	T	F	T	F	F	F	T	T	T	F
F	T	F	T	T	T	T	T	F	T	T	T	F	T	T
F	T	F	F	T	F	F	T	F	T	T	F	F	F	F
F	T	F	T	F	T	T	T	F	F	F	T	F	T	T
F	T	F	T	F	T	F	T	F	F	F	T	F	F	F

(2) $(p \to q) \land (r \to s) \Rightarrow (p \land r \to q \land s)$

p	$\to$	q	$\land$	r	$\to$	s	$\Rightarrow$	p	$\land$	r	$\to$	q	$\land$	s
T	T	T	T	T	T	T	T	T	T	T	T	T	T	T
T	T	T	F	T	F	F	T	T	T	T	F	T	F	F
T	T	T	T	F	T	T	T	T	F	F	T	T	T	T
T	T	T	T	F	T	F	T	T	F	F	T	T	F	F
T	F	F	F	T	T	T	T	T	T	T	F	F	F	T
T	F	F	F	T	F	F	T	T	T	T	F	F	F	F
T	F	F	F	F	T	T	T	T	F	F	T	F	F	T
T	F	F	F	F	T	F	T	T	F	F	T	F	F	F
F	T	T	T	T	T	T	T	F	F	T	T	T	T	T
F	T	T	F	T	F	F	T	F	F	T	T	T	F	F
F	T	T	T	F	T	T	T	F	F	F	T	T	T	T
F	T	T	T	F	T	F	T	F	F	F	T	T	F	F
F	T	F	T	T	T	T	T	F	F	T	T	F	F	T
F	T	F	F	T	F	F	T	F	F	T	T	F	F	F
F	T	F	T	F	T	T	T	F	F	F	T	F	F	T
F	T	F	T	F	T	F	T	F	F	F	T	F	F	F

(3) $(p \rightarrow q) \wedge (r \rightarrow s) \Rightarrow (\sim q \vee \sim s \rightarrow \sim p \vee \sim r)$

p	$\rightarrow$	q	$\wedge$	r	$\rightarrow$	s	$\Rightarrow$	$\sim q$	$\vee$	$\sim s$	$\rightarrow$	$\sim p$	$\vee$	$\sim r$
T	T	T	T	T	T	T	T	F	F	F	T	F	F	F
T	T	T	F	T	F	F	T	F	T	T	F	F	F	F
T	T	T	T	F	T	T	T	F	F	F	T	F	T	T
T	T	T	T	F	T	F	T	F	T	T	T	F	T	T
T	F	F	F	T	T	T	T	T	T	F	F	F	F	F
T	F	F	F	T	F	F	T	T	T	T	F	F	F	F
T	F	F	F	F	T	T	T	T	T	F	T	F	T	T
T	F	F	F	F	T	F	T	T	T	T	T	F	T	T
F	T	T	T	T	T	T	T	F	F	F	T	T	T	F
F	T	T	F	T	F	F	T	F	T	T	T	T	T	F
F	T	T	T	F	T	T	T	F	F	F	F	T	T	T
F	T	T	T	F	T	F	T	F	T	T	T	T	T	T
F	T	F	T	T	T	T	T	T	T	F	T	T	T	F
F	T	F	F	T	F	F	T	T	T	T	T	T	T	F
F	T	F	T	F	T	T	T	T	T	F	T	T	T	T
F	T	F	T	F	T	F	T	T	T	T	T	T	T	T

(4) $(p \rightarrow q) \wedge (r \rightarrow s) \Rightarrow (\sim q \wedge \sim s \rightarrow \sim p \wedge \sim r)$

p	$\rightarrow$	q	$\wedge$	r	$\rightarrow$	s	$\Rightarrow$	$\sim q$	$\wedge$	$\sim s$	$\rightarrow$	$\sim p$	$\wedge$	$\sim r$
T	T	T	T	T	T	T	T	F	F	F	T	F	F	F
T	T	T	F	T	F	F	T	F	F	T	T	F	F	F
T	T	T	T	F	T	T	T	F	F	F	T	F	F	T
T	T	T	T	F	T	F	T	F	F	T	T	F	F	T
T	F	F	F	T	T	T	T	T	F	F	T	F	F	F
T	F	F	F	T	F	F	T	T	T	T	F	F	F	F
T	F	F	F	F	T	T	T	T	F	F	T	F	F	T
T	F	F	F	F	T	F	T	T	T	T	F	F	F	T
F	T	T	T	T	T	T	T	F	F	F	T	T	F	F
F	T	T	F	T	F	F	T	F	F	T	T	T	F	F
F	T	T	T	F	T	T	T	F	F	F	T	T	T	T
F	T	T	T	F	T	F	T	F	F	T	T	T	T	T
F	T	F	T	T	T	T	T	T	F	F	T	T	F	F
F	T	F	F	T	F	F	T	T	T	T	F	T	F	F
F	T	F	T	F	T	T	T	T	F	F	T	T	T	T
F	T	F	T	F	T	F	T	T	T	T	T	T	T	T

◀연습문제 2.3▶

1. (1) $(p \to q) \wedge \sim p \Rightarrow \sim p$ (단순화법칙)

   (2) $(p \to r) \wedge (q \to r) \equiv (\sim p \vee r) \wedge (\sim q \vee r) \equiv (\sim p \wedge \sim q) \vee r \equiv \sim (p \vee q) \vee r$
   $\equiv (p \vee q) \to r$

   (3) $(p \to q) \wedge (p \to r) \equiv (\sim p \vee q) \wedge (\sim p \vee r) \equiv \sim p \vee (q \wedge r) \equiv (p \to q \wedge r)$

   (4) $(p \to q) \vee (p \to r) \equiv (\sim p \vee q) \vee (\sim p \vee r) \equiv \sim p \vee (q \vee r) \equiv p \to (q \vee r)$

   (5) $(p \to r) \vee (q \to s) \equiv (\sim p \vee r) \vee (\sim q \vee s) \equiv (\sim p \vee \sim q) \vee (r \vee s)$
   $\equiv \sim (p \wedge q) \vee (r \vee s) \equiv p \wedge q \to r \vee s$

   (6) $(p \wedge \sim q \to q \wedge \sim q) \equiv \sim (p \wedge \sim q) \vee (q \wedge \sim q) \equiv \sim p \vee q \vee c$
   $\equiv \sim p \vee q \equiv p \to q$

   (7) $(p \to q) \wedge \sim q \Rightarrow \sim p \quad \equiv (\sim p \vee q) \wedge \sim q \equiv (\sim p \wedge \sim q) \vee (q \wedge \sim q)$
   $\equiv (\sim p \wedge \sim q) \vee c \equiv \sim p \wedge \sim q \Rightarrow \sim p$

2. (1) 역 : 행복하면 부자이다.
   이 : 부자가 아니면 행복하지 않다.
   대우 : 행복하지 않으면 부자가 아니다.

   (2) 역 : 삼각형이 합동이면 변의 길이가 같다.
   이 : 삼각형의 변의 길이가 같지 않으면 합동이 아니다.
   대우 : 삼각형이 합동이 아니면 변의 길이가 같지 않다.

   (3) 역 : $x^2=16$ 이면 $x=4$ 이다.
   이 : $x \neq 4$ 이면 $x^2 \neq 16$ 이다.
   대우 : $x^2 \neq 16$ 이면 $x \neq 4$ 이다.

◀연습문제 2.4▶

1. (1) 대상영역 : 장미의 집합, $\forall x\ P(x)$: x는 가시가 있다.

   (2) 대상영역 : 사람들의 집합, $\forall x, P(x)$: x는 죽는다.

   (3) 대상영역 : 실수$\mathbb{R}$, $\forall x\ P(x)$: $x^2>0$

   (4) 대상영역 : 사과들의 모임, $\exists x\ P(x)$: x는 파랗다.

   (5) 대상영역 : 실수$\mathbb{R}$, $\exists x\ P(x)$: $x^2=0$

2. (1) 어떤 장미는 가시가 없다. (2) 어떤 사람은 죽지 않는다.
   (3) 어떤 실수 x는 $x^2 \not> 0$이다. (4) 모든 사과는 파랗지 않다.

(5) 모든 실수 x에 대하여 $x^2 \neq 0$ 이다.

3. (1) F (2) T (3) F (4) F (5) F (6) T

4. (1) $\exists x,\ |x| \neq x$ (3) $\forall x,\ x+2 \neq x$ (5) $\forall x,\ x^2+3x-2 \neq 0$

5. (1) F, $\varnothing$, (2) T, A (3) T, $\{1\}$ (4) T, A

6. (2) 역 : 성공하면 공부를 잘한다.
   이 : 공부를 잘하지 않으면 성공하지 못한다.
   대우 : 성공하지 않으면 공부를 잘하 않는다.
   (3) 역 : 건강한 것은 운동선수가 되기에 필요하다
   이 : 운동선수가 되지 않기 위해서는 건강하지 않은 것이 필요하다.
   대우 : 건강하지 않은 것은 운동선수가 되지 않기 위해 필요하다.
   (4) 역 : 산에 갈 수 있으면 그가 아프지 않다.
   이 : 그가 아프면 산에 갈 수 없다.
   대우 : 산에 갈 수 없으면 그가 아프다.
   (5) 역 : $\sim q \rightarrow p$ 이 : $\sim p \rightarrow q$ 대우 : $q \rightarrow \sim p$

7. (1) $P \rightarrow Q$ (2) $\sim P \rightarrow \sim Q$ (3) $\sim P \wedge Q$ (4) $\sim P \wedge \sim Q$
   (5) $\sim(\sim P \wedge \sim Q) \wedge P$

8. (1) T (2) T (3) F (4) F

9. (1) $\exists x, \exists y \sim P(x,y)$ (2) $\exists x, \forall y \sim P(x,y)$ (3) $\exists x, \forall y, \exists z \sim P(x,y,z)$
   (4) $\forall x, \exists y\ (\sim p(x) \wedge \sim q(y))$ (5) $\exists x \sim p(x) \vee \forall y \sim q(y)$

◀연습문제 2.5▶

1. (1) $n=1$일 때 좌변=1, 우변 $=\dfrac{1(1+1)}{2}=1$ 이므로 $P(1)$은 참이다.
   $n=k$일 때 $P(k)$가 참임을 가정한다. 즉 $1+2+3+\cdots+k=\dfrac{k(k+1)}{2}$
   이 등식의 양변에 $k+1$을 각가 더하면
   $$1+2+3+\cdots+k+(k+1)=\frac{k(k+1)}{2}+(k+1)=\frac{k(k+1)}{2}+\frac{2(k+1)}{2}$$
   $$=\frac{(k+1)\{(k+1)+1\}}{2}\quad \therefore\ P(k+1)\text{은 참}$$

(2) $n=1$일 때 $1\cdot 2=\frac{1}{3}\cdot 1\cdot 2\cdot 3=2$

$n=k$일 때 성립됨을 가정

$n=k+1$일 때 $1\cdot 2+2\cdot 3+\cdots+k(k+1)+(k+1)(k+2)$

$$=\frac{1}{3}k(k+1)(k+2)+(k+1)(k+2)$$

$$=\frac{1}{3}k(k+1)(k+2)+\frac{3}{3}(k+1)(k+2)$$

$$=\frac{1}{3}(k+1)(k+2)(k+3) \qquad \therefore P(k+1)\text{은 참}$$

(3) $n=1$일 때 $1=1^2 \Rightarrow 1=1$

$n=k$일 때 $1+3+5+\cdots+(2k-1)=k^2$ 임을 가정한다.

$n=k+1$일 때

$$1+3+5+\cdots+(2k-1)+(2(k+1)-1)=k^2+2(k+1)-1$$

$$=k^2+2k+1=(k+1)^2 \qquad \therefore P(k+1)\text{은 참}$$

(4) $n=1$일 때 $1=\frac{1}{4}\cdot 4=1$

$n=k$일 때 $1^3+2^3+3^3\cdots k^3=\frac{1}{4}k^2(k+1)^2$ 임을 가정한다.

$n=k+1$일 때 $1^3+2^3+3^3\cdots k^3+(k+1)^3=\frac{1}{4}k^2(k+1)^2+(k+1)^3$

$$=(k+1)^2\left(\frac{1}{4}k^2+k+1\right)=\frac{1}{4}(k+1)^2(k^2+4k+4)$$

$$=\frac{1}{4}(k+1)^2(k+2)^2 \qquad \therefore P(k+1)\text{은 참}$$

2. 증명은 귀납법으로 다음의 경우를 조사하면 된다.

① n=0, r=0인 경우 : $C(n,r)=C(0,0)=1$, 그리고 $\frac{0!}{0!\cdot 0!}=1$

② n=1, r=0인 때와 r=1인 때 :

$r=0$인 경우, $C(n,r)=C(1,0)=C(0,0)+C(0,-1)=1+0=1$

$$\frac{1!}{0!\cdot 1!}=1$$

$r=1$인 경우, $C(n,r)=C(1,1)=C(0,1)+C(0,0)=0+1=1$

$$\frac{n!}{r!\cdot(n-r)!}=\frac{1!}{1!\cdot 0!}=1$$

③ n=k인 경우 성립을 가정, 즉 $C(k,r)=\frac{k!}{r!\cdot(k-r)!}$ 성립 가정

(단 $n>1,\ 0\le r\le n$)

④ n=k+1인 경우 r=0인 때와 r=k+1인 때 그리고 0<r<k+1인 때

$r=0$인 경우: $C(k+1,r)=C(k+1,0)=C(k,0)+C(k,-1)$

$=C(k-1,0)+C(k-1,-1)+C(k-1,-1)+C(k-1,-2)$

- -

$=C(0,0)+C(0,-1)+\cdots+C(0,-(k-1))$

$=1+0+0+\cdots+0=1$

그리고 $\dfrac{(k+1)!}{r!(k+1-r)!}=\dfrac{(k+1)!}{0!(k+1)!}=1$

$r=k+1$인 경우 : $C(k+1,r)=C(k+1,k+1)=C(k,k+1)+C(k,k)$

$=C(k-1,k+1)+C(k-1,k)+C(k-1,k)+C(k-1,k-1)$

- - - - - - - - - - - - - - - -

$=C(0,k+1)+C(0,k)+\cdots+C(0,0)=0+0+\cdots+0+1=1$

그리고 $\dfrac{(k+1)!}{r!(k+1-r)!}=\dfrac{(k+1)!}{(k+1)!(k+1-k-1)!}=\dfrac{(k+1)!}{(k+1)!\cdot 0!}=1$

$0<r<k+1$인 경우 : $C(k+1,r)=C(k,r)+C(k,r-1)$

$=\dfrac{k!}{r!(k-r)!}+\dfrac{k!}{(r-1)!(k-r+1)!}=\cdots=\dfrac{(k+1)!}{r!(k+1-r)!}$

3. 풀이

$n=1$: $(x+y)^1=C(1,0)x+C(1,1)y$

$=(C(0,0)+C(0,-1))x+(C(0,1)+C(0,0))y$

$=(1+0)x+(0+1)y=x+y$

$n=k$: $(x+y)^k=C(k,0)x^k+C(k,1)x^{k-1}y+C(k.2)x^{k-2}y^2+\cdots+$

$=C(k,r-1)x^{k-(r-1)}y^{r-1}+C(k,r)x^{k-r}yr+\cdots+C(k,k)y^k$

$n=k+1$: $(x+y)(x+y)^k=C(k,0)x^{k+1}+C(k,1)x^ky+C(k,2)x^{k-1}y^2+\cdots+$

$C(k,r-1)x^{k-r+2}y^{r-1}+C(k,r)x^{k-r+1}y^r+\cdots+C(k,k)xy^k$

$+C(k,0)x^ky+C(k,1)x^{k-1}y^2+C(k,2)x^{k-2}y^3+\cdots+$

$C(k,r-1)x^{k-r+1}y^r+C(k,r)x^{k-r}y^{r+1}+\cdots+C(k,k)y^{k+1}$

$=C(k,0)x^{k+1}+(C(k,1)+C(k,0))x^ky+\cdots+$

$(C(k,r)+C(k,r-1))x^{k-r+1}y^r+\cdots+C(k,k)xy^{k+1}$

$=C(k,0)x^{k+1}+C(k+1,1)x^ky+\cdots+C(k+1,r)x^{k-r+1}y^r$

$+\cdots+C(k,k)y^{k+1}$

◀연습문제 3.1▶

1. A, $\varnothing$, $\{a\}$, $\{b\}$, $\{c\}$, $\{a, b\}$, $\{b, c\}$, $\{a, c\}$

2. (1) $A=\{-5, -4, -3, -2, -1, 0, 1, 2, 3, 4, 5\}$ (2) $B=\{-1\}$

3. (1) $A=\{\frac{x}{3} \mid x=0, -1, -2, -3\} = \{\frac{x}{3} \mid -3 \le x \le 0, x \in \mathbb{Z}\}$

$$=\left\{x \mid x(x+1)(x+\frac{1}{3})(x+\frac{2}{3})=0\right\}$$

(2) $B=\{x \mid x=2n-1, n \in \mathbb{N}\}$

4. $(A \subseteq B \wedge B \subseteq A) \Leftrightarrow \forall x, (x \in A \rightarrow x \in B) \wedge (x \in B \rightarrow x \in A)$

$\Leftrightarrow \forall x, (x \in A \leftrightarrow x \in B) \Leftrightarrow A=B$

5. $\forall A$:집합, $\varnothing \subseteq A$이고 가정에 의해 $A \subseteq \varnothing$이므로 $A=\varnothing$.

6. $A \subseteq B \wedge B \subset C \Leftrightarrow (A \subset B \vee A=B) \wedge B \subset C \Leftrightarrow (A \subset B \wedge B \subset C)$
$\vee (A=B \wedge B \subset C) \Rightarrow (A \subset C \vee A \subset C) \Leftrightarrow A \subset C$

7. (1) $P(A:B) = \{\{a, b\}, \{a, b, c\}, \{a, b, d\}, \{a, b, c, d\}\}$

(2) $P(A:\varnothing) = \{X \in P(A) \mid \varnothing \subseteq X\} = \{X \in P(A)\}$

$= \{X \mid X \subseteq A\} = P(A)$

8. $\varnothing$, $\{a\}$ $\{\{b, c\}\}$, $\{a, \{b, c\}\}$ $\therefore$ 4개

9. (1) $X=\{4\}, \{5\}, \{4, 5\}$

(2) $X=\{2\}, \{2, 4\}, \{2, 8\}, \{2, 9\}, \{2, 4, 8\}, \{2, 4, 9\}, \{2, 8, 9\}$

10. $\forall x (x \in A \rightarrow x \in B) \wedge (x \notin B) \Leftrightarrow (x \notin A \vee x \in B) \wedge (x \notin B)$

$\Leftrightarrow (x \notin A \wedge x \notin B) \vee (x \notin B \wedge x \in B) \Leftrightarrow (x \notin A \wedge x \notin B) \vee c$ ($\because \sim p \wedge p = c$)

$\Leftrightarrow x \notin A \wedge x \notin B$ ($\because p \vee c \Leftrightarrow p$) $\Rightarrow x \notin A$ ($\because p \wedge q \Rightarrow p$)

◀연습문제 3.2▶

1. (1) $A \subseteq C \wedge B \subseteq C \equiv \forall x, (x \in A \Rightarrow x \in C) \wedge (x \in B \Rightarrow x \in C)$

$\equiv (\sim x \in A \vee x \in C) \wedge (\sim x \in B \vee x \in C)$

$\equiv (\sim x \in A \wedge \sim x \in B) \vee x \in C \equiv \sim (x \in A \vee x \in B) \vee x \in C$

$\equiv x \in A \vee x \in B \Rightarrow x \in C \equiv x \in A \cup B \Rightarrow x \in C \equiv A \cup B \subseteq C$

(2) $A \subseteq B \wedge A \subseteq C \equiv \forall x, (x \in A \Rightarrow x \in B) \wedge (x \in A \Rightarrow x \in C)$

$\equiv \forall x, (\sim x \in A \vee x \in B) \wedge (\sim x \in A \vee x \in C)$

$\equiv \forall x, (x \notin A \vee x \in B) \wedge (x \notin A \vee x \in C) \equiv \forall x, x \notin A \vee (x \in B \wedge x \in C)$

$\equiv \forall x,\ x \in A \Rightarrow (x \in B \wedge x \in C) \equiv A \subseteq (B \cap C)$

(3) $x \in A \cup B \Leftrightarrow x \in A \vee x \in B \Rightarrow x \in C \vee x \in D \Leftrightarrow x \in C \cup D$

(4) $(\Rightarrow)$ $C \subseteq (A \cap B) \cup C = A \cap (B \cup C) \subseteq A$

$(\Leftarrow)$ $C \subseteq A$이므로 $(A \cap B) \cup C = (A \cup C) \cap (B \cup C) = A \cap (B \cup C)$

(5) $A \subseteq B$이므로 $X \in P(A) \Rightarrow X \subseteq A \Rightarrow X \subseteq B \Rightarrow X \in P(B)$

(6) $(\Rightarrow)$ $A = B$이므로 $x \in A \cup B \equiv x \in A \vee x \in B \equiv x \in A \vee x \in A \equiv x \in A$

$x \in A \cap B \equiv x \in A \wedge x \in B \equiv x \in A \wedge x \in A \equiv x \in A$

따라서 $A \cup B = A = A \cap B$

(별해 : $A = B$이므로 $A \cup B = A \cup A = A = A \cap A = A \cap B$)

$(\Leftarrow)$ $A \cup B = A \cap B$이므로 단순화, 함의 법칙을 이용하여 증명한다.

$x \in A \Rightarrow x \in A \vee x \in B \Rightarrow x \in A \cup B \Leftrightarrow x \in A \cap B \Rightarrow x \in A \wedge x \in B \Rightarrow x \in B$

$x \in B \Rightarrow x \in A \vee x \in B \Rightarrow x \in A \cup B \Leftrightarrow x \in A \cap B \Rightarrow x \in A \wedge x \in B \Rightarrow x \in A$

(7) $\forall x, x \in [A \cap (B - C)] \Leftrightarrow x \in A \wedge x \in (B - C)$

$\Leftrightarrow x \in A \wedge (x \in B \wedge x \notin C) \Leftrightarrow (x \in A \wedge x \in B) \wedge (x \in A \wedge x \notin C)$

$\Leftrightarrow (x \in A \cap B) \wedge (x \notin A \cap C) \Leftrightarrow x \in (A \cap B - A \cap C)$

(별해) $(A \cap B) - (A \cap C) = (A \cap B) \cap (A \cap C)^c = (A \cap B) \cap (A^c \cup C^c)$

$= B \cap [A \cap (A^c \cup C^c)] = B \cap [(A \cap A^c) \cup (A \cap C^c)]$

$= B \cap [\varnothing \cup (A \cap C^c)] = B \cap (A \cap C^c) = A \cap (B \cap C^c) = A \cap (B - C)$

(8) $(A \cup B) - C = (A \cup B) \cap C^c = (A \cap C^c) \cup (B \cap C^c) = (A - C) \cup (B - C)$

(9) $A - (B \cup C) = A \cap (B \cup C)^c = A \cap (B^c \cap C^c)$

$= (A \cap B^c) \cap (A \cap C^c) = (A - B) \cap (A - C)$

(10) $A - (B \cap C) = A \cap (B^c \cup C^c) = (A \cap B^c) \cup (A \cap C^c) = (A - B) \cup (A - C)$

(11) $(A \cap B = \varnothing) \equiv (\forall x,\ x \in A \Rightarrow x \notin B) \equiv x \in A \Rightarrow x \in B^c \equiv A \subset B^c$

$((A \cap B)^c = U \equiv A \cap B = \varnothing \equiv A \subset B^c)$

(12) $(A - B) \cup B = A \Rightarrow B \subseteq (A - B) \cup B = A \quad \therefore B \subseteq A$.

역으로 $B \subseteq A$ 이므로 $(A - B) \cup B = (A \cap B^c) \cup B = (A \cup B) \cap (B^c \cup B)$

$= (A \cup B) \cap U = A \cup B = A \quad (\because B \subseteq A)$

(13) $A \cap (B - A) = A \cap (B \cap A^c) = (A \cap A^c) \cap B = \varnothing \cap B = \varnothing$

(14) $A \cup B = (A \cup B) \cap U = (A \cup B) \cap (A \cup A^c) = A \cup (B \cap A^c) = A \cup (B - A)$

(15) $(A\cap B\cap C)^c=[A\cap(B\cap C)]^c=A^c\cup(B\cap C)^c=A^c\cup(B^c\cup C^c)$

$=A^c\cup B^c\cup C^c$

(16) $(A-B)^c=(A\cap B^c)^c=A^c\cup B$

(17) $C=A\cup B$이므로, $C-B=(A\cup B)-B=(A\cup B)\cap B^c$

$=(A\cap B^c)\cup(B\cap B^c)=(A\cap B^c)\cup\varnothing=A-B=A$

2. (1) $X\in P(A)\cap P(B)\Leftrightarrow X\in P(A)\wedge X\in P(B)$

$\Leftrightarrow X\subseteq A\wedge X\subseteq B \Leftrightarrow X\subseteq A\cap B\Leftrightarrow X\in \mathrm{P}(A\cap B)$

(2) $X\in P(A)\cup P(B)\Leftrightarrow X\in P(A)\vee X\in P(B)$

$\Leftrightarrow X\subseteq A\vee X\subseteq B \Rightarrow X\subseteq A\cup B\Leftrightarrow X\in P(A\cup B)$

3. 정리 2.5

(1) 멱등법칙 : $x\in A\cup A\Leftrightarrow x\in A\vee x\in A\Leftrightarrow x\in A$

(2) 교환법칙 : $x\in A\cap B\Leftrightarrow x\in A\wedge x\in B\Leftrightarrow x\in B\wedge x\in A\Leftrightarrow x\in B\cap A$

(5) 항등법칙 : ① $x\in A\cup\varnothing\Leftrightarrow x\in A\vee x\in\varnothing\Leftrightarrow x\in A\vee c\Leftrightarrow x\in A$

② $A\cap\varnothing=((A\cap\varnothing)^c)^c=(A^c\cup U)^c=U^c=\varnothing$

③ $x\in A\cap U\Leftrightarrow x\in A\wedge x\in U\Leftrightarrow x\in A$ $(\because p\wedge t\equiv p)$

(6) 여법칙 : ① $x\in A\cap A^c\Leftrightarrow x\in A\wedge x\in A^c\Leftrightarrow x\in A\wedge x\notin A\Leftrightarrow x\in A-A=\varnothing$

② $x\in(A^c)^c\Leftrightarrow x\notin A^c\Leftrightarrow\sim(x\in A^c)\Leftrightarrow\sim(x\notin A)$

$\Leftrightarrow\sim(\sim(x\in A))\Leftrightarrow x\in A$

③ $U^c=U-U=\varnothing$ ④ $\varnothing^c=U-\varnothing=U$

(7) 드모르간 법칙 : $x\in(A\cap B)^c\Leftrightarrow\sim[x\in(A\cap B)]\Leftrightarrow\sim(x\in A\wedge x\in B)$

$\Leftrightarrow\sim(x\in A)\vee\sim(x\in B)\Leftrightarrow x\in A^c\vee x\in B^c\Leftrightarrow x\in A^c\cup B^c$

◀연습문제 3.3▶

1. (1) $\{a, b, c, d, e\}$ (2) {c}

2. $(0, 1)\cap(0, \frac{1}{2})\cap\cdots=\bigcap_{n=1}^{\infty}(0, \frac{1}{n})=\varnothing$ (단 $n\in\mathrm{N}$)임을 보이자.

(증명) if $\bigcap_{n=1}^{\infty}(0, \frac{1}{n})\neq\varnothing\Rightarrow\exists\, a\in\bigcap_{n=1}^{\infty}(0, \frac{1}{n})\Rightarrow\forall n\in\mathrm{N},\ a\in(0, \frac{1}{n})$

$\Rightarrow\forall n,\ 0<a<\frac{1}{n}$ (모순, $\because\exists\, n_0\geq n+1,\ 0<\frac{1}{n_0}<a$)

3. (1) [0, 1] (2) {0}

4. (1) $(A_1 \cup A_2) \cap (B_1 \cup B_2 \cup B_3)$

$= ((A_1 \cup A_2) \cap B_1) \cup ((A_1 \cup A_2) \cap B_2) \cup ((A_1 \cup A_2) \cap B_3)$

$= ((A_1 \cap B_1) \cup (A_2 \cap B_1)) \cup ((A_1 \cap B_2) \cup (A_2 \cap B_2))$

$\cup ((A_1 \cap B_3) \cup (A_2 \cap B_3))$

$= (A_1 \cap B_1) \cup (A_2 \cap B_1) \cup (A_1 \cap B_2) \cup (A_2 \cap B_2) \cup (A_1 \cap B_3) \cup (A_2 \cap B_3)$

(2) $(A_1 \cap A_2) \cup (B_1 \cap B_2 \cap B_3)$

$= ((A_1 \cap A_2) \cup B_1) \cap ((A_1 \cap A_2) \cup B_2) \cap ((A_1 \cap A_2) \cup B_3)$

$= ((A_1 \cup B_1) \cap (A_2 \cup B_1)) \cap ((A_1 \cup B_2) \cap (A_2 \cup B_2))$

$\cap ((A_1 \cup B_3) \cap (A_2 \cup B_3))$

$= (A_1 \cup B_1) \cap (A_2 \cup B_1) \cap (A_1 \cup B_2) \cap (A_2 \cup B_2) \cap (A_1 \cup B_3) \cap (A_2 \cup B_3)$

(3) $(\bigcup_{i \in I} A_i) \cap (\bigcup_{j \in J} B_j) = \bigcup_{j \in J} \{ (\bigcup_{i \in I} A_i) \cap B_j \} = \bigcup_{j \in J} \{ \bigcup_{i \in I} (A_i \cap B_j) \} = \bigcup_{j \in J} \bigcup_{i \in I} (A_i \cap B_j)$

(4) $(\bigcap_{i \in I} A_i) \cup (\bigcap_{j \in J} B_j) = \bigcap_{j \in J} \{ (\bigcap_{i \in I} A_i) \cup B_j \} = \bigcap_{j \in J} \{ \bigcap_{i \in I} (A_i \cup B_j) \} = \bigcap_{j \in J} \bigcap_{i \in I} (A_i \cup B_j)$

5. (2) $x \in (\bigcap_{\alpha \in I} A_\alpha)^c \equiv \sim (x \in \bigcap_{\alpha \in I} A_\alpha) \equiv \sim (\forall \alpha \in I, x \in A_\alpha)$

$\equiv (\exists \alpha \in I, x \notin A_\alpha) \equiv (\exists \alpha \in I, x \in A_\alpha{}^c) \equiv x \in \bigcup_{\alpha \in I} A_\alpha{}^c$

6. (2) $x \in A \cup (\bigcap_{\alpha \in I} B_\alpha) \Leftrightarrow x \in A \vee x \in \bigcap_{\alpha \in I} B_\alpha \Leftrightarrow x \in A \vee \forall \alpha \in I, x \in B_\alpha$

$\Leftrightarrow \forall \alpha \in I,\ x \in A \cup B_\alpha \Leftrightarrow x \in \bigcap_{\alpha \in I} (A \cup B_\alpha)$

◀연습문제 4.1▶

1. $A \times A = \{ (a, a), (a, b), (b, a), (b, b) \}$
2. $A = \emptyset$ 또는 $B = \emptyset$ 또는 $A = B$
3. 문제의 대우 " $(A \neq \emptyset \wedge B \neq \emptyset) \Leftrightarrow A \times B \neq \emptyset$ "을 보이자.

   $(\Rightarrow)$ $A \neq \emptyset \wedge B \neq \emptyset \Rightarrow \exists a \in A \wedge \exists b \in B \Rightarrow (a, b) \in A \times B \Rightarrow A \times B \neq \emptyset$

   $(\Rightarrow)$ $A \times B \neq \emptyset \Rightarrow \exists (a, b) \in A \times B \Rightarrow a \in A \wedge b \in B \Rightarrow A \neq \emptyset \wedge B \neq \emptyset$
4. $A \subseteq B$ 이므로 $(x, y) \in A \times C \Rightarrow x \in A \wedge y \in C \Rightarrow x \in B \wedge y \in C \Rightarrow (x, y) \in B \times C$
5. $m \times n$개
6. $A = \{1, 2, 3\}$

   $A \times A = \{ (1,1), (1,2), (1,3), (2,1), (2,2), (2,3), (3,1), (3,2), (3,3) \}$

7. $A\times B\times C=\{(a,x,1),(a,x,2),(a,y,1),(a,y,2),(a,z,1),(a,z,2),$
$(b,x,1),(b,x,2),(b,y,1),(b,y,2),(b,z,1),(b,z,2)\}$

8. $(\Rightarrow)$ if $A\subseteq C$ 이고 $B\subseteq D$라 하면,

$(x,y)\in A\times B \Rightarrow x\in A \wedge y\in B \Rightarrow x\in C \wedge y\in D \Rightarrow (x,y)\in C\times D$

$(\Leftarrow)$ $x\in A\wedge y\in B \Rightarrow (x,y)\in A\times B \Rightarrow (x,y)\in C\times D \Rightarrow x\in C\wedge y\in D$

9. (1) $(\not\Leftarrow)$ $(x,y)\in (A\cup C)\times(B\cup D) \Rightarrow x\in A\cup C \wedge y\in B\cup D$

$\Rightarrow x\in(A\vee C)\wedge y\in(B\vee D) \Rightarrow (x\in A\vee x\in C)\wedge(y\in B\vee y\in D)$

$\Rightarrow[(x\in A\vee x\in C)\wedge y\in B]\vee[(x\in A\vee x\in C)\wedge y\in D]$

$\Rightarrow[(x\in A\wedge y\in B)\vee(x\in C\wedge y\in B)]\vee[(x\in A\wedge y\in D)\vee(x\in C\wedge y\in D)]$

$\Rightarrow(x,y)\in A\times B\vee(x,y)\in C\times B\vee(x,y)\in A\times D\vee(x,y)\in C\times D$

$\Rightarrow(x,y)\in(A\times B)\cup(C\times B)\cup(A\times D)\cup(C\times D)$

$\not\Rightarrow(x,y)\in(A\times B)\cup(C\times D)$

$(\Rightarrow)$ $A\subseteq A\cup C$이고 $B\subseteq B\cup D$이므로 $(A\times B)\subseteq(A\cup C)\times(B\cup D)$

$C\subseteq A\cup C$이고 $D\subseteq B\cup D$이므로 $(C\times D)\subseteq(A\cup C)\times(B\cup D)$

따라서 $(A\times B)\cup(C\times D)\subseteq(A\cup C)\times(B\cup D)$ 이다.

(2) $(x,y)\in(A\times B)\cap(C\times D)$

$\Leftrightarrow [(x,y)\in A\times B]\wedge[(x,y)\in C\times D] \Leftrightarrow (x\in A\wedge y\in B)\wedge(x\in C\wedge y\in D)$

$\Leftrightarrow (x\in A)\wedge(y\in B)\wedge(x\in C)\wedge(y\in D)$

$\Leftrightarrow [(x\in A)\wedge(x\in C)]\wedge[(y\in B)\wedge(y\in D)] \Leftrightarrow (x\in A\cap C)\wedge(y\in B\cap D)$

$\Leftrightarrow (x,y)\in(A\cap C)\times(B\cap D)$

(3) $(x,y)\in(A\times B)-(C\times C)\Leftrightarrow[(x,y)\in(A\times B)\wedge(x,y)\notin(C\times C)]$

$\Leftrightarrow(x\in A\wedge y\in B)\wedge(x\notin C\vee y\notin C)$

$\Leftrightarrow[(x\in A\wedge y\in B)\wedge x\notin C]\vee[(x\in A\wedge y\in B)\wedge y\notin C]$

$\Leftrightarrow(x\in A\wedge x\notin C\wedge y\in B)\vee(x\in A\wedge y\in B\wedge y\notin C)$

$\Leftrightarrow[(x\in A-C)\wedge y\in B]\vee[x\in A\wedge(y\in B-C)]$

$\Leftrightarrow[(x,y)\in(A-C)\times B]\vee[(x,y)\in A\times(B-C)]$

$\Leftrightarrow(x,y)\in[(A-C)\times B]\cup[A\times(B-C)]$

(4) 예를 들면, $A=\{a\}$, $B=\{1,2\}$라 하자, 그러면,

$P(A)=\{\varnothing,\{a\}\}$, $P(B)=\{\varnothing,\{1\},\{2\},\{1,2\}\}$ 이고

$P(A)\times P(B)=\{(\varnothing,\varnothing),(\varnothing,\{1\}),(\varnothing,\{2\}),$
$(\varnothing,\{1,2\}),(\{a\},\varnothing),(\{a\},\{1\}),(\{a\},\{2\}),(\{a\},\{1,2\})\}$

$P(A\times B)=P(\{(a,1),(a,2)\})=\{\varnothing,\{(a,1)\},\{(a,2)\},\{(a,1),(a,2)\}\}$

따라서 $P(A\times B)\neq P(A)\times P(B)$ (서로 구조가 다르다)

10. ($\Rightarrow$) $(A\times C)\cap(B\times C)\neq\emptyset$ 라 하자. 그러면 $\exists\ (x,y)\in(A\times C)\cap(B\times C)$

$\Rightarrow (x,y)\in(A\times C)\wedge(x,y)\in(B\times C)\Rightarrow x\in A\wedge y\in C\wedge x\in B\wedge y\in C$

$\Rightarrow x\in A\cap B$ (오류, $A\cap B=\emptyset$)

Hence $(A\times C)\cap(B\times C)=\emptyset$ for any $C(\neq\emptyset)$

($\Leftarrow$) $A\cap B\neq\emptyset$라 하자. $\Rightarrow\exists\ x\in A\cap B \Rightarrow x\in A\wedge x\in B$

그러므로 $(x,c)\in(A\times C)\wedge(x,c)\in(B\times C)$, where $C=\{c\}$

즉 $(A\times C)\cap(B\times C)\neq\emptyset$(조건오류) $\therefore\ A\cap B=\emptyset$

11. 정리 1.4의 (2) $(x,y)\in A\times(B\cup C)\Leftrightarrow(x\in A)\wedge(y\in B\cup C)$

$\Leftrightarrow(x\in A)\wedge(y\in B\vee y\in C)\quad\Leftrightarrow[(x\in A)\wedge(y\in B)]\vee[(x\in A)\wedge(y\in C)]$

$\Leftrightarrow[(x,y)\in A\times B]\vee[(x,y)\in A\times C]\ \Leftrightarrow(x,y)\in(A\times B)\vee(A\times C)$

12. $2^A=\{f\mid f:A\to 2\}$, $\phi:2^A\to P(A)$가 $\phi(f)=f^{-1}(1)$로 정의되었다고 하자. 그러면 임의의 $f,g\in 2^A$에 대하여

$$f=g\Rightarrow f^{-1}=g^{-1}\Rightarrow f^{-1}(1)=g^{-1}(1)\Rightarrow\phi(f)=\phi(g)$$

이므로 ϕ는 잘 정의되었다. 이제 ϕ가 전단사임을 보이자.

① $\forall B,C\in\phi(2^A)$, $\exists\ f,g\in 2^A$ st $\phi(f)=B$, $\phi(g)=C$

$B=C\Rightarrow\phi(f)=\phi(g)\Rightarrow f^{-1}(1)=g^{-1}(1)\Rightarrow f^{-1}=g^{-1}\Rightarrow f=g\quad\therefore 1-1$

② $\forall B\in P(A)$, $\exists\ f\in 2^A$ st $f^{-1}(1)=B\ \Rightarrow\exists\ f\in 2^A\ \phi(f)=B\quad\therefore\phi$: $onto$

13. 순서쌍 (a, b)에 대하여 (a, b)≡{{a}, {a,b}}일 때 다음을 보여라.

((a, b), c) ≠ (a, (b, c)) $\{\{(a,b)\},\{(a,b),b\}\}\neq\{\{a\},\{a,(b,c)\}\}$

(별해) $((a,b),c)=(\{\{a\},\{a,b\}\},c)=\{\{\{a\},\{a,b\}\},\{\{\{a\},\{a,b\}\},c\}\}$

$(a,(b,c))=(a,\{\{b\},\{b,c\}\})=\{\{a\},\{a,\{\{b\},\{b,c\}\}\}\}$

$\therefore\ ((a,b),c)\neq(a,(b,c))$

14. A = {1, 2, 3} B = {a, b}일 때 A^B, B^A, 2^A, P(A)를 각각 구하여라.

$A^B=\{f\mid f:B\to A\}$: 9개, $2^A=B^A=\{f\mid f:A\to 2\}$: 8개

$P(A)=\{\emptyset,\{1\},\{2\},\{3\},\{1,2\},\{2,3\},\{1,3\},\{1,2,3\}\}$,

♣ 순서쌍 (x,y)를 집합 $\{\{x\},\{x,y\}\}$로 정의한다. 그러면,

$$(a=c\wedge b=d)\Leftrightarrow(a,b)=(c,d)$$

(풀이) (ⅰ) $a=c$이고 $b=d$이면 $\{a\}=\{c\}$이고 $\{a,b\}=\{c,d\}$ 그러므로

$\{\{a\},\{a,b\}\}=\{\{c\},\{c,d\}\}$ 또는 $(a,b)=(c,d)$

(ii) $\{\{a\},\{a,b\}\}=\{\{c\},\{c,d\}\}$라고 가정하자.

$a=b$ 이면 순서쌍(a,b)는 단원$\{\{a\}\}$와 같다.

$(a,b)=(c,d)$ 이므로 $\{\{c\},\{c,a\}\}=\{\{a\}\}$

따라서 $\{c\}=\{c,a\}=\{a\}$ 이므로 $a=b=c=d$이다.

한편, $a\neq b$이면 (a,b) 와 (c,d)는 각각 단원 $\{a\},\{c\}$ 하나씩을 지닌다.

그러므로 $a=c$이다.

(a,b), (c,d)는 또한, 각각 원소가 둘인 $\{a,b\}$, $\{c,d\}$ 하나씩을 지니므로 $\{a,b\}=\{c,d\}$이다. 따라서 $b\in\{c,d\}$ 그러므로 $b=d$이다.

왜냐하면, $b=c$이면, $a=c$이기 때문이다.

그러므로 $a=b$가 되므로 이것은 가정 $a\neq b$에 모순이 된다.

◀연습문제 4.2▶

1. $\triangle_X=\{(x,x)\mid x\in X\}$는 동치관계이다.

(i) 정의에 의해 $\forall\ x\in X$, $(x,x)\in\triangle_X$: 반사적

(ii) $x\triangle_X y\Leftrightarrow(x,y)\in\triangle_X\Leftrightarrow x=y\Leftrightarrow y=x\Leftrightarrow(y,x)\in\triangle_X\Leftrightarrow y\triangle_X x$: 대칭적

(iii) $x\triangle_X y\wedge y\triangle_X z\Rightarrow x=y\wedge y=z\Rightarrow x=z\Rightarrow x\triangle_X z$: 추이적

$X\times X$는 집합 X 위에서 동치관계이다.

① $\triangle_X\subset X\times X$이고 $\forall x$, $(x,x)\in\triangle_X$이므로 $(x,x)\in X\times X$

② $(x,y)\in X\times X\Rightarrow x\in X\wedge y\in X\Rightarrow y\in X\wedge x\in X\Rightarrow(y,x)\in X\times X$

③ $(x,y)\in X\times X\wedge(y,z)\in X\times X\Rightarrow(x\in X\wedge y\in X)\wedge(y\in X\wedge z\in X)$

$\Rightarrow x\in X\wedge y\in X\wedge y\in X\wedge z\in X$

$\Rightarrow x\in X\wedge y\in X\wedge z\in X$ $(\because\ p\wedge p\equiv p)$

$\Rightarrow x\in X\wedge z\in X$ $(\because\ p\wedge q\Rightarrow p)$ $\Rightarrow(x,z)\in X\times X$

2. (1) $a\in Dom(\mathcal{R})\Leftrightarrow$ 적당한 $b\in B$에 대하여 $(a,b)\in\mathcal{R}$

$\Leftrightarrow$ 적당한 $b\in B$에 대하여 $(b,a)\in\mathcal{R}^{-1}\Leftrightarrow a\in Im(\mathcal{R}^{-1})$

즉, $Dom(\mathcal{R})=Im(\mathcal{R}^{-1})$

(2) $b\in Im(\mathcal{R})\Leftrightarrow$ 적당한 $a\in A$에 대하여 $(a,b)\in\mathcal{R}$

$\Leftrightarrow$ 적당한 $a\in A$에 대하여 $(b,a)\in\mathcal{R}^{-1}\Leftrightarrow b\in Dom(\mathcal{R}^{-1})$

즉, $Im(\mathcal{R})=Dom(\mathcal{R}^{-1})$

3. (1) $K^{-1}=$ {(a,a), (b,a), (b,b), (c,b)}

(2) $G^{-1}=$ {(d,a), (a,b), (d,c)}

(3) $K \circ G = \{(b,a),\ (b,b)\}$

(4) $(G \circ K) = \{(a,d),\ (a,a),\ (b,a),\ (b,d)\}$이므로

$(G \circ K)^{-1} = \{(d,a),\ (a,a),\ (a,b),\ (d,b)\}$이다.

(5) $(G \cup K)^{-1} = \{(a,a),\ (b,a),\ (b,b),\ (c,b),\ (d,a),\ (a,b),\ (d,c)\}$

4. (1) $(x, y) \in (L \cup M) \circ N \Leftrightarrow \exists z, (x, z) \in N \wedge (z, y) \in (L \cup M)$

$\Leftrightarrow \exists z, (x, z) \in N \wedge ((z, y) \in L \vee (z, y) \in M)$

$\Leftrightarrow \exists z, ((x, z) \in N \wedge (z, y) \in L) \vee ((x, z) \in N \wedge (z, y) \in M)$

$\Leftrightarrow (x, y) \in L \circ N \vee (x, y) \in M \circ N \Leftrightarrow (x, y) \in (L \circ N) \cup (M \circ N)$

(2) $(x, y) \in L \circ (M \cap N) \Leftrightarrow \exists z, (x, z) \in (M \cap N) \wedge (z, y) \in L$

$\Leftrightarrow \exists z, ((x, z) \in M \wedge (x, z) \in N) \wedge (z, y) \in L$

$\Leftrightarrow \exists z, ((x, z) \in M \wedge (z, y) \in L) \wedge ((x, z) \in N \wedge (z, y) \in L)$

$\Leftrightarrow (x, y) \in L \circ M \wedge (x, y) \in L \circ N \Leftrightarrow (x, y) \in (L \circ M) \cap (L \circ N)$

(3) $(x, y) \in (L - M)^{-1} \Leftrightarrow (y, x) \in L - M \Leftrightarrow (y, x) \in L \wedge (y, x) \notin M$

$\Leftrightarrow (x, y) \in L^{-1} \wedge (x, y) \notin M^{-1} \Leftrightarrow (x, y) \in L^{-1} - M^{-1}$

(4) $(x, y) \in (L \circ M) - (L \circ N) \Leftrightarrow (x, y) \in (L \circ M) \wedge (x, y) \notin L \circ N$

$\Leftrightarrow (x, y) \in (L \circ M) \wedge \sim((x, y) \in L \circ N)$

$\Leftrightarrow \exists z, (x, z) \in M \wedge (z, y) \in L \wedge \sim((x, z) \in N \wedge (z, y) \in L)$

$\Leftrightarrow \exists z, ((x, z) \in M \wedge (z, y) \in L) \wedge ((x, z) \notin N \vee (z, y) \notin L)$

$\Leftrightarrow \exists z, ((x, z) \in M \wedge (z, y) \in L \wedge ((x, z) \notin N)$

$\underline{\vee ((x, z) \in M \wedge (z, y) \in L \wedge (z, y) \notin L)}$(모순- $p \vee c \equiv p$)

$\Leftrightarrow \exists z, (x, z) \in M \wedge (x, z) \notin N \wedge (z, y) \in L$

$\Leftrightarrow \exists z, (x, z) \in M - N \wedge (z, y) \in L \Leftrightarrow (x, y) \in L \circ (M - N)$

(5) $(x, y) \in (L \cap M)^{-1} \Leftrightarrow (y, x) \in (L \cap M) \Leftrightarrow (y, x) \in L \wedge (y, x) \in M$

$\Leftrightarrow (x, y) \in L^{-1} \wedge (x, y) \in M^{-1} \Leftrightarrow (x, y) \in L^{-1} \cap M^{-1}$

(6) $(x, y) \in (L \cup M)^{-1} \Leftrightarrow (y, x) \in (L \cup M) \Leftrightarrow (y, x) \in L \vee (y, x) \in M$

$\Leftrightarrow (x, y) \in L^{-1} \vee (x, y) \in M^{-1} \Leftrightarrow (x, y) \in L^{-1} \cup M^{-1}$

(7) $(\Rightarrow)$ $(x, y) \in M^{-1} \Rightarrow (y, x) \in M \Rightarrow (y, x) \in N \Rightarrow (x, y) \in N^{-1}$

$(\Leftarrow)$ $(x, y) \in M \Rightarrow (y, x) \in M^{-1} \Rightarrow (y, x) \in N^{-1} \Rightarrow (x, y) \in N$

5. (1) $(x, y) \in (X \times Y) \circ (X \times Y) \Leftrightarrow (x, y) \in (X \times Y) \wedge (x, y) \in (X \times Y)$

$\Leftrightarrow (x, y) \in (X \times Y) \Leftrightarrow x \in X \wedge y \in Y \Leftrightarrow (x, y) \in \varnothing$(가정에 의해)

(별해) $(X\times Y)\circ(X\times Y)\neq\varnothing$라 하자. $(x, y)\in(X\times Y)\circ(X\times Y)$라 하면

$\exists Z$ s.t $(x, z)\in X\times Y\wedge(z, y)\in X\times Y$ so $Z\in X\cap Y$(오류)

$\therefore (X\times Y)\circ(X\times Y)=\varnothing$

(2) $(x, y)\in(X\times Y)\circ(X\times Y) \Leftrightarrow (x, y)\in(X\times Y) \wedge(x, y)\in(X\times Y)$

$\Leftrightarrow (x, y)\in X\times Y$(가정에 의해)

(별해) $(\subseteq)$ $(x, y)\in(X\times Y)\circ(X\times Y) \Rightarrow \exists z\ (x, z)\in X\times Y\wedge(z, y)\in X\times Y$

$\Rightarrow x\in X \wedge y\in Y \Rightarrow (x, y)\in X\times Y$

$(\supseteq)$ $(x, y)\in X\times Y$, Pick $z\in X\cap Y(\neq\varnothing)$

$\Rightarrow (x, z)\in X\times Y\wedge(z, y)\in X\times Y \Rightarrow (x, y)\in(X\times Y)\circ(X\times Y)$

In all, $(X\times Y)\circ(X\times Y)=X\times Y$

(3) $(x, y)\in(Y\times Z)\circ(X\times Y) \Leftrightarrow \exists_z (x, z)\in X\times Y\wedge(z, y)\in Y\times Z$

$\Leftrightarrow \exists z\ (x\in X\wedge z\in Y)\wedge(z\in Y\wedge y\in Z) \Leftrightarrow x\in X\wedge y\in Z \Leftrightarrow (x, y)\in X\times Z$

(별해) $(\subseteq)$ $(x, z)\in(Y\times Z)\circ(X\times Y) \Rightarrow \exists y\ (x, y)\in X\times Y\wedge(y, z)\in Y\times Z$

$\Rightarrow x\in X\wedge z\in Z \Rightarrow (x, z)\in X\times Z$

$(\supseteq)$ $(x, z)\in X\times Z$, Pick $y\in Y(\neq\varnothing) \Rightarrow (x, y)\in X\times Y\wedge(y, z)\in Y\times Z$

So $(x, z)\in(Y\times Z)\circ(X\times Y)$

6. (1) $(y, x)\in M^{-1}\Rightarrow(x, y)\in M\Rightarrow(x, y)\in X\times Y$

$\Rightarrow x\in X\wedge y\in Y\Rightarrow y\in Y\wedge x\in X\Rightarrow(y, x)\in Y\times X$

(2) $(x, y)\in N\circ M \Rightarrow \exists z, (x, z)\in M\wedge(z, y)\in N$

$\Rightarrow$가정 $M\subseteq X\times Y$과 $N\subseteq Y\times Z$ 에 의해 $\exists z, (x, z)\in X\times Y, (z, y)\in Y\times Z$

$\Rightarrow x\in X\wedge z\in Y\wedge y\in Z\Rightarrow(x, y)\in X\times Z$

(3) $a\in Dom(M\cup N) \Leftrightarrow \exists_b\in B$ 에 대해 $(a, b)\in M\cup N$

$\Leftrightarrow \exists_b\in B$ 에 대해 $(a, b)\in M\vee(a, b)\in N$

$\Leftrightarrow a\in Dom(M)\vee a\in Dom(N) \Leftrightarrow a\in Dom(M)\cup Dom(N)$

(4) $a\in Dom(M)-Dom(N) \Leftrightarrow \exists_b\in B$ 에 대해 $(a, b)\in M\wedge(a, b)\notin N$

$\Leftrightarrow \exists_b\in B$ 에 대해$(a, b)\in M-N \Leftrightarrow a\in Dom(M-N)$

7. (1) 반사, 대칭적 (2), (3) : 반사, 대칭, 추이적이 모두 아님 (4) 반사, 대칭, 추이적

8. (1) $(x, y)\in\mathcal{R}\cup\mathcal{R}' \Rightarrow (x, y)\in\mathcal{R} \vee (x, y)\in\mathcal{R}'$

$\Rightarrow (y, x)\in\mathcal{R} \vee (y, x)\in\mathcal{R}'\Rightarrow(y, x)\in\mathcal{R}\cup\mathcal{R}'$

(2) $(x, y) \in \mathcal{R} \cup \mathcal{R}' \wedge (y, z) \in \mathcal{R} \cup \mathcal{R}'$

$\Rightarrow ((x, y) \in \mathcal{R} \vee (x, y) \in \mathcal{R}') \wedge ((y, z) \in \mathcal{R} \vee (y, z) \in \mathcal{R}')$

$\Rightarrow ((x, y) \in \mathcal{R} \wedge (y, z) \in \mathcal{R})) \vee ((x, y) \in R' \wedge (y, z) \in R')$

$\Rightarrow (x, z) \in R \vee (x, z) \in R' \quad \Rightarrow (x, z) \in \mathcal{R} \cup \mathcal{R}'$

그러나 이 정리는 반례가 존재하므로 증명에 문제가 있다.

(반례) $A=\{a, b, c\}$일 때 $R=\{(a, b), (b, c), (a, c)\}$, $R'=\{(b, a), (b, c), (c, a)\}$

라 하면 $R \cup R'=\{(a, b), (b, c), (a, c), (b, a), (c, a)\}$이다.

그러면 R, R'는 추이적이지만 $R \cup R'$는 추이적이 아니다.

(3) ($\Rightarrow$) $(x, y) \in \mathcal{R}' \circ \mathcal{R} \Leftrightarrow \exists z\ (x, z) \in \mathcal{R} \wedge (z, y) \in \mathcal{R}'$

대칭성 $\Leftrightarrow \exists z,\ (z, x) \in \mathcal{R} \wedge (y, z) \in \mathcal{R}'$

동치관계 $\Leftrightarrow \exists z,\ (y, z) \in \mathcal{R}' \wedge (z, x) \in \mathcal{R}$

$\Leftrightarrow (y, x) \in \mathcal{R} \circ \mathcal{R}' \Leftrightarrow (x, y) \in R' \circ R$

($\Leftarrow$) $\mathcal{R} \circ \mathcal{R}' = \mathcal{R}' \circ \mathcal{R}$

① 반사: R, R'가 동치관계이므로 $\forall x \in A\ \ (x, x) \in R \wedge (x, x) \in R'$

따라서 $(x, x) \in R \circ R'$

② 대칭: $(x, y) \in \mathcal{R} \circ \mathcal{R}' \Leftrightarrow \exists z (x, z) \in \mathcal{R}' \wedge (z, y) \in \mathcal{R}$

$\Leftrightarrow \exists z,\ (z, x) \in \mathcal{R} \vee (y, z) \in \mathcal{R} \Leftrightarrow \exists z, (y, z) \in \mathcal{R} \vee (z, x) \in \mathcal{R}'$

$\Leftrightarrow (y, x) \in R' \circ R \Leftrightarrow (y, x) \in R \circ R'$

③ 추이: $(x, y) \in \mathcal{R} \circ \mathcal{R}' \wedge (y, z) \in \mathcal{R} \circ \mathcal{R}'$

$\Leftrightarrow (x, y) \in \mathcal{R} \circ \mathcal{R}' \wedge (y, z) \in \mathcal{R}' \circ \mathcal{R}$ ($\because$ 가정 $\mathcal{R} \circ \mathcal{R}' = \mathcal{R}' \circ \mathcal{R}$)

$\Leftrightarrow (\exists z (x, z) \in \mathcal{R}' \wedge (z, y) \in \mathcal{R}) \wedge (\exists k, (y, k) \in \mathcal{R} \wedge (k, z) \in \mathcal{R}')$

$\Leftrightarrow \exists z, k (x, z) \in \mathcal{R}' \wedge (k, z) \in \mathcal{R}' \wedge (z, y) \in \mathcal{R} \wedge (y, k) \in \mathcal{R})$

$\Rightarrow \exists z, k, (x, z) \in \mathcal{R}' \wedge (z, k) \in \mathcal{R}' \wedge (k, y) \in \mathcal{R} \wedge (y, z) \in \mathcal{R})$

($\because$ 대칭성, 교환법칙 이용)

$\Rightarrow \exists k, (x, k) \in \mathcal{R}' \wedge (k, z) \in \mathcal{R}$) ($\because$추이성) $\Rightarrow (x, z) \in \mathcal{R} \circ \mathcal{R}'$

$\therefore$ $\mathcal{R} \circ \mathcal{R}'$는 동치관계이다.

(4) ($\Rightarrow$) $(x, y) \in \mathcal{R} \cup \mathcal{R}' \Leftrightarrow (x, y) \in \mathcal{R} \vee (x, y) \in \mathcal{R}'$

$(x, y) \in \mathcal{R} \circ \mathcal{R}' \Leftrightarrow \exists z, (x, z) \in \mathcal{R}' \wedge (z, y) \in \mathcal{R}$

$R \subseteq R \cup R'$이고 $R' \subseteq R \cup R'$이므로

$\Leftrightarrow \exists z, (x, z) \in R \cup \mathcal{R}' \wedge (z, y) \in R \cup \mathcal{R}'$

$\Rightarrow (x, y) \in R \cup R'$ ($\because$ $R \cup R'$: 추이적)

$\therefore$ $\mathcal{R} \circ \mathcal{R}' \subseteq \mathcal{R} \cup \mathcal{R}'$, 이고 같은방법으로 $\mathcal{R}' \circ \mathcal{R} \subseteq \mathcal{R} \cup \mathcal{R}'$ 이다.

(⇐) ① R, R' 가 동치관계이므로 $\forall x \in A,\ (x, x) \in R \wedge (x, x) \in R'$

$\Rightarrow (x, x) \in R \cup R'$

② $(x, y) \in \mathcal{R} \cup \mathcal{R}' \Rightarrow (x, y) \in \mathcal{R} \vee (x, y) \in \mathcal{R}'$

$\Rightarrow (y, x) \in \mathcal{R} \vee (y, x) \in \mathcal{R}' \Rightarrow (y, x) \in \mathcal{R} \cup \mathcal{R}'$

③ $(x, y) \in \mathcal{R} \cup \mathcal{R}' \wedge (y, z) \in \mathcal{R} \cup \mathcal{R}'$

$\Rightarrow ((x, y) \in \mathcal{R} \vee (x, y) \in \mathcal{R}') \wedge ((y, z) \in \mathcal{R} \vee (y, z) \in \mathcal{R}')$

$\Rightarrow ((x, y) \in \mathcal{R} \wedge (y, z) \in \mathcal{R}')) \vee ((x, y) \in R' \wedge (y, z) \in R)$

$\Leftrightarrow (x, z) \in R' \circ R \vee (x, z) \in R \circ R'$

그런데 $\mathcal{R}' \circ \mathcal{R} \subseteq \mathcal{R} \cup \mathcal{R}'$ 이고 $\mathcal{R} \circ \mathcal{R}' \subseteq \mathcal{R} \cup \mathcal{R}'$ 이므로 $(x, z) \in R \cup R'$

$\therefore\ \mathcal{R} \cup \mathcal{R}'$ 가 동치

(③의 별해) $(x, y) \in \mathcal{R} \cup \mathcal{R}' \wedge (y, z) \in \mathcal{R} \cup \mathcal{R}'$

$\Rightarrow ((x, y) \in \mathcal{R} \vee (x, y) \in \mathcal{R}') \wedge ((y, z) \in \mathcal{R} \vee (y, z) \in \mathcal{R}')$

$\Rightarrow [[(x, y) \in \mathcal{R} \vee (x, y) \in \mathcal{R}'] \wedge (y, z) \in \mathcal{R}]$

$\vee\ [[(x, y) \in \mathcal{R} \vee (x, y) \in \mathcal{R}'] \wedge (y, z) \in \mathcal{R}']$

$\Rightarrow [(x, y) \in \mathcal{R} \wedge (y, z) \in \mathcal{R}] \vee [(x, y) \in \mathcal{R}' \wedge (y, z) \in \mathcal{R}]$

$\vee\ [(x, y) \in \mathcal{R} \wedge (y, z) \in \mathcal{R}'] \vee [(x, y) \in \mathcal{R}' \wedge (y, z) \in \mathcal{R}']$

$\Rightarrow [(x, z) \in \mathcal{R}] \vee [(x, z) \in \mathcal{R} \circ \mathcal{R}'] \vee [(x, z) \in \mathcal{R}' \circ \mathcal{R}] \vee [(x, z) \in \mathcal{R}']$

$\Rightarrow (x, z) \in \mathcal{R} \vee (x, z) \in \mathcal{R} \cup \mathcal{R}' \vee (x, z) \in \mathcal{R} \cup \mathcal{R}' \vee (x, z) \in \mathcal{R}'$

$\Rightarrow (x, z) \in \mathcal{R} \cup \mathcal{R}'$

9. (1) $\triangle_X = \{(x, x \mid \forall x \in X)\}$이고 $\triangle_X \subseteq \mathcal{R}$ 이므로 $\forall x \in X, (x, x \in \mathcal{R})$가되어 $\mathcal{R}$은 반사적이다. 그리고 $\forall x,\ (x, x) \in \triangle_X$이고 $\mathcal{R}$이 반사적이므로 $\forall x \in X, (x, x) \in \mathcal{R}$ 이므로 $\triangle_X \subseteq \mathcal{R}$ 이다.

(2) $\mathcal{R}$: 반사적 $\Leftrightarrow \forall x = x', (x, x') \in \mathcal{R} \Leftrightarrow \forall x = x', (x', x \in \mathcal{R}^{-1})$

$\Leftrightarrow \mathcal{R}^{-1}$: 반사적

(3) $(\Rightarrow)$ $\mathcal{R}$이 대칭적이므로 $(b, a) \in \mathcal{R}^{-1} \Leftrightarrow (a, b) \in \mathcal{R}$

$\Leftrightarrow (b, a) \in \mathcal{R} \Leftrightarrow (a, b) \in \mathcal{R}^{-1}$

$(\Leftarrow)$ $\mathcal{R}^{-1}$가 대칭적이므로 $(a, b) \in \mathcal{R} \Leftrightarrow (b, a) \in \mathcal{R}^{-1}$

$\Leftrightarrow (a, b) \in \mathcal{R}^{-1} \Leftrightarrow (b, a) \in \mathcal{R}$

(4) $(\Rightarrow)$ $(a, b) \in \mathcal{R}^{-1} \wedge (b, c) \in \mathcal{R}^{-1} \Leftrightarrow (b, a) \in \mathcal{R} \wedge (c, b) \in \mathcal{R}$

$\Leftrightarrow (c, b) \in \mathcal{R} \wedge (b, a) \in \mathcal{R} \Rightarrow (c, a) \in \mathcal{R} \Leftrightarrow (a, c) \in \mathcal{R}^{-1}$

$(\Leftarrow)$ $(a, b) \in \mathcal{R} \wedge (b, c) \in \mathcal{R} \Leftrightarrow (b, a) \in \mathcal{R}^{-1} \wedge (c, b) \in \mathcal{R}^{-1}$

$\Leftrightarrow (c, b) \in \mathcal{R}^{-1} \wedge (b, a) \in \mathcal{R}^{-1} \Rightarrow (c, a) \in \mathcal{R}^{-1} \Leftrightarrow (a, c) \in \mathcal{R}$

(5) 위 (2), (3), (4)에 의하여 당연히 성립한다.

(6) $\mathcal{R}$이 순서관계이기 위해서 반사, 추이, 반대칭적 이어야 한다. 그러면 위 (2), (4)에 의해 반사, 추이적인 것은 성립하고 $\mathcal{R}$이 반대칭이기 위한 필요충분조건이 $\mathcal{R}^{-1}$가 반대칭임을 보이자. $\mathcal{R}$이 반대칭이라 하자.

$(a, b)\in\mathcal{R}^{-1}\wedge(b, a)\in\mathcal{R}^{-1} \Rightarrow (b, a)\in R\wedge(a, b)\in R \Rightarrow a=b$

$\mathcal{R}^{-1}$가 반대칭이라 하자. $(a, b)\in R\wedge(b, a)\in R$

$\Rightarrow (b, a)\in\mathcal{R}^{-1}\wedge(a, b)\in\mathcal{R}^{-1} \Rightarrow a=b$

(7) ($\Rightarrow$) ① $R\circ R=R$: $(x, y)\in R\circ R \Leftrightarrow \exists z\ (x, z)\in R\wedge(z, y)\in R$

$\Rightarrow (x, y)\in R$ ($\because$ 순서관계에서 추이관계 성립)

또 $(x, y)\in R \Rightarrow (x, y)\in R\wedge(y, y)\in R \Rightarrow (x, y)\in R$

($\because$ 순서관계에서 반사관계 성립)

② $R\cap R^{-1}=\triangle_X$: $(x, y)\in R\cap R^{-1} \Rightarrow (x, y)\in R\wedge(x, y)\in R^{-1}$

$\Rightarrow (x, y)\in R\wedge(y, x)\in R \Leftrightarrow x=y \Leftrightarrow (x, y)\in\triangle_X$

($\because$ 순서관계에 의해 반사적이므로 $\Leftarrow$이 성립하고 추이관계에 의해 $\Rightarrow$이 성립)

10. (i) $(a, b)\sim(a, b) \Leftrightarrow ab=ba\,(=ab)$, 반사적

(ii) $(a, b)\sim(c, d) \Leftrightarrow ad=bc \Leftrightarrow cb=da\,(b, d\neq 0) \Leftrightarrow (c, d)\sim(a, b)$, 추이적

(iii) $(a, b)\sim(c, d)\wedge(c, d)\sim(e, f) \Rightarrow ad=bc \wedge cf=de$

$\Rightarrow adf=bde\wedge bcf=bde\ (b, f\neq 0) \Rightarrow adf=bde \Rightarrow af=be\ (d\neq 0)$

$\Rightarrow (a, b)\sim(e, f)$, 대칭적

◀연습문제 4.3▶

1. $(x, y)\in X/\mathrm{P} \Leftrightarrow \exists A\in\mathrm{P},\ x\in A$ 이고 $y\in A$ ($\because$ X/P의 정의)

$\Leftrightarrow \exists A\in\mathrm{P},\ (x, y)\in A\times A \Leftrightarrow (x, y)\in\bigcup_{A\in\mathrm{P}} A\times A$

$\therefore X/\mathrm{P}=\bigcup A\times A$

2. (1) $A_1=\{a, b\}$, $A_2=\{c\}$, $A_3=\{d, e\}$이라 하자. 다음을 만족하므로 P는 X의 분할이다.

① $\forall A_i,\ A_i\neq\varnothing$, ② $\forall i, j,\ A_i\cap A_j=\varnothing$, ③ $\bigcup_{i=1}^{3} A_i=X$

(2) $(x, y)\in X/\mathrm{P} \Leftrightarrow \exists A\in\mathrm{P},\ x, y\in A$ 즉,

$x, y\in A$인 집합 $A\in P$가 존재할 때 $(x, y)\in X/\mathrm{P}$ 이므로

$X/\mathrm{P}=\{(a, a), (b, b), (a, b), (b, a), (c, c), (d, d), (e, e), (d, e), (e, d)\}$

(3) $\mathrm{E}=X/\mathrm{P}$라 할 때, $\mathrm{E}_a=\{a, b\}=\mathrm{E}_b$, $\mathrm{E}_c=\{c\}$, $\mathrm{E}_d=\{d, e\}=\mathrm{E}_e$

3. (1) $x\mathrm{E}y \Leftrightarrow \exists k\in\mathbb{Z},\ x-y=5k$ 이므로 아래 ①②③이 성립해서 관계 E는 $\mathbb{Z}$상의 동치관계이다.

① $xEx \Leftrightarrow \exists\ 0,\ x-x=5\cdot 0=0$:반사적

② $xEy \Leftrightarrow \exists\, k\in\mathbb{Z},\ x-y=5k \Leftrightarrow \exists -k\in\mathbb{Z},\ y-x=5(-k) \Leftrightarrow yEx$:대칭적

③ $xEy\wedge yEz \Leftrightarrow \exists\, k, l, \in\mathbb{Z}\ \ x-y=5k,\ y-z=5l$

$\Leftrightarrow \exists\, k+l\in\mathbb{Z}\ \ x-z=5(k+l) \Leftrightarrow xEz$: 추이적

(2) $X/E=\{E_x \mid x\in X\} \wedge E_x=\{y\in X \mid yEx\}$ 이므로 $0,1,2,3,4\in Z$ 에 대해

$E_0=\{y\in X \mid y=5k,\ k\in Z\}$ $E_1=\{y\in X \mid y-1=5k,\ k\in Z\}$

$E_2=\{y\in X \mid y-2=5k,\ k\in Z\}$ $E_3=\{y\in X \mid y-3=5k,\ k\in Z\}$

$E_4=\{y\in X \mid y-4=5k,\ k\in Z\}$

$E_5=\{y\in X \mid y-5=5k,\ k\in Z\} \Leftrightarrow \{y\in X \mid y=5(k+1),\ (k+1)\in Z\}$

$\Leftrightarrow \{y\in X \mid y=5k,\ k\in Z\} \Leftrightarrow E_0$

같은 방법으로 $E_6=E_1,\ E_7=E_2,\ \cdots\ \ \therefore X/E=\{E_0, E_1, E_2, E_3, E_4\}$

(3) $\Rightarrow$) $(x, y)\in X/(X/E) \Leftrightarrow \exists\ A\in X/E\ s.t.\ x, y\in A$

i) $x, y\in Z_0=E_0 \Rightarrow x-y=5k_1-5k_2=5(k_1-k_2),\ k_1-k_2\in Z\ \ \therefore xEy$

ii) $x, y\in Z_1=E_1 \Rightarrow x-y=(5k_1+1)-(5k_2+1)=5(k_1-k_2),\ k_1-k_2\in Z$

$\therefore xEy$

같은 방법으로

iii) $x, y\in Z_2 \Rightarrow xEy$ iv) $x, y\in Z_3 \Rightarrow xEy$ v) $x, y\in Z_4 \Rightarrow xEy$

$\Leftarrow$) $(x, y)\in E \Leftrightarrow xEy \Leftrightarrow x-y=5k\ (x\in Z,\ x=5k_1+r,\ 0\le r\le 4)$

$\Rightarrow x=5k_1+r,\ y=5k_2+r \Rightarrow \exists Z_r\in X/E,\ x, y\in Z_r \Rightarrow (x, y)\in X/(X/E)$

4. $(x, y)\in X/(X/E) \equiv \exists\, A\in X/E,\ s.t\ x, y\in A(put\ A=E_c,\ c\in X)$

$\equiv x\in E_c,\ y\in E_c\ \equiv xEc\wedge yEc\ \equiv xEc\wedge cEy\ \equiv xEy \equiv (x, y)\in E$

5. $(x, y)\in X/P \Leftrightarrow \exists A_j\in P,\ (x, y)\in A_j$

A_j의 순서쌍의 개수는 $n_j\times n_j=\ n_j^{\,2}\ (1\le j\le n)$

$X/P=\bigcup A_j\times A_j$이므로 X/P 의 순서쌍의 개수는

$(n_1\times n_1)+(n_2\times n_2)+(n_3\times n_3)+\cdots\cdots+(n_n\times n_n)$

$=\ n_1^{\,2}+\ n_2^{\,2}+\ n_3^{\,2}+\cdots\cdots+\ n_n^{\,2}$

(별해) $R_P = \bigcup_{A \in P} A \times A = \bigcup_i (A_i \times A_i)$. $A_i \in P$이므로 $\forall i \neq j,\ A_i \cap A_j = \emptyset$

따라서 $(A_i \times A_i) \cap (A_j \times A_j) = (A_i \cap A_j) \times (A_i \cap A_j) = \emptyset \times \emptyset = \emptyset$

$\therefore \bigcup_{i=1}^{n} (A_i \times A_i) = (A_1 \times A_1) \cup (A_2 \times A_2) \cup \cdots \cup (A_n \times A_n)$

따라서 위 원소의 개수는 $n_1^{\ 2} + n_2^{\ 2} + \cdots + n_n^{\ 2}$

◀연습문제 5.1▶

1. $f(-8) = 1 - 5 \times (-8) = 41$, $f(0) = 0^2 - 1 = -1$, $f(7) = 3 \times 7 + 3 = 24$
2. $\frac{1}{2}$과 1은 유리수이므로 $f(\frac{1}{2}) = 2$, $f(1) = 2$, π 는 무리수이므로 $f(\pi) = -1$
3. $Im(f) = \{y \in Y \mid \exists x \in X,\ (x, y) \in f\} = \{-12,\ -5,\ -4,\ -3,\ 4\}$
4. (1) $Im(f) = \{y \mid y \in [1,\ \infty)\}$ (2) $Im(f) = \{y \mid y \in [-1,\ 1]\}$
   (3) $Im(f) = \{y \mid y \in\ R\}$
5. $x \in Dom(g \circ f) \Leftrightarrow \exists y\ (x, y) \in (g \circ f) \Leftrightarrow \exists z\ (x,\ z) \in f \wedge (z,\ y) \in g$
   $\Leftrightarrow x \in Dom(f)$

* **5**의 별해 $x \in\ Dom(g \circ f)\ \Leftrightarrow\ \exists\ z\ st\ \ (x, z) \in\ g \circ f$
$\Leftrightarrow\ \exists\ \ z\ ,\ y\ \ st\ \ (x, y) \in f \wedge (y, z) \in g \Leftrightarrow x \in Dom(f)$
($\Leftarrow$일 때 $Rng(f) \leq Dom(g)$가 이용됨) $\therefore$) $Dom(g \circ f) = Dom(f)$

6. 함수의 개수: ${}_n\Pi_m = n^m$
   단사함수의 개수: ${}_nP_m = \dfrac{n!}{(n-m)!}$ (단, $n \geq m$ 일 때에 한하여 존재한다.)
7. $g : X' \to Y'$이라 하자. 즉, $X' = Dom(g)$, $Im(g) \subseteq Y' \subseteq Y$
   i) g : 관계이다. 왜냐하면 $(x, y) \in g \Rightarrow\ x \in Dom(g)\ \wedge\ y \in Im(g)$
   $\Rightarrow x \in X' \wedge\ y \in Y'$ $\therefore\ g \subseteq X' \times Y'$
   ii) $Dom(g) = X'$
   iii) $g \subseteq f$ 이므로 $(x, y) \in g \wedge (x, z) \in g \Rightarrow (x, y) \in f \wedge (x, z) \in f \Rightarrow y = z$
   따라서 $(x,\ y) \in g \wedge (x,\ z) \in g\ \ \Rightarrow\ y = z$
   $\therefore$ i), ii), iii) 에 의하여 g 는 함수이다.
8. $(x, y) \in f$ 라 하자. f가 반사적 관계이므로 $(x, x) \in f$ 이고 f가 함수이므로
   $x = y$ 이다. 그러면 $\forall x \in X,\ f(x) = x$ 이다.
   $\therefore$ f 는 항등함수 $I_X : X \to X$ 이다.

9. $\forall x \in [0,1], f(x)=1-x$이라 하자. 그러면 ${}_x f_y \Rightarrow y=1-x \Rightarrow x=1-y \Rightarrow {}_y f_x$

$\therefore$ f 는 X 상에서 대칭관계인 함수이다.($y=\sqrt{1-x^2}$, [0, 1]도 예가 됨)

10. $(x, y) \in X \cup Y \Rightarrow (x, y) \in X \vee (x, y) \in Y$

$\Leftrightarrow \{(x, y) \in f \mid x \in X\} \vee \{(x, y) \in f \mid x \in Y\} \Leftrightarrow f|_X \cup f|_Y$

(별해) Obviously, $f|_x \subseteq f \wedge f|_y \subseteq f$ .so $f|_x \cup f|_y \subseteq f$

Conversely, $(x, z) \in f$, Then $x \in X \cup Y \wedge z \in Z$

i.e $(x \in X \; or \; x \in Y) \wedge z \in Z$

So $(x, z) \in f|_X$ or $(x, z) \in f|_Y$ i.e $f \subseteq f|_X \cup f|_Y$

(별해) $G = Rng f \subseteq Z$라 하자.

$(x, y) \in f \Leftrightarrow x \in X \cup Y \wedge y \in G \Leftrightarrow (x \in X \vee x \in Y) \wedge y \in G$

$\Leftrightarrow (x \in X \wedge y \in G) \vee (x \in Y \wedge y \in G)$

$\Leftrightarrow (x, y) \in f|_X \vee (x, y) \in f|_Y \Leftrightarrow (x, y) \in f|_X \cup f|_Y$

11. Let $x \in X \cdot (x, f(x)) \in f \subseteq g \Rightarrow (x, f(x)) \in g \quad \therefore g(x)=f(x), \quad \forall x \in X$

$\Rightarrow f=g$

(별해) $\forall x \in X, \exists y \in Y \quad y=f(x) \Rightarrow (x, y) \in f \Rightarrow (x, y) \in g \Rightarrow y=g(x)$

그러므로 임의의 $x \in X$ 에 대하여 $f(x)=g(x)$이고 따라서 $f=g$ 이다.

12. Let $B=\{0,1\}$, $\chi_A : X \to B$ 즉, $X=Dom(\chi_A)$, $Im(\chi_A) \subseteq B$

(-- χ_A를 g로 바꾸어 함)

$(x, y) \in g \Rightarrow x \in Dom(g) \wedge y \in Im(g)$

$\Rightarrow x \in A \subset X \wedge y \in B$ 또는 $x \in A^c \subset X \wedge y \in B$

$\Rightarrow (x, y) \in X \times B \quad \therefore g \subseteq X \times B \quad \therefore$ g는 관계이다.

13. (2) $Rng(f)=Dom(f^{-1})$

$y \in Rng(f) \Leftrightarrow \exists x \; (x, y) \in f \Leftrightarrow \exists x \; (y, x) \in f^{-1} \Leftrightarrow y \in Dom(f^{-1})$

(4) $Rng(g \circ f) \subseteq Rng(g)$

$y \in Rng(g \circ f) \Rightarrow \exists x \; (x, y) \in (g \circ f) \Leftrightarrow \exists z \; (x, z) \in f \wedge (z, y) \in g$

$\Rightarrow y \in Rng(g)$

(별해) $z \in Rng(f \circ g) \Rightarrow \exists x \; s.t \; (x, z) \in (f \circ g)$

$\Rightarrow \exists x, y \; s.t \; (x, y) \in f \wedge (y, z) \in g \Rightarrow z \in Rng(g)$

◀연습문제 5.2▶

1. (1) 단사함수 : $x_1 \neq x_2 \Rightarrow f(x_1) \neq f(x_2)$

   ① $f: R \to R$, $f(x) = x^2 + 1 \quad (x \geq 0)$

   ② $f: R \to R$, $f(x) = a^x$ (단, $a > 0$, $a \neq 1$)

   (2) 전사함수 : $f: X \to Y$ 에서 $f(X) = Y$

   ① Let $Y = \{y \mid y \geq 1\}$, $\quad f: R \to Y$, $f(x) = x^2 + 1 \quad (x \geq 0)$

   ② Let $Y = \{y \mid -1 \leq y \leq 1\} \quad f: R \to Y$, $f(x) = \cos x$

   (3) 전단사함수 :

   ① $f: R \to R$, $f(x) = x^3 + 2x + 1$ ② $f: R \to R$, $f(x) = 2x + 3$

2. (1) $f^{-1}: R \to R$, $f^{-1}(x) = \frac{1}{5}(x + 3)$

   (2) i) $Im(f) = R \quad \therefore$ 전사함수

   ii) $f(x_1) = f(x_2) \Rightarrow 5x_1 - 3 = 5x_2 - 3 \Rightarrow x_1 = x_2 \quad \therefore$ 단사함수

   $\therefore$ f는 전단사함수

3. $\chi_A: X \to \{0, 1\}$, $\chi_A = \begin{cases} 1 & x \in A \\ 0 & x \notin A \end{cases}$ 일 때

   (1) χ_A : 전사 $\Leftrightarrow \emptyset \neq A \subset X$

   $\because$ $(\Leftarrow)$ $A \neq \emptyset$ 이므로 $\exists\ x \in A$ *such that* $\chi_A(x) = 1$ 이고

   $A \subset X$ 이므로 $\exists x_2 \in (X - A)$ *such that* $\chi_A(x_2) = 0$

   $\Rightarrow Im(\chi_A) = \{0, 1\} \quad \therefore\ \chi_A$: 전사

   $(\Rightarrow)$ χ_A : 전사이므로 $Im(\chi_A) = \{0, 1\}$

   $\Rightarrow \exists\ x_1, x_2$, $\chi_A(x_1) = 0$, $\chi_A(x_2) = 1 \wedge x_1 \notin A$, $x_2 \in A$

   $\therefore\ \emptyset \neq A \subset X$

   (2) $\chi_A: X \to \{0, 1\}$이 단사인 경우는 $n(A)$, $n(X - A) = 1$ 이다.

4. (1) $(\Leftarrow)$ $Y = \{b\}$ 이면 상수함수의 정의에 의하여 전사함수

   $(\Rightarrow)$ f 가 전사함수이므로 $Im(f) = Y$ 그리고 $Im(f) = b$ 이므로 $Y = \{b\}$

   (2) f가 단사함수인 경우는 X가 단집합인 경우이다.

5. $\pi_1: X \times Y \to X$일 때

   $(x_1, y_1) \neq (x_2, y_2) \Rightarrow \pi_1(x_1, y_1) \neq \pi_1(x_2, y_2) \Rightarrow x_1 \neq x_2$

   즉, $\forall\ y_i, y_j \in Y$, $\quad y_i = y_j \quad \therefore\ n(Y) \leq 1$

6. $f: \mathrm{N} \to \mathrm{N}_e$를 $f(n) = 2n$ 으로 정의하면

   i) $x_1, x_2 \in \mathrm{N}$, $f(x_1) = f(x_2) \Rightarrow 2x_1 = 2x_2 \Rightarrow x_1 = x_2 \quad \therefore$ f 는 단사

ii) $\forall\ 2n \in \mathbb{N}_e$, $\exists\ n \in \mathbb{N}$ *such that* $f(n)=2n$ $\therefore$ f 는 전사

i), ii) 에 의하여 f 는 전단사함수이다.

7. $f: \mathbb{Z} \to \mathbb{Z}_o$를 $f(x)=2x+1$으로 정의하면

i) $x_1, x_2 \in \mathbb{Z}$, $f(x_1)=f(x_2) \Rightarrow 2x_1+1=2x_2+1 \Rightarrow x_1=x_2$ $\therefore$ f 는 단사

ii) $\forall\ 2x+1 \in \mathbb{Z}_o$, $\exists\ x \in \mathbb{Z}$ *such that* $f(x)=2x+1$ $\therefore$ f 는 전사

i), ii) 에 의하여 f 는 전단사함수이다.

8. (1) $m > n$ 이면 $\exists\ x_1, x_2 \in X$, $x_1 \neq x_2 \Rightarrow f(x_1)=f(x_2)$

$\therefore$ f 는 단사함수가 아니다.

(2) Y에서 X의 개수만큼 취하여 나열하면 되므로 구하는 단사함수의

개수는 ${}_nP_m = \dfrac{n!}{(n-m)!}$

9. 전단사함수의 개수 : ${}_mP_m = m!$ (8.(2)의 공식을 이용하면 단사는 설명된다.)

10. (1) $(g \circ f)(x) = g(f(x)) = g(2x^3+1) = \sin(2x^3+1)$

$(f \circ g)(x) = f(g(x)) = f(\sin x) = 2\sin^3 x + 1$

(2) $g \circ f(3) = g(f(3)) = g(55) = \sin 55$

$f \circ g(-2) = f(g(-2)) = f(\sin(-2)) = -2(\sin 2)^3 + 1$

11. (1) $(g \circ f)(x) = g(f(x)) = g(x^2) = \sin(2x^2)$

$h \circ (g \circ f)(x) = h((g \circ f))(x) = h(\sin(2x^2)) = 3 - \sin(2x^2)$

(2) $(h \circ g)(x) = h(g(x)) = h(\sin 2x) = 3 - \sin 2x$

$(h \circ g) \circ f(x) = (h \circ g)f(x) = (h \circ g)(x^2) = 3 - \sin(2x^2)$

12. $\forall x$, $f \circ I_X(x) = f(I_X(x)) = f(x)$, $I_Y \circ f(x) = I_Y(f(x)) = I_Y(y) = y = f(x)$

13. $f^{-1} \circ f(x) = f^{-1}(f(x)) = f^{-1}(y) = x = I_X(x)$

$f \circ f^{-1}(y) = f(f^{-1}(y)) = f(x) = y = I_Y(y)$

14. i) $\forall\ x_1, x_2 \in X$, $f(x_1)=f(x_2)$ 이라 하자.

$\Rightarrow\ x_1 = (g \circ f)(x_1) = g(f(x_1)) = g(f(x_2)) = (g \circ f)(x_2) = x_2$

$\therefore$ f 는 단사함수이다.

(별해) $f(x_1)=f(x_2) \Rightarrow g(f(x_1)) = g(f(x_2))$

$\Rightarrow (g \circ f)(x_1) \equiv (g \circ f)(x_2) \Rightarrow I_X(x_1) = I_X(x_2) \Rightarrow x_1 = x_2$

ii) $h: Y \to X \Rightarrow h(Y) \subseteq X \Rightarrow f(h(Y)) \subseteq f(X)$

$\Rightarrow f(h(Y)) = (f \circ h)(Y) = I_Y(Y) = Y \subseteq f(X)$ …… ①

그러나 $f: X \to Y \wedge f(X) \subseteq Y$ …… ②

$\Rightarrow f(X)=Y \quad \therefore$ f 는 전사함수이다.

(별해) $\forall y \in Y$에 대하여 $x=h(y) \in X$가 존재해서

$y=I_Y(y)=(f \circ h)(y)=f(h(y))=f(x) \quad \therefore y=f(x)$: 전사

또한 i), ii) 에 의하여 f 는 전단사함수이다.

iii) $g=g \circ I_Y=g \circ (f \circ f^{-1})=(g \circ f) \circ f^{-1}=I_X \circ f^{-1}=f^{-1}$

$h=I_X \circ h=(f^{-1} \circ f) \circ h=f^{-1} \circ (f \circ h)=f^{-1} \circ I_Y=f^{-1} \quad \therefore \quad g=h=f^{-1}$

◀연습문제 5.3▶

1. (1) $B \neq \varnothing$ 이면 $f^{-1}(B) \neq \varnothing$

[풀이] $f: R \to R$이고 $f(x) = x^2$일 때, B={-1}이라 하면 $f^{-1}(B)=\varnothing$

(2) $f(X)=Y$

[풀이] $f: N \to N$이고 $f(x) = 2x$이면 $f(N) \neq N$

(3) $f^{-1}(f(A))=A$

[풀이] 함수 $f: R \to R$, $f(x)=x^2$, $A=\{1\}$이라 하면

$f^{-1}(f(A))=\{1, -1\}$이므로 $f^{-1}(f(A)) \neq A$ (? 전단사가 아니므로 역함수가 존재하지 않는다. 그러므로 f^{-1}를 구할 수 없다.)

(4) $f(f^{-1}(B))=B$

[풀이] 함수 $f: R \to R$, $f(x)=x^2$ 이라 하고 Y의 부분집합을 $B=\{-9, 9\}$라 하면 $f^{-1}(B)=\{-3, 3\}$이고 $f(f^{-1}(B))=\{9\}$이므로 $f(f^{-1}(B)) \neq B$

2. $f(\{-5, 2, 4\}) = \{ f(x) \mid x \in \{-5, 2, 4\}\} = \{ f(-5), f(2), f(5) \} = \{ 13, -1, 11 \}$

$f^{-1}(\{-1, 3, 7\}) = \{ x \in R \mid f(x) \in \{-1, 3, 7\}\} = f^{-1}(-1), f^{-1}(3), f^{-1}(7) \}$

$= \{ \pm 2, \pm 2\sqrt{2}, 0, \pm 2\sqrt{3} \}$

$x^2-5=-1 \Rightarrow x^2=4 \Rightarrow x=\pm 2 \quad \therefore x=2$ (같은 방법으로 $x^2-5=3, 7$ 에 대해 조사)

$3-2x=-1 \Rightarrow 2x=4 \Rightarrow x=2 \quad \therefore x=2$ (같은방법으로 $3-2x=3, 7$에대해조사)

3. (1) ① 단사 : $\forall x, y \in A$, $f|_A(x)=f|_A(y) \Rightarrow f(x)=f(y) \Rightarrow x=y \ (A \subset X)$

$\therefore f|_A : A \to Y$는 단사이다

② 전사 : $f|_A(A)=f(A)$이므로 $\forall y \in f(A)$, $\exists x \in A \ f(x)=f|_A(x)=y$

$\therefore f|_A : A \to Y$는 전사이다

* 반론 : $f|_A : A \to Y$는 전사가 아니다. 예를 들면 함수 $f : \mathbb{Z} \to \mathbb{Z}$ 를 $f(x) = x$ 로 정의하고 $A = \mathbb{N}$ 이라 하면 $f(A) \neq \mathbb{Z}$ 이다. 왜냐하면 음수 $-5 \in \mathbb{Z}$ 에 대하여 $f(x) = -5$ 가 되는 $x \in A$가 존재하지 않기 때문이다. 따라서 함수 $f : X \to Y$가 전사이지만 $f|_A : A \to Y$는 전사가 아닐 수 있다.

4. (1) $X = \{a, b, c\}$이고 $Y = \{y\}$일때, $f : X \to Y$가 상수함수라 하자. 이때 X의 부분집합을 $A = \{a, b\}$, $B = \{c\}$라 하면 $f(A \cap B) = f(\varnothing) = \varnothing$ 이지만 $f(A) \cap f(B) = \{y\}$이므로 일반적으로 $f(A \cap B) \neq f(A) \cap f(B)$ 이다.

   (2) 함수 $f : R \to R$ 를 $f(x) = x^2$로 정의한다. 그리고 $A = \{-1, 0, 1\}$, $B = \{1, 2\}$라고 하면 $A - B = \{-1, 0\}$이고 $f(A - B) = \{0, 1\}$ $\quad f(A) - f(B) = \{0, 1\} - \{1, 4\} = \{0\}$

   $\therefore\ f(A) - f(B) \neq f(A - B)$

5. $x \in f^{-1}(Y - B) \Leftrightarrow f(x) \in [Y - B] \Leftrightarrow f(x) \in Y \wedge f(x) \notin B$

   $\Leftrightarrow x \in f^{-1}(Y) \wedge x \notin f^{-1}(B)$

   $\Leftrightarrow x \in [f^{-1}(Y) - f^{-1}(B)] \Leftrightarrow x \in [X - f^{-1}(B)]$

6. (1) $y \in f(A \cap f^{-1}(B)) \Leftrightarrow {}^{\exists}x \in A \cap f^{-1}(B)$ s.t $y = f(x)$

   $\Leftrightarrow {}^{\exists}x \in A \wedge \exists x \in f^{-1}(B) \Rightarrow y \in f(A) \wedge y \in B \Leftrightarrow y \in f(A) \cap B$

   $\therefore\ f(A \cap f^{-1}(B)) = f(A) \cap B$

   (위 (1)에서 $\Leftarrow$이 성립함을 설명 : $y \in f(A) \wedge y \in B$ 이므로 $y \in f(A)$에서 $x \in X$인 x가 존재해서 $f(x) = y$ 임을 알 수 있다. 그런데 $y \in B$이기도 하므로, $x \in f^{-1}(B)$가 되는 것이다.)

   (2) 위의 식에서 A에 X를 대입하면 $f(X \cap f^{-1}(B)) = f(X) \cap B$

   그런데 $X \cap f^{-1}(B) = f^{-1}(B)$ 이므로 $f(f^{-1}(B)) = f(X) \cap B$

   (별해) $y \in f(f^{-1}(B)) \Leftrightarrow \exists x \in f^{-1}(B)$, $st\ f(x) = y$

   $\Leftrightarrow \exists x \in X,\ x \in f^{-1}(B)\ st\ f(x) = y \Leftrightarrow y \in f(X) \wedge y \in B \Leftrightarrow y \in f(X) \cap B$

7. $y \in B \Leftrightarrow \exists x \in f^{-1}(B),\ f(x) = y \Leftrightarrow \exists x \in f^{-1}(C),\ f(x) = y \Leftrightarrow y \in C\ \therefore B = C$

   (별해) f가 전사이므로 $f(f^{-1}(B)) = B$, $f(f^{-1}(C)) = C$이다. 따라서

   $f^{-1}(B) = f^{-1}(C) \Rightarrow f(f^{-1}(B)) = f(f^{-1}(C)) \Rightarrow B = C$

   [반례] Let $f : N \to N$ by $f(x) = 2x$ (f : not surjective)

   $Put\ B = \{2n \mid n \in N\}$, $C = \{n \mid n \in N\}$ $f^{-1}(B) = f^{-1}(C) = \{n \mid n \in N\}$

8. f가 단사이므로 $A = f^{-1}(f(A))$, $B = f^{-1}(f(B))$이므로

   $f(A) = f(B) \Rightarrow f^{-1}(f(A)) = f^{-1}(f(B)) \Rightarrow A = B$

[반례] $f: Z \to N$, $f(x) = x^2$로 정의하면 $A \in Z^+, B \in Z^{-1}$에 대하여

$f(A) = f(B) \Rightarrow A \neq B$

예) $f(\{1,3\}) = f(\{2,3\}) = \{a, b\} \Rightarrow \{1,3\} \neq \{2,3\}$

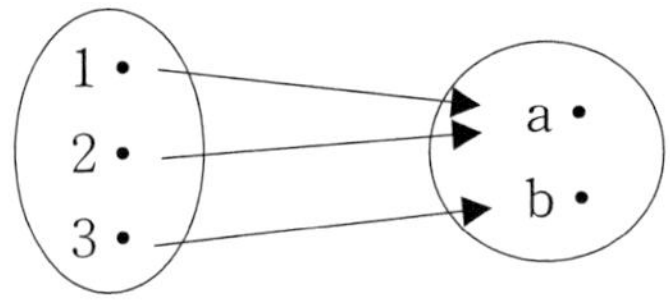

9. 정리 3.4(3)에 의하여 $f(A) - f(B) \subset f(A-B)$이다.

그러므로 $f(A-B) \subset f(A) - f(B)$이 성립함을 보이면 된다.

$y \in f(A-B) \Rightarrow {}^{\exists 1}x \in A-B$ s.t $f(x) = y$ ($\because f$: injective)

$\Rightarrow x \in A \wedge x \notin B \Rightarrow f(x) \in f(A) \wedge f(x) \notin f(B)$

$\Rightarrow f(x) \in [f(A) - f(B)] \Rightarrow y \in [f(A) - f(B)]$

$\therefore f(A-B) \subset f(A) - f(B)$

10. ① ($\subset$) $y \in f(A \cap B) \Rightarrow \exists x \in A \cap B$, $f(x) = y \Rightarrow x \in A$, $x \in B$, $f(x) = y$

$\Rightarrow f(x) \in f(A) \wedge f(x) \in f(B) \Rightarrow f(x) \in f(A) \cap f(B) \Rightarrow y \in f(A) \cap f(B)$

② ($\supset$) $y \in f(A) \cap f(B) \Rightarrow y \in f(A)$, $\wedge$ $y \in f(B)$

$\Rightarrow \exists x$, $x \in A \wedge x \in B$, $f(x) = y \Rightarrow x \in A \cap B$, $f(x) = y$

$\Rightarrow f(x) \in f(A \cap B) \Rightarrow y \in f(A \cap B)$

(별해) (i) $A \subseteq B \Rightarrow f(A) \subseteq f(B)$이므로 $f(A \cap B) \subseteq f(A)$이고

$f(A \cap B) \subseteq f(B)$이다. 그러므로 $f(A \cap B) \subseteq f(A) \cap f(B)$가 성립한다.

(ii) $y \in f(A \cap B) \Rightarrow y = f(a) \wedge y = f(b)$ for *some* $a \in A$, $b \in B$

f가 단사함수이므로, a=b 즉, a=b $\in A \cap B$ 따라서,

$y = f(a) = f(b) \in f(A \cap B)$ $\therefore f(A) \cap f(B) \subseteq f(A \cap B)$

(iii) $f(x) \in f(A \cap B) \rightleftarrows x \in A \cap B$($f$가 단사이므로 '$\Rightarrow$'이 성립)

$\Leftrightarrow x \in A \wedge x \in B \Leftrightarrow f(x) \in f(A) \wedge f(x) \in f(B) \Leftrightarrow f(x) \in f(A) \cap f(B)$

◀연습문제 6.1▶

1. 함수 $f: X \times Y \to Y \times X$를 $f(x, y) = (y, x)$로 정의하면 $\forall x \in X, y \in Y$에 대하여

i) 단사 : $f(x_1, y_1) = f(x_2, y_2) \Leftrightarrow (y_1, x_1) = (y_2, x_2)$

$\Leftrightarrow y_1 = y_2 \wedge x_1 = x_2 \Leftrightarrow (x_1, y_1) = (x_2, y_2)$

ii) 전사 : $\forall (y, x) \in Y \times X$, $\exists (x, y) \in X \times Y$ *s.t* $f(x, y) = (y, x)$

(별해) $f(X \times Y) = \{f(x, y) \mid x \in X, y \in Y\} = \{(y, x) \mid x \in X, y \in Y\} = Y \times X$

2. $f : X-Y \to Y-X$가 전단사라고 할 때 $g : X \to Y$ 가 전단사임을 보이자.
 함수 g를 다음과 같이 정의하자.

$$g(x) = \begin{cases} f(x) & (x \in X-Y) \\ x & (x \in X \cap Y) \end{cases}$$

그러면 (1) g : 단사

① $x_1, x_2 \in X-Y :\ g(x_1) = g(x_2) \Rightarrow f(x_1) = f(x_2) \Rightarrow x_1 = x_2$

② $x_1 \in X-Y,\ x_2 \in X \cap Y :\ x_1 \neq x_2 \Rightarrow g(x_1) = f(x_1) \neq x_2 = g(x_2)$
($\because f(x_1) \in Y-X,\ x_2 \in X \cap Y$)

③ $x_1, x_2 \in X \cap Y :\ g(x_1) = g(x_2) \Rightarrow x_1 = x_2$

(2) g : 전사

① ${}^\forall y_1 \in Y-X \Rightarrow {}^\exists x_1 \in X-Y$ s.t $y_1 = f(x_1) = g(x_1)$

② ${}^\forall y_2 \in X \cap Y \Rightarrow {}^\exists y_2 = g(y_2)$

(별해) $g(X) = f(X-Y) \cup f(X \cap Y) = (X-Y) \cup (X \cap Y) = Y$ $\therefore$ 전사

3. 각 $\alpha \in I$에 대하여 $f_\alpha : X_\alpha \sim Y_\alpha$이라 하고 함수 $f : \bigcup_{\alpha \in I} X_\alpha \to \bigcup_{\alpha \in I} Y_\alpha$ 를 모든 $x \in X_\alpha$에 대하여 $f(x) = f_\alpha(x)$ 로 정의한다. 그러면 $\{X_\alpha \mid \alpha \in I\}$, $\{Y_\alpha \mid \alpha \in I\}$ 는 각각 서로소인 집합들의 족이므로 함수 f 는 잘 정의된 전단사 함수이다. 정리 1.3에 의하여 $X \cap Z = \varnothing = Y \cap W$일 때
$X \sim Y,\ Z \sim W \Rightarrow (X \cup Z) \sim (Y \cup W)$이다.
이것을 이용하여 귀납법으로 증명하자.

① $r=2$: $X_1 \sim Y_1,\ X_2 \sim Y_2 \Rightarrow (X_1 \cup X_2) \sim (Y_1 \cup Y_2)$

② $r=n$: 다음이 성립됨을 가정한다.

$X_1 \sim Y_1, \cdots, X_n \sim Y_n \Rightarrow (X_1 \cup \cdots \cup X_n) \sim (Y_1 \cup \cdots \cup Y_n)$

③ $r=n+1$: $X_1 \sim Y_1, \cdots, X_n \sim Y_n,\ X_{n+1} \sim Y_{n+1}$

$\Rightarrow (X_1 \cup \cdots \cup X_n) \cup X_{n+1} \sim (Y_1 \cup \cdots \cup Y_n) \cup Y_{n+1}$

(별해) 함수 f가 전단사임을 보이자.

1) $x_1, x_2 \in X_\alpha$: $f(x_1) = f(x_2) \Rightarrow f_\alpha(x_1) = f_\alpha(x_2) \Rightarrow x_1 = x_2$ $\therefore$ 단사

2) $x_1 \in X_\alpha,\ x_2 \in X_\beta\ \alpha \neq \beta \in I$: $x_1 \neq x_2 \Rightarrow f_\alpha(x_1) \neq f_\beta(x_2)$

($\because f_\alpha(x_1) \in Y_\alpha,\ f_\beta(x_2) \in Y_\beta$ 이고 $Y_\alpha \cap Y_\beta = \varnothing$ 이므로)

$\Rightarrow f(x_1) \neq f(x_2)$ $\therefore$ f는 단사

$f(\bigcup_{\alpha \in I} X_\alpha) = \bigcup_{\alpha \in I} f_\alpha(X_\alpha) = \bigcup_{\alpha \in I} Y_\alpha$ $\therefore$ f는 전사

4. Y가 무한집합이라고 가정하면 $g^{-1}: Y \to X$ 는 일대일 대응이므로 정의 1.5에 의하여 X는 무한집합이 된다. 이것은 X가 유한집합이라는 가정에 위배되므로 Y는 유한집합이다.

(별해) X: 유한집합 $\Rightarrow$ $X=\varnothing \vee \exists k,\ X \approx \mathrm{N}_k$

① $X=\varnothing$ 이면 $Y=\varnothing$ 이다. 왜냐하면 만일 $X=\varnothing$ 이고 $Y \neq \varnothing$ 이면 $\forall y \in Y,\ \nexists x \in X(=\varnothing)\ st\ g(x)=y$이므로 g가 1대1대응이라는데 모순이기 때문이다.

② $X \approx \mathrm{N}_k \Rightarrow \exists$ 전단사함수 $f: \mathrm{N}_k \to X$이고, g가 전단사이므로 합성함집합이다.

5. 자연수 집합 N은 가부번집합이므로 무한집합이다. 그런데 $\mathbb{N} \subset \mathbb{Z}$, $\mathbb{N} \subset \mathbb{Q}$, $\mathbb{N} \subset \mathbb{R}$이므로 정리 1.6에 의하여 $\mathbb{Z}$, $\mathbb{Q}$, $\mathbb{R}$은 무한집합이다.

6. A가 무한집합이므로 단사함수 $f: A \to A$가 존재해서 $f(A) \subseteq A$ 이다. 여기서 함수 $g: A \times A \to A \times A$ 를 임의의 $(x, y) \in A \times A$에 대하여 $g(x, y)=(f(x), f(y))$ 로 정의하면

i) $^{\forall}(x, y) \in A \times A,\ g(x_1, y_1)=g(x_2, y_2)\ \Rightarrow (f(x_1), f(y_1))=(f(x_2), f(y_2))$

$\Rightarrow f(x_1)=f(x_2)\ \wedge\ f(y_1)=f(y_2)\ \Rightarrow x_1=x_2\ \wedge\ y_1=y_2$ ($\because f$: injec)

$\Rightarrow (x_1, y_1)=(x_2, y_2)$ $\therefore$ g : injective

ii) $g(A, A)=(f(A), f(A)) \subset (A, A)$ $\therefore$ i), ii)에 의하여 $A \times A$:무한집합

(별해) A가 무한집합이므로 $\exists B \subset A\ st\ f: B \to A\ (f(b)=a)$ 전단사 함수 $g: B \times B \to A \times A$를 $g(b_1, b_2)=(f(b_1), f(b_2))$로 정의하자.

1) g: 단사 $g(b_1, b_2)=g(b_1', b_2') \Rightarrow (f(b_1), f(b_2))=(f(b_1'), f(b_2'))$

$\Rightarrow f(b_1)=f(b_1') \wedge f(b_2)=f(b_2') \Rightarrow b_1=b_1' \wedge b_2=b_2'$

$\Rightarrow (b_1, b_2)=(b_1', b_2')$

2) g: 전사 $^{\forall}(a_1, a_2) \in A \times A,\ a_1 \in A,\ a_2 \in A \Rightarrow f$가 전단사이므로 $b_1, b_2 \in B$가 존재해서 $f(b_1)=a_1,\ f(b_2)=a_2$이다. 그러므로 $(a_1, a_2) \in A \times A$ 에 대하여 $(b_1, b_2) \in B \times B$가 존재해서 $g(b_1, b_2)=(f(b_1), f(b_2))=(a_1, a_2)$ 이다.

7. (증명 1) A가 무한집합이고 $A \subseteq A \cup B$ 이므로 정리 1.6에 의하여 $A \cup B$는 무한집합이다.

(증명 2) A, B가 무한집합이므로 단사함수 $f: A \to A$와 $g: B \to B$가 존재해서 $f(A) \subset A$, $g(B) \subset B$ 이다.

이제 $A \cup B$가 무한집합임을 보이기 위해 새로운 함수를 정의하자.

함수 $h=f\cup g: A\cup B \to A\cup B$를 $h(x)=\begin{cases} f(x) & x\in A \\ g(x) & x\in B \end{cases}$ 로 정의하면 h는 단사이고 전사는 아니다.

① $x, x' \in A$: $h(x)=h(x') \Rightarrow f(x)=f(x') \Rightarrow x=x'$

$x, x' \in B$: $h(x)=h(x') \Rightarrow g(x)=g(x') \Rightarrow x=x'$

$x\in A,\ x' \in B-A$: $\begin{cases} h(x)=f(x)\in A \\ h(x')=g(x')\in B \end{cases}$

그러면 $x\neq x'$인 경우 $f(x)\in A$이고 $g(x')\in B$이므로 $f(x)\neq g(x')$이다. 그러므로 $h(x)\neq h(x')$가 되어 위의 3가지 경우 모두 단사이다.

따라서 h는 단사이다.

② h가 전사가 아님을 보이기 위하여 $h(A\cup B)\neq A\cup B$임을 보이자.

$A\cap B=\varnothing$: $(f\cup g)\ (A\cap B)=(f\cup g)(A)\cup(f\cup g)(B)$

$=f(A)\cup g(B)\subset A\cup B$

$A\cap B\neq\varnothing \Rightarrow C=B-A \Rightarrow A\cup B=A\cup C \Rightarrow A\cap C=\varnothing$:

$(f\cup g)\ (A\cup B)=(f\cup g)(A)\cup(f\cup g)(B) = f(A)\cup g(C)$

$\subset f(A)\cup g(B) \subset A\cup B$

8. A_i : 유한 $\Rightarrow \bigcup_1^n A_i$: 유한

수학적 귀납법(mathmatical induction)을 이용하여 증명한다.

① A_1 : 유한이고 $A_1\cup A_2$도 유한이다. 왜냐하면

A_1이 유한이므로 $\exists N_k$ s.t $A_1\sim N_k$ 이고

A_2가 유한이므로 $\exists N_l$ s.t $A_2\sim N_l$ 이다.

$\Rightarrow A_1, A_2$가 공통원소를 가질 수도 있으므로

$\exists N_p \subseteq N_k+N_l$ s.t $A_1\bigcup A_2\sim N_p$

② $\bigcup_1^{n-1} A_i$: 유한 이라 가정하면

③ $\bigcup_1^n A_i = \bigcup_1^{n-1} A_i \cup A_n$: 유한

(별해) $A\cup B$가 무한집합이면 단사인 함수 $f: A\cup B\to A\cup B$가 존재해서 $f(A\cup B)\neq A\cup B$이다. 그러나 f가 단사이므로 $f(A\cup B)=f(A)\cup f(B)=A\cup B$가 되어 모순이다. 따라서 $A\cup B$는 유한이다. 이어서 귀납법으로 증명된다.

(별해) 결론을 부정하여 $\forall A_i(i=1, 2, \cdots)$가 유한일 때 $\bigcup_{i=1}^n A_i$가 무한집합이라 하자.

그리고 $\bigcup_{i=1}^{n} A_i$를 X로 표시하면 아래 10번 문제에 의해 $X-A_1$은 무한집합이다. 그리고 또 $(X-A_1)-A_2$도 무한이다. 이를 반복하면
$X-(A_1 \cup A_2 \cup \cdots \cup A_n)$도 무한이다. 그러나 $X=(A_1 \cup A_2 \cup \cdots \cup A_n)$이므로
$X-(A_1 \cup A_2 \cup \cdots \cup A_n)=\varnothing$ 이 되어 무한집합이라는 것은 모순이다.

따라서 $\bigcup_{i=1}^{n} A_i$는 유한집합이다.

9. "$A \cup B$가 무한이면 A 또는 B가 무한이다"를 증명하기 위하여 결론을 부정하자. 즉, A, B가 모두 유한이라 하면 $A \cup B$는 유한이다. 그러면 가정에 모순이므로 A 또는 B가 무한이 된다.

10. $X=(X-Y)\cup Y$이므로 결론을 부정하여 $X-Y$가 유한집합이라면 X는 유한집합들의 합집합이므로 유한이 되어 X가 무한이라는데 모순이다.
(별해) X가 무한집합일 때 $y_1 \in Y \subset X$인 y_1을 택하면 정리1.8에 의해 $X-\{y_1\}$은 무한집합이다. 또 $y_2(\neq y_1)\in Y$를 택하면 $(X-\{y_1\})-\{y_2\}$도 무한집합이다. 유한집합 Y의 모든 원소 y_i에 대하여 이 과정을 적용하면 $X-Y$는 무한집합이다.

11. $\forall y \in Y \cup W \Rightarrow y \in Y \vee y \in W \Rightarrow (\exists x \in X,\ f(x)=y) \vee (\exists x \in Z,\ g(x)=y)$
$\Rightarrow \exists x \in X \cup Z,\ (f \cup g)(x)=y \quad \therefore f \cup g$: 전사

◀연습문제 6.2▶

1. X : 가부번집합 $\Rightarrow$ X : 무한집합 $\Rightarrow$ Y 가 유한집합이므로 $X-Y$는 무한집합이다. $\Rightarrow$ $X-Y \subset X$이고 X가 가부번이므로 $X-Y$는 가부번집합이다.
2. X :가부번집합, Y : 유한집합
$\Rightarrow X$: 무한집합, 무한집합∪유한집합=무한집합 $\quad \therefore\ X \cup Y$: 가부번집합
(2의 별해) $Y=\{y_1, y_2, \cdots, y_n\}$, $X=\{x_1, x_2, \cdots x_n, \cdots\}$라고 하자.
함수 $f: N \to X \cup Y$를 다음과 같이 정의하자.
$$f(k)=\begin{cases} y_k \text{ if } k \le n \\ x_i \text{ if } k=n+i \ \ i=1,2,\cdots \end{cases}$$
그러면 f는 단사이고 전사이므로, $X \cup Y$는 가부번집합이된다.
3. 함수 $f: \mathrm{N} \to \mathrm{N}_e$를 $f(x)=2x$로 정의하면 f는 전단사이다. 그러므로 $\mathrm{N} \sim \mathrm{N}_e$이고 또 함수 $g: \mathrm{N} \to \mathrm{N}_0$를 $g(x)=2x-1$로 정의하면 역시 g는 전단사이다. 그러므로

$\mathbb{N} \sim \mathbb{N}_o$이다. 따라서 $\mathbb{N}_e$, $\mathbb{N}_0$는 가부번이다.

4. $2^A = \{f \mid f : A \to 2\}$라 하고 함수 $\phi : 2^A \to P(A)$를 $\phi(f) = f^{-1}(1)$로 정의한다.

   1) $\forall f, g \in 2^A$, $f = g \Rightarrow f^{-1} = g^{-1} \Rightarrow f^{-1}(1) = g^{-1}(1) \Rightarrow \phi(f) = \phi(g)$
   따라서 ϕ는 잘 정의된 함수이다.

   2) $\forall B, C \in \phi(2^A)$, $\exists f, g \in 2^A$ st $\phi(f) = B$, $\phi(g) = C$
   $B = C \Rightarrow \phi(f) = \phi(g) \Rightarrow f^{-1}(1) = g^{-1}(1) \Rightarrow f^{-1} = g^{-1} \Rightarrow f = g$
   $\therefore \phi$: 단사

   3) $\forall B \in P(A)$, $\exists f \in 2^A$ st $f^{-1}(1) = B \Rightarrow \exists f \in 2^A$ st $\phi(f) = B$ $\quad \therefore \phi$: 전사

5. (i) A_i가 가부번집합인 경우, $\bigcup_{i=1}^{n} A_i$: 가부번집합 (정리 2.5)

   (ii) A_i가 유한집합인 경우, $\bigcup_{i=1}^{n} A_i$: 유한집합

   (iii) A_i가 유한집합 (i=1,2, ⋯, m)이고 A_j가 가산집합(j=m+1, m+2,⋯, n)인 경우,

   $\bigcup_{i=1}^{m} A_i$: 유한집합, $\bigcup_{j=m+1}^{n} A_i$: 가부번집합 $\Rightarrow \bigcup_{i=1}^{m} A_i \cup \bigcup_{j=m+1}^{n} A_i$: 가부번집합

   $\therefore \bigcup_{i=1}^{n} A_i$ 는 가산집합이다.

6. 함수 $f : X \sim \mathbb{N}$, $g : Y \sim \mathbb{N}$에 대하여 함수 $h : X \times Y \to \mathbb{N} \times \mathbb{N}$을
   $h(x, y) = (f(x), g(y))$로 정의하면 h는 전단사이다.

   (i) $h(x_1, y_1) = h(x_2, y_2) \Rightarrow (f(x_1), g(y_1)) = (f(x_2), g(y_2))$
   $\Rightarrow f(x_1) = f(x_2)$, $g(x_1) = g(x_2) \Rightarrow x_1 = x_2$, $y_1 = y_2$ ($\because f, g$: 전단사)
   $\Rightarrow (x_1, y_1) = (x_2, y_2) \quad \therefore h$ 는 단사

   (ii) $\forall n, m \in \mathbb{N}$, $\exists x \in X$, $y \in Y$ st $f(x) = n, f(y) = m$
   $\forall f(x) = n \in \mathbb{N}$, $\forall g(x) = m \in \mathbb{N}$ $\exists (x, y) \in X \times Y$ s.t
   $h(x, y) = (f(x), g(y)) = (n, m) \quad \therefore h$ 는 전사이다.
   따라서 $X \times Y \sim \mathbb{N} \times \mathbb{N} \sim \mathbb{N}$이다. 곧 $X \times Y$는 가부번집합이다. 또한 위 증명에서
   $\mathbb{N}, \mathbb{Z}, Q$가 모두 가부번이므로 $\mathbb{Z} \times \mathbb{N}$, $\mathbb{Z} \times \mathbb{Z}$, $\mathbb{Q} \times \mathbb{Q}$도 가부번집합이다.

7. 유리수집합 $\mathbb{Q} = \{ \frac{p}{q} \mid p \in \mathbb{Z},\ q \in \mathbb{N},\ \text{g.c.d}(p, q) = 1\}$에 대하여
   함수 $f : \mathbb{Q} \to \mathbb{Z} \times \mathbb{N}$를 $f(\frac{p}{q}) = (p, q)$로 정의한다.

   1) $\frac{p_1}{q_1}$, $\frac{p_2}{q_2} \in Q$ 라 하자. 그리고 $f\left(\frac{p_1}{q_1}\right) = f\left(\frac{p_2}{q_2}\right) \Rightarrow (p_1, q_1) = (p_2, q_2)$
   $p_1 = p_2 \wedge q_1 = q_2 \Rightarrow \frac{p_1}{q_1} = \frac{p_2}{q_2}$ 이므로 f는 단사이다.

2) $\forall\ (p, q)\in \mathbb{Z}\times\mathbb{N}$, $\exists\ \frac{p}{q}\in\mathbb{Q}$ s.t $f(\frac{p}{q})=(p,q)$이므로 f는 전사이다.

3) $Q\sim f(Q)=\mathbb{Z}\times\mathbb{N}$(가부번)가 성립된다. 따라서 $\mathbb{Q}$ 는 가부번집합이다.

(별해) f가 전사임을 설명하지 않고 (i), (ii)가 아닌 다른 방법 이용

$\mathbb{Z}\sim\mathbb{N}\wedge Q\sim f(Q)\subseteq\mathbb{Z}\times\mathbb{N}$ 이므로 $Q\sim f(Q)\subseteq\mathbb{Z}\times\mathbb{N}\sim\mathbb{N}\times\mathbb{N}\sim\mathbb{N}$

8. C를 카테시안 평면에서 중심의 좌표와 반지름의 길이가 모두 유리수인 원 전체의 집합이라 하자. 즉 $C=\{c\mid(x-a)^2+(y-b)^2=r^2,\ a,\ b,\ r\in Q\}$

그리고 함수 f를 다음과 같이 정의하자.

f : $C\to Q\times Q\times Q$ by $f(c)=(a,b,r)$, (a, b) : 중심좌표, r: 반지름

그러면 f 는 단사이고, $f(c)$는 가부번집합 Q×Q×Q의 무한 부분집합이 된다. 그러므로 $C\sim f(c)\subseteq Q\times Q\times Q$이고 $f(c)$는 가부번집합이며 따라서 C는 가부번집합이다.($Q\sim\mathbb{N}$, $Q\times Q\times Q\ \sim\mathbb{N}\times\mathbb{N}\times\mathbb{N}\sim\mathbb{N}\times\mathbb{N}\sim\mathbb{N}$)

9. 수학적 귀납법으로 증명하자.

(i) k=1 일 때, B_k는 가부번집합이다.

(ii) k=m 일 때 성립한다고 하면

$\bigcup_{j=1}^{m+1}A_j=\bigcup_{j=1}^{k}A_j\cup A_{k+1}$: 가부번집합 (정리2.5에 의하여)

따라서 $\bigcup_{K\in\mathbb{N}}B_K$ 는 가부번집합이다.

10. X가 비가부번집합이고, Y : 임의의 X의 초집합 즉, $Y\supset X$ 라 하고, Y가 비가부번집합임을 보이기 위해 Y가 가부번집합이라 가정하자. $Y\supset X$ 이므로, X는 유한이든지, 무한집합이다.

① X가 유한 인 경우 ; X는 가부번집합이 된다.(가부번집합의 정의에 의해) 이것은 가정에 모순이므로, Y가 비가부번집합이어야 한다.

② X가 무한인 경우; 가부번집합의 무한부분집합은 가부번집합이므로, X는 가부번집합이다. 이것도 가정에 모순이므로, Y가 비가부번집합이어야 한다.

③ (0, 1):=비가부번집합이고, R은 (0, 1)의 초집합이므로, 즉, $(0, 1)\subset R$ 이므로, 위의 정리에 따라, R은 비가부번집합이다.

(10의 별해) Let A : non-denumerable, and A⊆B . Suppose B is denumerable. then by theorem 2.2 A is denumerable set. (↯) So B is nondenumerable.

11. J={m | m∈(0, 1), m:유리수}이라 하자. 그러면 J는 가부번집합이다. (∵ J⊂Q, Q: 가부번) 여기서 I={r | r∈(0, 1), r:무리수}가 가부번집합이라고 가정하자. 그러면 I∪J=(0, 1) 은 가부번집합이 되지만 이것은 개구간 (0, 1)이 비가부번집합이라는 사실에 모순이된다. 따라서 0과 1 사이의 모든 무리수의 집합은 비가부번 집합이다.

12. Y가 가산집합이라고 가정하자. 그러면 Y는 유한집합이거나 가부번집합이다.
   (i) Y가 유한집합인 경우; $X \sim Y$이므로 X는 유한집합이다.
   이것은 X가 비가산이라는 가정에 모순이므로 Y는 비가산집합이다.
   (ii) Y가 가부번집합인 경우; $X \sim Y$이므로 X는 가부번집합이다.
   이것은 X가 비가산이라는 가정에 모순이므로 Y는 비가산집합이다.
   따라서 $X \sim Y$일 때 X가 비가산 집합이면 Y도 비가산 집합이다.
13. 평면상의 원 전체의 집합을 $D=\{(a, b, r) \mid (x-a)^2+(x-b)^2=r^2\}$라고 하고 함수 $f: D \to R \times R \times R$을 $f(a, b, r)=(a, b, r)$로 정의하면 f는 단사이고 $D \approx \times R \times R \times R$이다. R이 비가산이므로, x, y 에 의해 이루어진 원 전체의 집합도 비가산이다.

◀연습문제 6.3▶

1. : 전순서 집합
   ① $\forall (a, b) \in A \times B$에 대하여, $a \in A, b \in B$이고 B가 전순서이므로
   $a \le a$, $b \le b$이다. $\therefore (a, b) \le (a, b)$
   ② (a_1, b_1), $(a_2, b_2) \in A \times B$에대하여 $(a_1, b_1) \le (a_2, b_2) \wedge (a_2, b_2) \le (a_1, b_1)$
   $\Leftrightarrow [a_1 < a_2 \vee (a_1 = a_2 \wedge b_1 \le b_2)] \wedge [a_2 < a_1 \vee (a_2 = a_1 \wedge b_2 \le b_1)]$
   $\Leftrightarrow (a_1 < a_2 \wedge [a_2 < a_1 \vee (a_2 = a_1 \wedge b_2 \le b_1)])$(모순)
   $\vee ((a_1 = a_2 \wedge b_1 \le b_2) \wedge [a_2 < a_1 \vee (a_2 = a_1 \wedge b_2 \le b_1)]$
   $\Rightarrow (a_1 = a_2 \wedge b_1 \le b_2 \wedge a_2 < a_1)$(모순) $\vee$ $(a_1 = a_2 \wedge b_1 \le b_2 \wedge b_2 \le b_1)$
   $\Rightarrow a_1 = a_2 \wedge b_1 = b_2 \Leftrightarrow (a_1, b_1) = (a_2, b_2)$
   ③ (a_1, b_1), (a_2, b_2), $(a_3, b_3) \in A \times B$에 대하여
   $(a_1, b_1) \le (a_2, b_2) \wedge (a_2, b_2) \le (a_3, b_3)$
   $\Leftrightarrow [a_1 < a_2 \vee (a_1 = a_2 \wedge b_1 \le b_2)] \wedge [a_2 < a_3 \vee (a_2 = a_3 \wedge b_2 \le b_3)]$
   $\Leftrightarrow (a_1 < a_2 \wedge [a_2 < a_3 \vee (a_2 = a_3 \wedge b_2 \le b_3)])$
   $\vee ((a_1 = a_2 \wedge b_1 \le b_2) \wedge [a_2 < a_3 \vee (a_2 = a_3 \wedge b_2 \le b_3)]$
   $\Rightarrow (a_1 < a_2 < a_3) \vee (a_1 < a_2 = a_3 \wedge b_2 \le b_3)$
   $\vee (a_1 = a_2 < a_3 \wedge b_1 \le b_2) \vee (a_1 = a_2 = a_3 \wedge b_1 \le b_2 \le b_3)]$
   $\Rightarrow a_1 < a_3 \vee (a_1 = a_3 \wedge b_1 \le b_3) \Leftrightarrow (a_1, b_1) \le (a_3, b_3)$

④ $\forall (a_1, b_1), (a_2, b_2) \in A \times B$에 대하여 $a_1, a_2 \in A$이고 $b_1, b_2 \in B$이므로 a_1과 a_2, b_1과 b_2는 비교가능하다.

i) $a_1 < a_2$ 인 경우 : $(a_1, b_1) \leq (a_2, b_2)$

ii) $a_1 = a_2$ 일때, ① $b_1 < b_2 \Rightarrow (a_1, b_1) \leq (a_2, b_2)$

② $b_1 = b_2 \Rightarrow (a_1, b_1) = (a_2, b_2)$ ③ $b_1 > b_2 \Rightarrow (a_1, b_1) \geq (a_2, b_2)$

iii) $a_1 > a_2$ 인 경우 : $(a_1, b_1) \geq (a_2, b_2)$

∴ A×B:비교가능한 집합이다.

2. ① 극소원소 = { x | x는 소수

② 극대원소는 존재하지 않는다.

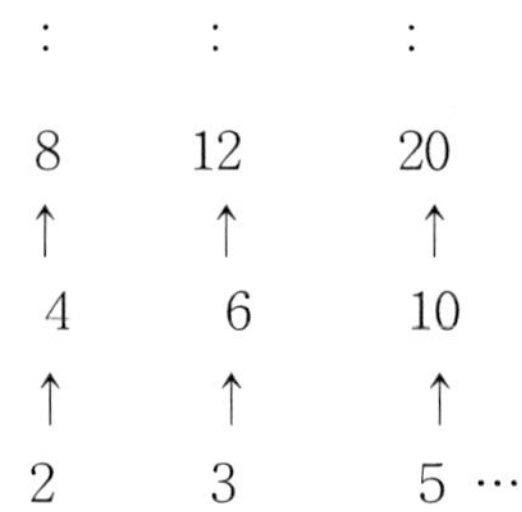

3. B = { 1, 2, 3, 4, 5 }

① 극소원소 : 4, 5 ② 극대원소 : 1

③ 마지막원소 : 1

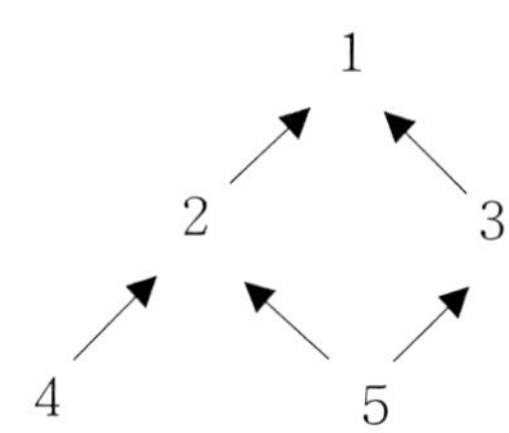

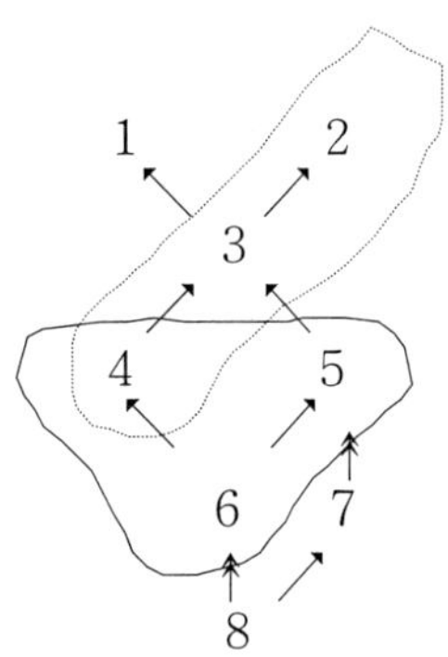

4. i) V의 ① 상계 : 1, 2, 3 ② 하계 : 6, 8

③ 상한 : 3 ④ 하한 : 6

ii) U의 ① 상계 : 2 ② 하계 : 4, 6, 8

③ 상한 : 2 ④ 하한 : 4

5. 전순서 부분집합족

$\mathcal{F}$={{1, 2, 3}, {1, 2, 4}, {1, 2}, {2, 3}, {2, 4}, {1}, {2}, {3}, {4}}

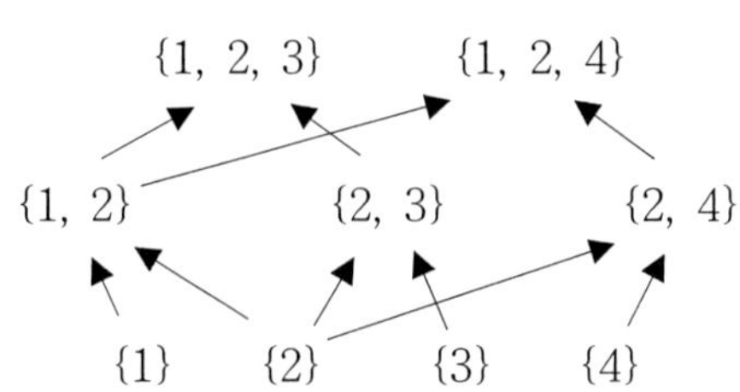

6. $V=\{v\in A \mid \forall x\in C, x\leq v\}$, $W=\{w\in A \mid \forall x\in B, x\leq w\}$
$\forall v\in V, \forall x\in C, x\leq v$ 그런데 $B\subseteq C$이므로 $\forall x\in B\subseteq C, x\leq v$ $\therefore v\in W$
$\therefore$ $V\subseteq W$

7. $SupC=v$라 하자. 그러면 $v\in A, \forall x\in C, x\leq v$.
그런데 $B\subseteq C$이고 $\forall x\in B\subseteq C, x\leq v$이므로, v는 집합 B의 상계이다.
∴ Sup B ≤ v 즉, Sup B ≤ Sup C

8. $\left\{\frac{1}{n} \mid n\in N\right\}=\left\{1, \frac{1}{2}, \frac{1}{3}, \frac{1}{4}, \cdots\right\}$
① 최대원소 : 1 ② 최소원소는 없다. ③ 상계 : $\{x\in R \mid x\geq 1\}$
④ 하계 : $\{x\in R \mid x\leq 0\}$ ⑤ 상한 : 1 ⑥ 하한 : 0

9. A: 유한 ⇔ ∀x∈A P(X)⊃P(A) ⇒ P(x)=P(A)
(⇒) A가 유한, P(A)는 극대원소 X를 갖는다. ∴ P(X)=P(A) ∴x 는 극대원소
(⇐) x :극대원소 ∀x∈A x에 의해 생성되는 P(A)가 유한 이므로 A: 유한집합
(9의 별해) ⇒) obvious, ⇐) Suppose A is infinite
pick $a_1, a_2, a_3, \cdots \in A$ Then $\{\{a_1\}, \{a_1, a_2\} \{a_1, a_2, a_3\} \cdots\}$는 극대원소가 존재하지 않는다. $\therefore$ A is finite
(9의 별해) (⇒) $A=\{a_1, a_2, \cdots, a_n\}$이라 할 때 $P_i(A)$ 를 $p(A)$의 부분족이라 하자. 그러면 $P_i(A)\subseteq P(A)$이다. 이는 $\forall P_i$, $P(A)\not\subset P_i(A)$ 임을 의미한다.
따라서 $P(A)$는 각 부분족의 극대원소이다.
(⇐) $P_i(A)$의 극대원소를 $P_m(A)$ 라하고 A를 무한집합이라 하자. 그러면 A가 무한이므로 임의의 원소 $A_i\in P_m(A)$ $(i=1, 2, \cdots, n)$에 대하여 $\bigcup_i^n A_i$에 속하지 않는 $a\in A$가 존재한다. $\{a\}\cup\bigcup_i^n A_i=A'$ 라 하면 A'의 멱집합 $P(A')$는 $P_m(A)$을 포함한다. 즉 $P_m(A)\subset P(A')$이므로 $P_m(A)$가 극대원소라는 데 모순이다. 따라서 A는 유한이다.

10. C :준순서 집합 A의 전순서 부분집합, D :준순서 집합 B의 전순서 부분집합
∴ C×D : 전순서집합이 된다.
⇒ A×B 에 사전식 순서가 주어지면 C×D 는 A와 B의 chain 이다.
(별해) 준순서집합 A와 B에 대하여 $A\times B$에 사전식순서가 주어지면 앞의 문제1의 증명에 의해 $A\times B$도 준순서집합이고 $C\times D$는 $A\times B$에 포함되므로 사전식 순서를 갖고 C와 D는 전순서집합이므로 문제 1에 의해 $C\times D$는 전순서집합이다. 즉 $C\times D$는 $C\times D\subset A\times B$인 전순서 부분집합이므로 $A\times B$의 쇄이다.
(별해) For any(x,y), (u,v)∈C×D
$x, u \in C$ 이고 C가 쇄이기 때문에 $x\langle u$ 또는 $x=u$ 또는 $u\langle x$

1) $x \langle u \Rightarrow (x, y) \leq (u, v)$

2) $x = u$인 경우 $y, v \in D$ 이고 D가 쇄이기 때문에

i) $y \langle v \Rightarrow (x, y) \leq (u, v)$ ii) $u \langle y \Rightarrow (u, v) \leq (x, y)$

3) $\Rightarrow (u, v) \leq (x, y)$

위의 어느 경우든지 간에 $C \times D$ 는 비교 가능 집합 ∴ $C \times D$ 는 쇄

11. 정의에 의해, $\forall x \in B$, $x \leq b \in B \subset A$

$V = \{y \in A \mid \forall x \in B, x \leq y\}$ $\forall v \in V, v \geq b$ ∴b= Sup B

(별해) B의 상계집합을 S_B라 하자. 그러면 $S_B = \{a \in A \mid \forall x \in B, x \leq a\}$이고 b는 B의 최대원소로 임의의 $x \in B$에 대하여 $x \leq b \in B$이므로 $b \in S_B$이다. 여기서, S_B에 속하는 B의 원소는 b뿐인데 그 이유는 S_B에 속하는 B의 원소 b'이 존재해서 $b' \in S_B$라면 임의의 $x \in B$에 대하여 $x \leq b'$이므로 $b \leq b'$도 성립한다. 이것은 b가 B의 최대원소라는 가정에 의해 $b = b'$일 수 밖에 없다. 그러므로 S_B에 속하는 B의 원소는 b뿐이다. 따라서 S_B에서 b를 제외한 어떤 원소 $a \in S_B$에 대하여는 모든 $x \in B$에 대해 $x < a$이고 유일하게 b만 모든 $x \in B$에 대해 $x \leq b$가 성립하므로 임의의 원소 $a \in S_B$에 대하여 $b \leq a$이다. 따라서 b는 S_B의 최대상계이다.. 즉 $b =$ sup B이다.

12. $V = \{v \in A \mid \forall x \in B \cup C, v \leq x\}$, $W = \{w \in A \mid \forall x \in B, w \leq x\}$,

$Z = \{z \in A \mid \forall x \in C, z \leq x\}$

V = W∩Z임을 보이자. $\forall x \in V, \forall x \in B \cup C$

즉, $\forall x \in B, \forall y \in C, v \leq x \wedge v \leq y \Leftrightarrow (\forall x \in B, v \leq x) \wedge (\forall y \in C, v \leq y)$

∴V = W∩Z

(별해) B, C와 $B \cup C$의 하계 집합을 각각 L_B, L_C 그리고 $L_{B \cup C}$라 하자.

$a \in L_{B \cup C} \Leftrightarrow \forall x \in B \cup C,\ a \leq x \Leftrightarrow (\forall x \in B,\ a \leq x) \wedge (\forall x \in C,\ a \leq x)$

$\Leftrightarrow a \in L_B \wedge a \in L_C \Leftrightarrow a \in L_B \cap L_C$ ∴ $L_{B \cup C} = L_B \cap L_C$

13. (1) (⇒) $\forall x \in A, x \leq a \Rightarrow \forall x \in A, f(x) \leq f(a)$ ∴ $f(a)$: B의 최대원소

(⇐) $f(a)$가 B의 최대원소이므로, $\forall x \in A$, $f(x) \leq f(a)$

f : 순서동형이므로, f^{-1} : 순서동형

$\Rightarrow f^{-1}(f(x)) \leq f^{-1}(f(a))$ ∴ $x \leq a$ ∴ a : A 의 최대원소

(2) (⇒) b = Sup C이므로, $\forall x \in C, b \geq x$

f가 순서동형이므로, $\forall x \in C$, $f(b) \geq f(x)$, $f(x) \in f_{|c}(C)$

∴ $f(b) = Sup\, f_{|C}(C)$

($\Leftarrow$) $f(b)=Sup\, f\mid_C(C)$이므로, $\forall f(x)\in f\mid_c(C)$, $f(b)\geq f(x)$

f^{-1}가 순서동형이므로, $f^{-1}(f(b))\geq f^{-1}(f(x)), \forall x\in C \quad b\geq x, \forall x\in C$

$\therefore b$ = Sup C

14. 조른의 보조정리

증명) 하우스도르프의 극대원리에 의해, 집합 A 는 가장 큰 쇄 B를 갖는다.

u를 B의 상계라하자. 이제, u가 집합 A 의 최대원소임을 보이자.

u가 집합 A 의 최대원소가 아니라고 가정하자.

$\exists x\in A, u\leq x \Rightarrow B \cup\{x\} = B'$: 집합A의 쇄이다.

$\because$ B:쇄 , $\forall x, y\in B,\ y\leq z\vee z\leq y$, u: B의 상계, $\forall y\in B,\ y\leq u$

$\Rightarrow u\in B \vee u\notin B$

$u\leq x,\ y\leq u=x\vee y\leq u< x$이므로, $B\cup\{x\}=B$ 또는 $B\cup\{x\}=B'$

$\Rightarrow B\subset B'$ (가정에 모순,B가 가장 큰 쇄)

(별해) Hausdorff의 Maximal Principle에 의하여 준순서집합 A에는 maximal chain C가 존재한다. A의 모든 부분집합이 상한을 가지므로 상한을 b 라 할때 b가 A의 최대원소가 된다. 만약 b가 최대원소가 아니라면 $b<c$인 $c\in A$에 존재해야 한다. 그러면 $T\cup\{c\}$는 다시 비교가능한 준순서집합이 되어 chain이 되는데 이것은 T가 maximal chain이라는 가정에 모순이다. 하한과 최소원소도 마찬가지이다.

15. 정의에 의해, $\nexists(x, y)\in A\times B;\ (a, b)\leq(x, y)$ 즉,

$\nexists x\in A\wedge\nexists y\in B:\ a\leq x\wedge b\leq y \ \Rightarrow\nexists x\in A:\ a\leq x \ \Rightarrow a:\ A$의 극대원소

(별해) 정의에 의해 $\forall(x, y)\in A\times B;\ (x, y)\leq(a, b)$ 즉

$\forall x\in A,\ \forall y\in B: x\leq a\wedge y\leq b$ 따라서 $\forall x\in A: x\leq a$ $\quad\therefore a: A$의 극대원소

16. ① 반사율 : 함수 $f:\ A\rightarrow A$를 $f(x)=x$로 정의하면 f는 전단사함수이고 임의의 두 원소 $x,\ y\in A$에 대하여 $x\leq y\Leftrightarrow f(x)\leq f(y)$ 이므로 $A\simeq A$이다.

② 대칭률 : 전단사함수 $f:\ A\rightarrow B$를 $f(a)=b$라 하면 임의의 두 원소 $a_1, a_2\in A$에 대하여 $a_1\leq a_2\Leftrightarrow f(a_1)\leq f(a_2)$이다.($A\simeq B$) $b_1=f(a_1)$, $b_2=f(a_2)$라 하면 f가 전단사함수이므로 a_1, a_2가 A의 원소인 것처럼 b_1, b_2도 B의 임의의 원소로 볼 수 있다. 따라서 임의의 두 원소 $b_1, b_2\in B$에 대하여 $b_1\leq b_2\Leftrightarrow f^{-1}(b_1)\leq f^{-1}(b_2)$이고 $f^{-1}:\ B\rightarrow A$, $f^{-1}(b)=a$가 전단사이므로 $B\simeq A$이다.

③ 추이율 : $A\simeq B\wedge B\simeq C\Rightarrow\exists f, g$순서동형사상,$f: A\rightarrow B,\ g:\ B\rightarrow C$

$\forall a_1,\ a_2\in A \quad a_1\leq a_2\Leftrightarrow f(a_1)\leq f(a_2)$

$\forall b_1,\ b_2\in B \quad b_1\leq b_2\Leftrightarrow g(b_1)\leq g(b_2)$

그러면 $(g\circ f)(a)=g(f(a))=g(b)=c$ 이고 $g\circ f$는 전단사 함수이다.

그리고 $\forall a_1, a_2\in A \quad a_1\le a_2 \Leftrightarrow f(a_1)\le f(a_2) \Leftrightarrow b_1\le b_2 \Leftrightarrow f(b_1)\le f(b_2)$

정리 3.13에 의해, $g\cdot f: A\to C$ 순서동형사상이다. $\therefore A\simeq C$

17. C : A의 전순서부분집합이므로,

① $\forall x, y\in C, \quad x\ge y\vee x\le y$ 그런데 f가 순서보전함수이므로

$f(x)\ge f(y)\vee f(x)\le f(y), f(x), f(y)\in f_{|c}(C)$

② 반사율, $\forall x\in C$, $x\le x\Rightarrow f(x)\Rightarrow f(x)$

③ 반대칭율, $x\le y\wedge y\le x\Rightarrow x=y \quad f(x)\le f(y)\wedge f(y)\le f(z)\Rightarrow f(x)=f(y)$

④ 추이율, $x\le y\wedge y\le z\Rightarrow x\le z$ 이므로 $f(x)\le f(y)\wedge f(y)\le f(z)\Rightarrow f(x)\le f(z)$

$\therefore f_{|c}(C)$:전순서집합$\subset f(A)\subset B \qquad \therefore f_{|c}(C)$: B의 쇄

18. a가 A의 최대원소 : $\forall x\in A \quad x\le a \Rightarrow x=a$

f 가 순서보존 함수 이므로

f(a) : $\forall x\in A \quad f(x)\le f(a) \Rightarrow f(x)=f(a)$ $\therefore$ f(a)는 f(A) 의 최대원소

(별해) $\forall \ f(x)\in f(A)$, $x\le a \quad \therefore \ f(x)\in f(a)$ 그러므로 $f(a)$는 $f(A)$의 최대원소

19. c가 부분집합 C의 상계 : $\forall x\in C \quad x\leqq c \quad c\in B$

f가 순서보존 함수이므로 $\forall x\in C \quad f(x)\leqq f(c) \quad c\in B$ $\therefore$ f(c)는 상계이다.

20. (1) ($\Rightarrow$) a의 A극대 원소 $\Leftrightarrow \forall x\in A \quad x\ge a \Rightarrow x=a$

$\forall x\in A \quad f(x)\ge f(a) \Rightarrow f(x)=f(a)$ $\therefore$ f(a)는 B의 극대원소

($\Leftarrow$) f(a): B의 극대원소 $\Leftrightarrow \forall x\in A \quad f(x)\ge f(a) \Rightarrow f(a)=f(x)$

f^{-1} : 순서동형사상

$f^{-1}(f(x)) \ge f^{-1}(f(a)) \Rightarrow f^{-1}(f(x)) = f^{-1}(f(a))$

$\forall x\in A \quad x\ge a \Rightarrow x=a$ $\therefore$ a 는 A의 극대원소

(2) ($\Rightarrow$) a : c의 상계 $\Leftrightarrow \forall x\in C \quad x\le a \quad a\in A$

$\forall f(x)\in f(C) \quad f(x)\le f(a) \quad f(a)\in f(A)$ $\therefore$ f(a) : f(C)의 상계

($\Leftarrow$) f(a) : f(C) 의 상계 $\Leftrightarrow \forall f(x)\in f(C) \quad f(x)\le f(a) \quad f(a)\in f(A)$

f^{-1} : 순서동형사상

$f^{-1}(f(x)) \le f^{-1}(f(a)) \Rightarrow x\le a$ $\therefore$ a는 C의 상계

(별해) (1) i) 극대원소일 경우

$\Rightarrow)$ $f(a)\le b(b\in B)\Rightarrow f^{-1}(f(a))\le f^{-1}(b)$

$\Rightarrow$ a가 극대원소이므로 $a=f^{-1}(b)\Rightarrow f(a)=b$

$\therefore$ $f(a)$는 B의 극대원소

$\Leftarrow$) 위와 같은 방법으로 a는 A의 극대원소

ii) 최대원소일 경우도 같은 방법으로

(2) 위의 (1)과 같은 방법으로 $C \subseteq A$일 때, $a : C \Leftrightarrow f(a) : f(c)$ 임을 쉽게 알 수 있다.

◀연습문제 6.4▶

1. ($\Rightarrow$) $x \vee y = y$: x와 y의 상한이 y이므로 $x \wedge y$ 즉 x와 y의 하한은 x이다.

($\Leftarrow$) $x \wedge y = x$: x와 y의 하한이 x이므로 $x \vee y$ 즉 x와 y의 상한은 y이다.

(별해) $\Rightarrow$) $x \wedge y = x \wedge (x \vee y) = (x \vee y) \wedge x = x$

$\Leftarrow$) $x \vee y = (x \wedge y) \vee y = (y \wedge x) \vee y = y$

2. ① $a \le b \le x$: $a \vee x = x = b \vee x$ $\quad \therefore a \vee x \le b \vee x$

$a \wedge x = a \le b = b \wedge x$ $\quad \therefore a \wedge x \le b \wedge x$

② $a \le x \le b$: $a \vee x = x \le b = b \vee x$ $\quad \therefore a \vee x \le b \vee x$

$a \wedge x = a,\ b \wedge x = x$ $\quad \therefore a \wedge x \le b \wedge x$

③ $x \le a \le b$: $a \vee x = a,\ b \vee x = b$

$a \wedge x = b \wedge x = x$ $\quad \therefore a \vee x \le b \vee x$

3. $[a, b] \subset A$, $[a, b]$의 임의의 점 x, y에 대하여 $a \le x \le y \le b$

$x \vee y = y \in [a, b]$, $x \wedge y = x \in [a, b]$ $\quad \therefore [a, b]$는 A의 부분속이다.

4. $x \wedge a = x \in I_A$ $\quad x \vee a = a \in I_A$ $\quad \therefore I_A$는 A의 부분속이다.

(별해) $\forall x, y \in I_A$ $\quad x \le a$ 이고 $y \le a$이므로 $x \vee y \le a$ 이고 $x \wedge y \le a$가 성립하여

$x \vee y \in I_A$, $x \wedge y \in I_A$ 이므로 I_A는 A의분분속이다.

5. (1) $x \le z$이면 $x \vee (y \vee z) \le (x \vee y) \wedge z$

(풀이) $x \le z \le y$인 경우에 $x \vee (y \vee z) = y$이고 $(x \vee y) \wedge z = z$이므로 성립하지 않는다.

그러므로 문제를 $x \wedge (y \vee z) \le (x \vee y) \wedge z$ 로 고치면 다음 각 경우가 성립한다.

① $x \le z \le y$: $x \wedge (y \vee z) = x \le z = (x \vee y) \wedge z$

② $x \le y \le z$: $x \wedge (y \vee z) = x \le y = (x \vee y) \wedge z$

③ $y \le x \le z$: $x \wedge (y \vee z) = x \le z = (x \vee y) \wedge z$

(2) $x \wedge (y \vee z) \ge (x \wedge y) \vee (x \wedge z)$

(풀이) 178페이지 정리 4.2(1)에 의해 $y \vee z \ge y$이고 $y \vee z \ge z$이다. 그러면

$x \wedge (y \vee z) \ge x \wedge y$이고 $x \wedge (y \vee z) \ge x \wedge z$ 이다. 정리 4.2(2)에 의해

$\therefore \ x \wedge (y \vee z) \ge (x \wedge y) \vee (x \wedge z)$

(3) $x \wedge (y \wedge z) \le (x \wedge x) \wedge (y \wedge z) = x \wedge (x \wedge y) \wedge z = x \wedge (y \wedge x) \wedge z = (x \wedge y) \wedge (x \wedge z)$

6. 자연수 집합 $\mathbb{N}$에 대하여 $x \vee y = \sup\{x, y\}$, $x \wedge y = \inf\{x, y\}$로 정의하면 임의 의 쌍 집합 $\{x, y\}$에 대하여 상한과 하한이 반즈시 존재하므로 $\mathbb{N}$은 속이다. $\mathbb{N}$이 부울대수라고 가정하자. 그러면 임의의 $x \in \mathbb{N}$에 대하여 $x \wedge e = x$가 되는 $e \in \mathbb{N}$가 존재해야 한다. 이것은 모든 $x \in \mathbb{N}$에 대하여 $x \leq e$이어야 하는데 $\mathbb{N}$이 위로 유계가 아닌 무한집합이므로 $e < x$인 x가 항상 존재한다. 따라서 $\mathbb{N}$은 부울대수가 아닌 속이다.

7. ① 임의의 두 원소 $x, y \in \mathbb{N}$로 만든 쌍집합 $X = \{x, y\}$에 대하여 X의 상계집합을 L_X 라하면 $L_X = \{a \in \mathbb{N} \mid x \leq a \wedge y \leq a\} = \{a \in \mathbb{N} \mid a$는 x의 배수이고 y의 배수$\}$

$= \{a \in \mathbb{N} \mid a$는 x, y의 공배수이다$\}$

이고 L_X의 최소원소는 x, y의 최소공배수이다. 그러므로 X의 상한은 x, y의 최소공배수이다

② X의 하계집합을 I_X라 하면 $I_X = \{a \in \mathbb{N} \mid a \leq x \wedge a \leq y\}$

$= \{a \in \mathbb{N} \mid a$는 x의 약수이고, y의 약수이다$\}$

$= \{a \in \mathbb{N} \mid a$는 x, y의 공약수이다$\}$

이고 I_X의 최대원소는 x, y의 최대공약수이다. 그러므로 X의 하한은 x, y의 최대공약수이다. 따라서 쌍집합 X가 $\mathbb{N}$에서 상한과 하한을 가지므로 $\mathbb{N}$은 속이다.

8. 한 점 p를 포함하는 개구간족 F의 임의의 개구간 $(a, b), (c, d)$의 상한과 하한은 이 개구간의 합집합과 교집합으로 정의하자. 그러면

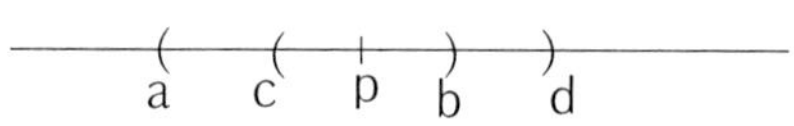

상한 (a, d), 하한 (c, b)

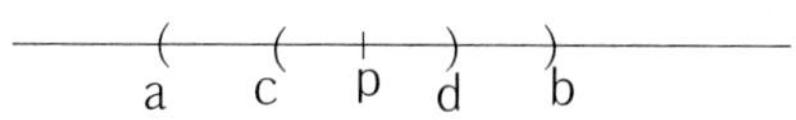

상한 (a, b), 하한 (c, d)

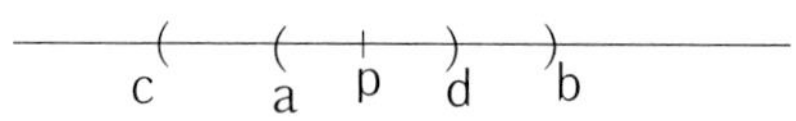

상한 (c, b), 하한 (a, d)

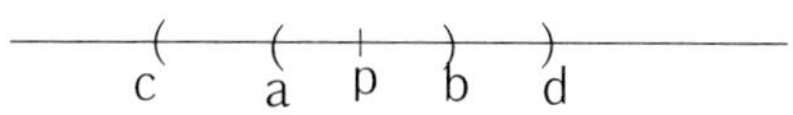

상한 (c, d), 하한 (a, b)

이므로 $(a, b), (c, d)$의 상한과 하한은 항상 존재한다. 따라서 F는 속이다.

9. $X = \{1, 2, 3, \cdots\}$에 보통순서로 주면 X는 준순서집합이다. 만약 X가 위로 유계 라면 $X = \{1, 2, 3, \cdots, n\}$일 것이고 X의 모든 부분집합은 상한을 가지므로 조건 부완비이다. 그러나 위로 유계라는 조건이 없으면 X의 부분집합 중 상한이 존재 하지 않는 것이 있다. 예를들면 $\{1, 3, 5, 7, \cdots\}$과 같은 경우이다. 따라서 X는 조 건부완비이지만 완비속은 아니다.

◀연습문제 6.5▶

1. 정렬집합 $(A, \leq)$는 전순서이다.
   ∴ 정렬집합 A의 임의의 부분집합 B에 대하여 B의 모든 부분집합은 또한 A의 부분집합이므로 최소원소를 갖는다. 따라서 B는 첫원소를 갖고, 전순서이므 로 정렬집합이다.
2. $f: A \to B$전단사이고 f는 순서동형사상이므로 $A \simeq B$이다.
   A의 임의의 부분집합 X에 대하여 X의 최소원소를 a라 하면 임의의 $x \in X$ 에 대하여 $a \leq x$이다. 는 정렬집합이므로 전순서집합이고 $A \simeq B$이므로 B는 정렬집합이다. f가 순서동형사상이므로 $f(a) \leq f(x)$ 가 되어 $f(a)$ 는 $f(x)$ 의 최소원소이다. 여기서 X가 A의 임의의 부분집합인 것처럼 $f(X)$ 도 B의 임의의 부분집합이 된다. 그러므로 B의 임의의 부분집합이 최소원소를 가지므로 B는 정렬집합이다.
3. $\forall a, b \in A$, $S_a = \{x \in A \mid x < a\}$ $\quad S_b = \{y \in A \mid y < b\}$라 하자. 그러면

   ① $S_a \cap S_b = \begin{cases} S_a & a < b \\ S_a = S_b & a = b \\ S_b & b < a \end{cases}$

   ② $S_a \cup S_b = \begin{cases} S_b & a < b \\ S_a = S_b & a = b \\ S_a & b < a \end{cases}$

   이므로 절편이다.
4. $\forall a \in A \quad S_a = \{ x \in A \mid x \langle a\}$: A의 절편
   $\forall b \in S_a \quad S_b = \{y \in S_a \mid y \langle b\} = \{x \in S_a \mid x \langle b\}$ ($\because$ y가 실제로 A의 원소이므로) ∴ S_b는 A의 절편
5. ① 정렬집합 A의 원소 x의 직전자를 a, a' 라 하자. 만일 $a' < a$ 이면 $a' < a < x$ 이므로 a'가 직전자라는 가정에 모순. 그러므로 $a = a'$ 이고 x의 직전자는 유일하다.
   ② x의 직후자를 b. b' 라 하자. 만일 $b < b'$ 이면 $x < b < b'$ 이므로 b'가 직후자라는 가정에 모순. 그러므로 $b = b'$ 이고 x의 직후자는 유일하다.
6. ($\Rightarrow$) A의 절편은 정렬집합 A의 부분집합이므로 정렬집합이다.
   ($\Leftarrow$) A의 절편이 정렬집합이면 A의 절편의 합집합은 정렬집합이다. 또한 A의 절편의 무한번의 합집합으로 A를 나타낼수 있으므로 A는 정렬집합이 된다.
   (별해) ($\Rightarrow$) $S_a (a \in A)$는 A의 부분집합이므로 앞의 문제 1에 의해 정렬집합이다.
   ($\Leftarrow$) A의 절편을 $S_{a_i}(i \in I)$라 하자 $\bigcup_i S_{a_i} = A$이면 각 정렬집합 S_{a_i}의 합집합이므로 A는 정렬집합이다. 만일 $\bigcup_i S_{a_i} \neq A$이면 적당한 $a \in A$가 존재해서

$\bigcup_i S_{a_i} = S_a$ 이고 $S_a \cup \{a\} = A$가 된다. S_a는 A의 절편으로 정렬집합이고 A가 전순서집합이므로 $S_a \cup \{a\}$도 정렬집합이 되어 A는 정렬집합이다.

7. 정렬집합 $A=\{a_1, a_2, \cdots a_m\}$, $B=\{b_1, b_2, \cdots b_n\}$
여기서 $m<n$ 이면 어떤 사상 $f: A \to B$도 전단사가 되지 못한다. 따라서 정렬집합 A와 B는 순서동형이 되지 못한다.
(별해) 정렬집합 X의 상이한 두 절편 S_a, $S_b(a, b \in X)$에 대하여 S_a와 S_b가 순서동형이면 정렬집합의 성질 [3]에 의해서 X는 S_b보다 작다. 그러나 S_b는 X의 절편이므로 모순이다. 따라서 정렬집합의 두 개의 상이한 절편은 순서동형일 수 없다.

8. 정렬집합 $A=\{a_1, a_2, \cdots a_i \cdots a_n\}$이라 하자. A 자신이 아닌 어떤 절편을 $B=\{a_1, a_2, \cdots a_i \mid i \langle n\}$라 하면 $f: A \to B$는 전단사가 될 수 없으므로 순서동형이 안 된다.
(별해) 정렬집합 A의 진절편(proper segment) S_a에 대하여 함수 $f: S_a \to A$를 순서보존이 되도록하려면 $f(x)=x$인 것이 가장 일반적이다. 그러나 $A-S_a$의 원소에 대해서는 대응되는 S_a의 원소를 찾을 수 없으므로 f는 전단사함수가 수가 아니다. 따라서 정렬집합 A와 A의 절편은 순서동형리 수 없다.

9. $A=\{a_1, a_2, \cdots a_i\}$, $B=\{b_1, b_2, \cdots b_j\}$,
A를 포함하는 집합 $X=\{a_1, a_2, \cdots a_i \cdots a_n \mid i \le n\}$
B를 포함하는 집합 $Y=\{b_1, b_2, \cdots, b_j, \cdots, b_m \mid j \le m\}$라 하자. 그러면 $A \simeq Y, B \simeq X$라 할 때, 전단사이므로 두 집합의 원소 개수가 같다. 즉 $i=m$, $j=n$ 이다. 그런데 가정에서 $i \le n$, $j \le m$이므로 $n \le m$, $m \le n$이다.
그러므로 $n=m$이며, $i=j$이 되어 $A=X$, $B=Y$이므로 $A \simeq B$이다.
(별해) A를 포함하면서 B와 순서동형인 집합을 X, B를 포함하면서 A와 순서 동형인 집합을 Y라 하자. 그러면 전단사 함수 $f: A \to Y$, $g: B \to X$가 존재해서 다음이 성립한다.

$\forall a_1, a_2 \in A$, $a_1 \le a_2 \Leftrightarrow f(a_1) \le f(a_2)$

$\forall b_1, b_2 \in B$, $b_1 \le b_2 \Leftrightarrow g(b_1) \le g(b_2)$

여기서 $f(a_1)$, $f(a_2) \in B$라 하면 f가 전단사이므로 $f(a_1)$, $f(a_2)$를 B의 임의의 원소로 간주할 수 있고

$a_1 \le a_2 \Leftrightarrow f(a_1) \le f(a_2) \Leftrightarrow g(f(a_1)) \le g(f(a_2))$ 이 성립하므로

$g(f(b_1))$, $g(f(b_2)) \in A \subset X$이다. 그러므로 $g(B) \subseteq A$이고 g가 전단사이므로 $g(B)=X$ 이다. 따라서 $A=X$가 되어 A와 B는 순서동형이다.

참고 문헌

1. "Introduction to Set theory", Karel Hrbac and Thomas Jech, Library of Congress Cataloging in Publication Data. 1984.
2. "Sets An Introduction", Michael D. Potter, Oxford University Press, 1990.
3. "Set theory", Charles C. Pinter, Addison-Wesley pub. com., 1971.
4. "Set Theory an intuitive approach", You-Feng Lin Shwu-Yeng T. Lin, Houghton Mifflin com., 1974.
5. "Set theory and related topics", Schaum's outline series, S. Lipschutz, McGraw-Hill Book Co., 1963.
6. "명제와 집합", 노영순, 도서출판 교우사, 2001.
7. "문제중심 위상수학", 노영순, 도서출판 교우사, 2008.
8. "수학사(An Introduction to the history of Mathematics)", 이우영, 신항균, 도서출판 경문사, 1995.
9. "수학의 위대한 순간들(Great Moments in Mathematics)", 허민, 오혜경, 도서출판 경문사, 1994.
10. "위상수학 기본", 노영순, 도서출판 교우사, 2005.
11. "집합과 논리", 이석종, 도서출판 교우사, 2005.

찾아보기

ㅈ

ㅊ

저자 약력

노 영 순 (盧永淳)

공주고등학교 졸업

공주사범대학 수학교육과 졸업

고려대학교 대학원 (이학석사)

중앙대학교 대학원 (이학박사)

현재 공주대학교 사범대학 수학교육과 교수

저서 : 『문제중심 위상수학』, 『위상수학 기본』,
『재미있는 수학』 등 다수

[개정판]

알기쉬운 집합론

2009년 12월 21일 제1판 1쇄 발행
2023년 6월 20일 개정판 2쇄 발행

저 자 / 노영순
발행자 / 오판근
발행처 / 교우사

주 소 / 서울 동대문구 제기2동 148-19
전 화 / 925-2861(代), 편집부 / 925-2825
팩 스 / 925-2860
E-mail / kyowoo@kyowoo.co.kr
http://www.kyowoo.co.kr

등록 / 1994. 3. 24 제6-0256호

ISBN 978-89-8172-815-1 (93410)

값 25,000 원